电力信息系统培训教程

信息采集系统

XINXI CAIJI XITONG

王顺江　编著

中国电力出版社
CHINA ELECTRIC POWER PRESS

内 容 提 要

本书共分十一章,包括电力信息概述,以及发电机、变压器、断路器和隔离开关、互感器、电抗器、电容器、站用变和消弧线圈、厂站交直流系统、保护信息、安全自动装置采集原理及故障分析,全面阐述了电力信息采集原理和各种故障处理方法。

本书可以作为自动化专业、设备监控专业、电力建设、厂站二次设计、调度监控、现场运行等人员的培训教材和专业参考书,也可供相关专业技术人员和高校电力专业师生参考。

图书在版编目(CIP)数据

信息采集系统/王顺江编著. —北京:中国电力出版社,2015.7

电力信息系统培训教程

ISBN 978-7-5123-7759-2

Ⅰ.①信… Ⅱ.①王… Ⅲ.①电力系统-信息系统-技术培训-教材 Ⅳ.①TM7

中国版本图书馆 CIP 数据核字(2015)第 100862 号

中国电力出版社出版、发行

(北京市东城区北京站西街 19 号 100005 http://www.cepp.sgcc.com.cn)

北京盛通印刷股份有限公司印刷

各地新华书店经售

*

2015 年 7 月第一版 2015 年 7 月北京第一次印刷

787 毫米×1092 毫米 16 开本 20 印张 476 千字

印数 0001—3000 册 定价 **88.00** 元

编 写 人 员

张国威　马　千　南贵林　刘金波　冯松起　王爱华
曲祖义　邱金辉　王顺江　高　凯　陈晓东　王洪哲
贾松江　何晓洋　金世军　赵　军　刘　剑　孙凯业
胡耀东　刘家超　刘荣波　付振强　张延鹏　王　铎
李　伟　蒲宝明　苏　红　常舒华　王　涛　朱　宇
张文立　刘　阳　金宜放　罗卫华　王　印　李正文
朱锐超　陶　煜　陶洪生　李　然　徐　宇　宋明刚
潘鹏飞　李四光　唐宏丹　邢文红　王恩江　鹿　军
于　游　李　铁　田　野　王家同　唐　红

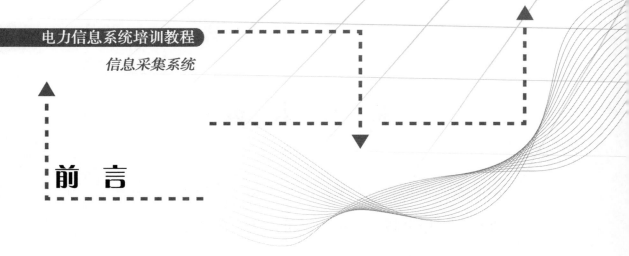

前 言

　　随着社会经济的不断发展，电力需求不断扩大，对电能的质量、效率、经济等方面提出了更多更高的要求。从而电网规模不断扩大，电网结构日趋复杂，对调度、监控、运行、检修、自动化、保护、通信等专业提出了更高的要求。21世纪是信息时代，若能充分利用电力信息，就能提升我们驾驭电网的能力。

　　20世纪70年代，我国开始研究电力信息技术，经过几十年的发展，厂站和主站信息系统更新不断加快，信息采集、传输、处理和展示日渐高效和准确。但庞大且不断更新的电力信息系统，对运维、应用和管理等方面提出了更多更高的要求。

　　通过十多年电力信息系统的维护和管理工作，我们深刻体会到电力信息系统的多样性和发生故障的多变性，若能将这些经验总结起来，应该可以给电力人员提供较大帮助。2011年12月，着手编写《电力信息系统培训教程》，该套书包括：《信息采集系统》、《信息厂站系统》和《主站及辅助信息系统》。在各编写人员的共同努力下，终于完成了本套书的编写工作。本书为《信息采集系统》分册，主要包括电力信息概述，以及发电机、变压器、断路器和隔离开关、互感器、电抗器、电容器、站用变和消弧线圈、厂站交直流系统、保护信息、安全自动装置采集原理及故障分析，全面阐述了电力信息采集原理和各种故障处理方法。

　　本书适合自动化、调度、运行、继电、检修、仪表等专业人员阅读，希望各位读者通过阅读本书，提升电力信息分析能力，给日常工作带来一定的帮助。

　　限于作者水平，编写时间仓促，若有错漏，恳请各位读者批评指正。

编　者

2015年5月

目　录

第**1**章

电力信息概述

经过多年的发展，电力自动化技术已经达到了较高水平，电力信息的种类也趋向多样化，包括电力实时信息、准实时电量信息、电网动态信息、告警直传远程浏览信息、在线检测信息等。随着电力自动化和电网规模的不断发展，调度监控运行对电力信息的依赖性越来越强，信息故障不能及时处理将严重影响电网的安全稳定运行。

1.1 实 时 信 息

点对点实时信息是最常见、最重要、发展时间最长的信息，20 世纪 70 年代，电力自动化技术刚起步时，只有点对点实时信息。点对点实时信息经过多年的发展，从一个变电站几十个位置信息，发展到多样全面的电网设备信息，根据对电网实时信息的理解，主要包括 6 个部分，分别是事故信息、设备异常信息、遥测及其越限信息、变位信息、告知信息、控制信息。目前，调度自动化系统实时信息采集传输过程如图 1-1 所示。

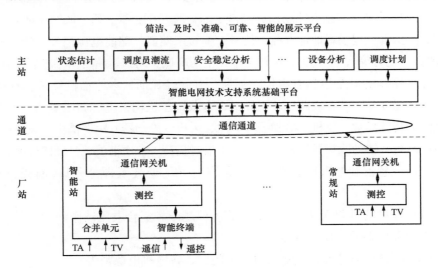

图 1-1　电力实时信息采集传输过程

1.1.1 事故信息

事故信息是指由于电网、设备等故障，引起断路器跳闸的相关重要的信息（不包含人工操作的跳闸），需实时监控、立即处理。电力事故信息主要有以下几种：

（1）厂站的全部或部分事故总信号。

（2）断路器事故跳闸信息：非全相运行、三相不一致动作、重合闸动作、保护动作（包括后备、失灵、重跳等保护合成信号）。

（3）主变压器的事故信息有本体重瓦斯动作、有载重瓦斯动作、本体压力释放、本体压力突变、灭火装置动作、差速断动作、比率差动动作、过流保护动作、后备保护动作、过励磁保护动作、中性点零流保护动作、失灵保护动作。可将相关的主变压器跳闸保护信号合成一个为"主变压器保护动作"。

（4）线路保护的事故信息有保护（保护元件）动作、主保护动作、后备保护动作、远方跳闸、重合闸动作、失灵保护动作、充电保护动作、短线保护动作。

（5）母线的事故信息有母差保护动作、母差失灵保护动作、母差充电保护动作。

（6）站用变压器、电容器和母联等其他间隔的跳闸保护信号合成间隔保护动作信号，如电容器的定速和定时保护可以合成电容器保护动作。

（7）厂站其他事故信息，如低频（低压）减载装置动作、备自投动作等。

1.1.2　设备异常信息

异常信息是指反映设备、回路、通道运行状况的重要信息，它直接威胁电网、设备的安全运行，需实时监控、及时处理。

（1）保护、测控和辅助装置的异常和闭锁信号。

（2）保护、测控、站用直流系统、消弧线圈、接地选线、GPS、UPS、低频（低压）减载、故障录波、电压并列、备自投、保护通道接口等装置的通道中断和电源消失。

（3）断路器的异常信息有控制回路断线、SF_6 低气压告警、SF_6 低气压闭锁、电动机回路电源故障报警、现场就地远方控制信号、弹簧未储能、储能电源消失、液压机构异常（泄漏、闭锁、超时等）、空气压力机构异常（空压高低、闭锁、超时）、加热器动作。

（4）主变压器的异常信息有本体轻瓦斯、有载轻瓦斯、本体油位异常、有载油位异常、主变压器温度异常、有载调压装置异常、有载调压机构失电、调压滑挡、灭火装置异常、在线滤油装置异常、风机（冷却器）故障、风机（冷却器）电源消失、风机（冷却器）投入、备用风机（辅助冷却器）投入、主变压器过负荷、二次谐波、过励磁告警。

（5）电流互感器和电压互感器的异常信息有 SF_6 低气压告警、TA 断线、TV 失压或异常。

（6）母差保护的母差互联、开入异常、差流越限、复合电压动作。

（7）电容器保护的过压、低压。

（8）GIS 的异常信息有各气室压力异常闭锁、各电机电源消失。

（9）站内其他异常信息：如电压并列、切换继电器同时动作、消弧线圈接地报警、消弧线圈中电阻投入超时、站用变压器异常、同期功能投退、AVC 或 VQC 的闭锁信息、厂站冷却器全停、备自投未充电、直流接地信号、系统接地信号、GPS 失步、火灾报警信号动作、防盗报警信号动作、蓄电池异常信号、用电位置动作信号、厂站主通道或备通道投退、全站交流消失、全站直流消失、厂站投退等。

1.1.3　遥测及其越限信息

遥测信息是变电站实时信息的重要组成部分，它是状态估计、调度员潮流、调度计划、检修方式等调度应用系统和调度决策下达的基础。遥测越限信息是指重要遥测量超出预先设定的报警上下限时产生的告警信息。电力系统遥测信息关乎电网一次系统安全稳定运行，需实时监控、及时处理，主要包括相电压、线电压、中性点电压、电流、有功功率、无功功率、功率因数、挡位、温度、湿度等，而遥测越限信息即这些信息超越正常运行值的上下限。以下为目前常用的间隔遥测及其越限信息：

（1）线路可采集的遥测量包括三相电流、三相相电压、线电压、有功功率、无功功率、功率因数，以及遥测越限信息。

（2）3/2断路器接线遥测信息量较多，包括五个部分，分别是三个断路器和两条出线，每个部分都可以采集包括三相电流、三相相电压、线电压、有功功率、无功功率、功率因数，以及遥测越限信息。

（3）主变压器采集的信息量包括高、中、低压侧遥测信息，每侧都可以采集三相电流、三相相电压、三路线电压、有功功率、无功功率、功率因数，以及遥测越限信息。同时还可以采集主变压器挡位和主变压器温度。

（4）母线可采集三相相电压、三路线电压、母线频率，以及遥测越限信息。

（5）母联和分段可采集的遥测量包括三相电流、三相相电压、三路线电压、有功功率、无功功率、功率因数，以及遥测越限信息。

（6）电容器和电抗器可采集的遥测量包括三相电流、三相相电压、三路线电压、无功功率、以及遥测越限信息。

（7）站用变压器（接地变压器）可采集得遥测量包括三相电流、三相相电压、三路线电压、有功功率、无功功率，以及遥测越限信息。

（8）交直流系统可采集站用各母线直流电压，站用交流系统母线三相电压和三路线电压。

（9）消弧线圈可采集中性点电压、中性点电流、电容电流、脱谐度、残流、挡位等遥测信息，以及遥测越限信息。

1.1.4　变位信息

变位信息是指能直接反映电网运行方式，需要实时监控的重要信息。具体如下：

（1）线路、母联、主变压器等间隔的断路器、隔离开关、接地开关❶位置信息。

（2）测控装置上的远方/就地信号位置信息。

（3）手车开关的手车位置信息。

（4）主变压器中性点小电抗隔离开关位置信息。

（5）带电显示信号位置信息。

---

❶　接地开关又称接地刀闸。

（6）站内其他位置信息：如站用 380V 交流断路器位置信息等。

1.1.5 告知信息

告知信息是指反映电网设备运行状况、状态监测的一般信息，需定期巡视。主要的告知信息如下：

（1）保护装置的告知信息有远跳收发信息、远跳收发信息机动作、闭锁解除。

（2）断路器的告知信息有储能电机启动、空气压力机构运转、闭锁解除。

（3）主变压器的告知信息有分接头位置、主变压器辅助风机（冷却器）投退。

（4）厂站内的分电箱等辅助加热器（冷却器）投退为告知信息。

（5）故障录波器启动、水泵启动为告知信息。

（6）AVC 措施和调节信号为告知信息。

1.1.6 遥控信息

随着自动化技术的不断发展，遥控控制已经成为了一种趋势，目前能进行控制操作信息如下：

（1）开关（断路器）遥控分合；

（2）隔离开关遥控分合；

（3）接地开关遥控分合；

（4）主变压器分接头遥控调节；

（5）电容器分组真空接触器遥控分合；

（6）保护软压板遥控投退；

（7）电动断路器手车遥控推进/拉出；

（8）遥控切换定值区；

（9）程序化遥控控制；

（10）其他辅助设备装置遥控投退。

1.1.7 某 500kV 变电站信息表

1.1.7.1 遥信信息

某 500kV 变电站遥信信息表如表 1-1 所示。

表 1-1　　　　　　　　　**某 500kV 变电站遥信信息表**

序号	信 息 名 称	信息分类
0	＊＊＊＊.＊＊站/全站事故总信号.动作	事故
1	＊＊＊＊.＊＊站/500kV.串 1.5011 断路器/事故总信号.动作	事故
2	＊＊＊＊.＊＊站/500kV.串 1.5011 断路器/位置.合	变位
3	＊＊＊＊.＊＊站/500kV.串 1.5011 断路器/A 相位置.合	变位
4	＊＊＊＊.＊＊站/500kV.串 1.5011 断路器/B 相位置.合	变位
5	＊＊＊＊.＊＊站/500kV.串 1.5011 断路器/C 相位置.合	变位

序号	信 息 名 称	信息分类
6	＊＊＊＊.＊＊站/500kV. 串 1.50111 隔离开关/位置.合	告知
7	＊＊＊＊.＊＊站/500kV. 串 1.50112 隔离开关/位置.合	告知
8	＊＊＊＊.＊＊站/500kV. 串 1.501117 接地开关/位置.合	告知
9	＊＊＊＊.＊＊站/500kV. 串 1.501127 接地开关/位置.合	告知
10	＊＊＊＊.＊＊站/500kV. 串 1.501167 接地开关/位置.合	告知
11	＊＊＊＊.＊＊站/500kV. 串 1.5011 断路器/油泵启动.告警	告知
12	＊＊＊＊.＊＊站/500kV. 串 1.5011 断路器/低气压.告警	异常
13	＊＊＊＊.＊＊站/500kV. 串 1.5011 断路器/低气压闭锁.告警	异常
14	＊＊＊＊.＊＊站/500kV. 串 1.5011 断路器/低油压.告警	异常
15	＊＊＊＊.＊＊站/500kV. 串 1.5011 断路器/低油压闭锁.告警	异常
16	＊＊＊＊.＊＊站/500kV. 串 1.5011 断路器/油泵故障.告警	异常
17	＊＊＊＊.＊＊站/500kV. 串 1.5011 断路器/三相不一致跳闸.出口	事故
18	＊＊＊＊.＊＊站/500kV. 串 1.5011 断路器/第一组控制回路断线.告警	异常
19	＊＊＊＊.＊＊站/500kV. 串 1.5011 断路器/第二组控制回路断线.告警	异常
20	＊＊＊＊.＊＊站/500kV. 串 1.5011 断路器/就地控制.就地	异常
21	＊＊＊＊.＊＊站/500kV. 串 1.5011 断路器/#2 气室低气压.告警	异常
22	＊＊＊＊.＊＊站/500kV. 串 1.5011 断路器/#3 气室低气压.告警	异常
23	＊＊＊＊.＊＊站/500kV. 串 1.5011 断路器/端子箱交流失电.告警	异常
24	＊＊＊＊.＊＊站/500kV. 串 1.5011 断路器/直流电源故障.告警	异常
25	＊＊＊＊.＊＊站/500kV. 串 1.5011 断路器/电压验电器故障.告警	异常
26	＊＊＊＊.＊＊站/500kV. 串 1.5011 断路器.保护/失灵保护.出口	事故
27	＊＊＊＊.＊＊站/500kV. 串 1.5011 断路器.保护/重合闸.出口	事故
28	＊＊＊＊.＊＊站/500kV. 串 1.5011 断路器.保护/装置闭锁.告警	异常
29	＊＊＊＊.＊＊站/500kV. 串 1.5011 断路器.保护/装置异常.告警	异常
30	＊＊＊＊.＊＊站/500kV. 串 1.5011 断路器.保护/出口跳闸.动作	事故
31	＊＊＊＊.＊＊站/500kV. 串 1.5011 断路器.测控装置/A 网通信中断.告警	异常
32	＊＊＊＊.＊＊站/500kV. 串 1.5011 断路器.测控装置/B 网通信中断.告警	异常
33	＊＊＊＊.＊＊站/500kV. 串 1.5011 断路器.测控装置/装置异常.告警	异常
34	＊＊＊＊.＊＊站/500kV. 串 1.5011 断路器.测控装置/防误解除.告警	告知
35	＊＊＊＊.＊＊站/500kV. 串 1.5011 断路器.测控装置/就地远方.就地	告知
36	＊＊＊＊.＊＊站/500kV. 串 1.5012 断路器/事故总信号.动作	事故
37	＊＊＊＊.＊＊站/500kV. 串 1.5012 断路器/位置.合	变位
38	＊＊＊＊.＊＊站/500kV. 串 1.5012 断路器/A 相位置.合	变位
39	＊＊＊＊.＊＊站/500kV. 串 1.5012 断路器/B 相位置.合	变位
40	＊＊＊＊.＊＊站/500kV. 串 1.5012 断路器/C 相位置.合	变位
41	＊＊＊＊.＊＊站/500kV. 串 1.50121 隔离开关/位置.合	告知
42	＊＊＊＊.＊＊站/500kV. 串 1.50122 隔离开关/位置.合	告知
43	＊＊＊＊.＊＊站/500kV. 串 1.501217 接地开关/位置.合	告知
44	＊＊＊＊.＊＊站/500kV. 串 1.501227 接地开关/位置.合	告知
45	＊＊＊＊.＊＊站/500kV. 串 1.501267 接地开关/位置.合	告知
46	＊＊＊＊.＊＊站/500kV. 串 1.5012 断路器/油泵启动.告警	告知
47	＊＊＊＊.＊＊站/500kV. 串 1.5012 断路器/低气压.告警	异常

序号	信 息 名 称	信息分类
48	＊＊＊＊．＊＊站/500kV. 串 1.5012 断路器/低气压闭锁．告警	异常
49	＊＊＊＊．＊＊站/500kV. 串 1.5012 断路器/低油压．告警	异常
50	＊＊＊＊．＊＊站/500kV. 串 1.5012 断路器/低油压闭锁．告警	异常
51	＊＊＊＊．＊＊站/500kV. 串 1.5012 断路器/油泵故障．告警	异常
52	＊＊＊＊．＊＊站/500kV. 串 1.5012 断路器/三相不一致跳闸．出口	事故
53	＊＊＊＊．＊＊站/500kV. 串 1.5012 断路器/第一组控制回路断线．告警	异常
54	＊＊＊＊．＊＊站/500kV. 串 1.5012 断路器/第二组控制回路断线．告警	异常
55	＊＊＊＊．＊＊站/500kV. 串 1.5012 断路器/就地控制．就地	异常
56	＊＊＊＊．＊＊站/500kV. 串 1.5012 断路器/气室低气压．告警	异常
57	＊＊＊＊．＊＊站/500kV. 串 1.5012 断路器/气室低气压．告警	异常
58	＊＊＊＊．＊＊站/500kV. 串 1.5012 断路器/端子箱交流失电．告警	异常
59	＊＊＊＊．＊＊站/500kV. 串 1.5012 断路器/直流电源故障．告警	异常
60	＊＊＊＊．＊＊站/500kV. 串 1.5012 断路器/电压验电器故障．告警	异常
61	＊＊＊＊．＊＊站/500kV. 串 1.5012 断路器.保护/失灵保护．出口	事故
62	＊＊＊＊．＊＊站/500kV. 串 1.5012 断路器.保护/重合闸．出口	事故
63	＊＊＊＊．＊＊站/500kV. 串 1.5012 断路器.保护/装置闭锁．告警	异常
64	＊＊＊＊．＊＊站/500kV. 串 1.5012 断路器.保护/装置异常．告警	异常
65	＊＊＊＊．＊＊站/500kV. 串 1.5012 断路器.保护/出口跳闸．动作	事故
66	＊＊＊＊．＊＊站/500kV. 串 1.5012 断路器.测控装置/A 网通信中断．告警	异常
67	＊＊＊＊．＊＊站/500kV. 串 1.5012 断路器.测控装置/B 网通信中断．告警	异常
68	＊＊＊＊．＊＊站/500kV. 串 1.5012 断路器.测控装置/装置异常．告警	异常
69	＊＊＊＊．＊＊站/500kV. 串 1.5012 断路器.测控装置/防误解除．告警	告知
70	＊＊＊＊．＊＊站/500kV. 串 1.5012 断路器.测控装置/就地远方．就地	告知
71	＊＊＊＊．＊＊站/500kV. 串 1. 金南线.第一套保护/主保护．出口	事故
72	＊＊＊＊．＊＊站/500kV. 串 1. 金南线.第一套保护/后备保护．出口	事故
73	＊＊＊＊．＊＊站/500kV. 串 1. 金南线.第一套保护/距离Ⅰ段．出口	事故
74	＊＊＊＊．＊＊站/500kV. 串 1. 金南线.第一套保护/距离Ⅱ段．出口	事故
75	＊＊＊＊．＊＊站/500kV. 串 1. 金南线.第一套保护/距离Ⅲ段．出口	事故
79	＊＊＊＊．＊＊站/500kV. 串 1. 金南线.第一套保护/零序过流Ⅰ段．出口	事故
80	＊＊＊＊．＊＊站/500kV. 串 1. 金南线.第一套保护/零序过流Ⅱ段．出口	事故
81	＊＊＊＊．＊＊站/500kV. 串 1. 金南线.第一套保护/零序过流Ⅲ段．出口	事故
82	＊＊＊＊．＊＊站/500kV. 串 1. 金南线.第一套保护/零序过流Ⅳ段．出口	事故
84	＊＊＊＊．＊＊站/500kV. 串 1. 金南线.第一套保护/距离加速．出口	事故
85	＊＊＊＊．＊＊站/500kV. 串 1. 金南线.第一套保护/零序加速．出口	事故
86	＊＊＊＊．＊＊站/500kV. 串 1. 金南线.第一套保护/TV 断线过流．出口	事故
87	＊＊＊＊．＊＊站/500kV. 串 1. 金南线.第一套保护/远跳发信．动作	异常
88	＊＊＊＊．＊＊站/500kV. 串 1. 金南线.第一套保护/远跳收信．动作	异常
89	＊＊＊＊．＊＊站/500kV. 串 1. 金南线.第一套保护/TA 断线．动作	异常
90	＊＊＊＊．＊＊站/500kV. 串 1. 金南线.第一套保护/TV 断线．动作	异常
91	＊＊＊＊．＊＊站/500kV. 串 1. 金南线.第一套保护/通道异常．动作	异常
92	＊＊＊＊．＊＊站/500kV. 串 1. 金南线.第一套保护/远跳就地判别．出口	事故
93	＊＊＊＊．＊＊站/500kV. 串 1. 金南线.第一套保护/A 相跳闸．出口	事故

续表

序号	信 息 名 称	信息分类
94	＊＊＊＊.＊＊站/500kV.串1.金南线.第一套保护/B相跳闸.出口	事故
95	＊＊＊＊.＊＊站/500kV.串1.金南线.第一套保护/C相跳闸.出口	事故
96	＊＊＊＊.＊＊站/500kV.串1.金南线.第一套保护/装置故障.动作	异常
97	＊＊＊＊.＊＊站/500kV.串1.金南线.第一套保护/装置异常.动作	异常
98	＊＊＊＊.＊＊站/500kV.串1.金南线.第一套保护/装置通信中断.动作	异常
99	＊＊＊＊.＊＊站/500kV.串1.金南线.第一套保护/远跳就地判别装置故障.动作	异常
100	＊＊＊＊.＊＊站/500kV.串1.金南线.第一套保护/远跳就地判别装置异常.动作	异常
101	＊＊＊＊.＊＊站/500kV.串1.金南线.第二套保护/主保护.出口	事故
102	＊＊＊＊.＊＊站/500kV.串1.金南线.第二套保护/后备保护.出口	事故
103	＊＊＊＊.＊＊站/500kV.串1.金南线.第二套保护/距离Ⅰ段.出口	事故
104	＊＊＊＊.＊＊站/500kV.串1.金南线.第二套保护/距离Ⅱ段.出口	事故
105	＊＊＊＊.＊＊站/500kV.串1.金南线.第二套保护/距离Ⅲ段.出口	事故
110	＊＊＊＊.＊＊站/500kV.串1.金南线.第二套保护/零序过流Ⅱ段.出口	事故
111	＊＊＊＊.＊＊站/500kV.串1.金南线.第二套保护/零序过流Ⅲ段.出口	事故
114	＊＊＊＊.＊＊站/500kV.串1.金南线.第二套保护/距离加速.出口	事故
115	＊＊＊＊.＊＊站/500kV.串1.金南线.第二套保护/零序加速.出口	事故
116	＊＊＊＊.＊＊站/500kV.串1.金南线.第二套保护/TV断线过流.出口	事故
117	＊＊＊＊.＊＊站/500kV.串1.金南线.第二套保护/远跳发信.动作	异常
118	＊＊＊＊.＊＊站/500kV.串1.金南线.第二套保护/远跳收信.动作	异常
119	＊＊＊＊.＊＊站/500kV.串1.金南线.第二套保护/TA断线.动作	异常
120	＊＊＊＊.＊＊站/500kV.串1.金南线.第二套保护/TV断线.动作	异常
121	＊＊＊＊.＊＊站/500kV.串1.金南线.第二套保护/通道异常.动作	异常
122	＊＊＊＊.＊＊站/500kV.串1.金南线.第二套保护/远跳就地判别.出口	事故
123	＊＊＊＊.＊＊站/500kV.串1.金南线.第二套保护/A相跳闸.出口	事故
124	＊＊＊＊.＊＊站/500kV.串1.金南线.第二套保护/B相跳闸.出口	事故
125	＊＊＊＊.＊＊站/500kV.串1.金南线.第二套保护/C相跳闸.出口	事故
126	＊＊＊＊.＊＊站/500kV.串1.金南线.第二套保护/装置故障.动作	异常
127	＊＊＊＊.＊＊站/500kV.串1.金南线.第二套保护/装置异常.动作	异常
128	＊＊＊＊.＊＊站/500kV.串1.金南线.第二套保护/装置通信中断.动作	异常
129	＊＊＊＊.＊＊站/500kV.串1.金南线.第二套保护/远跳就地判别装置故障.动作	异常
130	＊＊＊＊.＊＊站/500kV.串1.金南线.第二套保护/远跳就地判别装置异常.动作	异常
131	＊＊＊＊.＊＊站/500kV.串1.金南线.测控装置/保护TV二次回路空气断路器跳闸.告警	异常
132	＊＊＊＊.＊＊站/500kV.串1.金南线.测控装置/A网通信中断.告警	异常
133	＊＊＊＊.＊＊站/500kV.串1.金南线.测控装置/B网通信中断.告警	异常
134	＊＊＊＊.＊＊站/500kV.串1.金南线.测控装置/装置异常.告警	异常
135	＊＊＊＊.＊＊站/500kV.串1.金南线.测控装置/防误解除.告警	告知
136	＊＊＊＊.＊＊站/500kV.串1.金南线.测控装置/就地远方.就地	告知

序号	信 息 名 称	信息分类
751	＊＊＊＊.＊＊站/500kV. 串 6. 黄金 2 号线. 高电抗器.5063-1 隔离开关/位置.合	变位
752	＊＊＊＊.＊＊站/500kV. 串 6. 黄金 2 号线. 高电抗器.5063-17 接地开关/位置.合	变位
753	＊＊＊＊.＊＊站/500kV. 串 6. 黄金 2 号线. 高电抗器. 非电量保护/非电气量保护. 出口	事故
754	＊＊＊＊.＊＊站/500kV. 串 6. 黄金 2 号线. 高电抗器. 非电量保护/本体轻瓦斯. 告警	异常
755	＊＊＊＊.＊＊站/500kV. 串 6. 黄金 2 号线. 高电抗器. 非电量保护/重瓦斯. 出口	事故
756	＊＊＊＊.＊＊站/500kV. 串 6. 黄金 2 号线. 高电抗器. 非电量保护/油位异常. 告警	异常
757	＊＊＊＊.＊＊站/500kV. 串 6. 黄金 2 号线. 高电抗器. 非电量保护/油温高. 告警	异常
758	＊＊＊＊.＊＊站/500kV. 串 6. 黄金 2 号线. 高电抗器. 非电量保护/超温. 告警	异常
759	＊＊＊＊.＊＊站/500kV. 串 6. 黄金 2 号线. 高电抗器. 非电量保护/压力释放. 告警	异常
760	＊＊＊＊.＊＊站/500kV. 串 6. 黄金 2 号线. 高电抗器. 非电量保护/装置故障. 告警	异常
761	＊＊＊＊.＊＊站/500kV. 串 6. 黄金 2 号线. 高电抗器. 非电量保护/装置异常. 告警	异常
762	＊＊＊＊.＊＊站/500kV. 串 6. 黄金 2 号线. 高电抗器. 非电量保护/小电抗器重瓦斯. 出口	事故
763	＊＊＊＊.＊＊站/500kV. 串 6. 黄金 2 号线. 高电抗器. 非电量保护/小电抗器压力释放. 告警	异常
764	＊＊＊＊.＊＊站/500kV. 串 6. 黄金 2 号线. 高电抗器. 非电量保护/小电抗器轻瓦斯. 告警	异常
765	＊＊＊＊.＊＊站/500kV. 串 6. 黄金 2 号线. 高电抗器. 非电量保护/小电抗油位异常. 告警	异常
766	＊＊＊＊.＊＊站/500kV. 串 6. 黄金 2 号线. 高电抗器. 非电量保护/小电抗油温高. 告警	异常
767	＊＊＊＊.＊＊站/500kV. 串 6. 黄金 2 号线. 高电抗器. 非电量保护/端子箱交流失电. 告警	异常
768	＊＊＊＊.＊＊站/500kV. 串 6. 黄金 2 号线. 高电抗器. 隔离开关/就地远方. 就地	告知
769	＊＊＊＊.＊＊站/500kV. 串 6. 黄金 2 号线. 高电抗器. 隔离开关/交流失电. 告警	异常
770	＊＊＊＊.＊＊站/500kV. 串 6. 黄金 2 号线. 高电抗器. 保护屏I/纵差保护动作. 出口	事故
771	＊＊＊＊.＊＊站/500kV. 串 6. 黄金 2 号线. 高电抗器. 保护屏I/零差保护动作. 出口	事故
772	＊＊＊＊.＊＊站/500kV. 串 6. 黄金 2 号线. 高电抗器. 保护屏I/区间保护动作. 出口	事故
773	＊＊＊＊.＊＊站/500kV. 串 6. 黄金 2 号线. 高电抗器. 保护屏I/后备保护动作. 出口	事故

序号	信息名称	信息分类
774	＊＊＊＊.＊＊站/500kV.串6.黄金2号线.高电抗器.保护屏Ⅰ/过负荷.告警	异常
775	＊＊＊＊.＊＊站/500kV.串6.黄金2号线.高电抗器.保护屏Ⅰ/差流越线.告警	异常
776	＊＊＊＊.＊＊站/500kV.串6.黄金2号线.高电抗器.保护屏Ⅰ/TA异常.动作	异常
777	＊＊＊＊.＊＊站/500kV.串6.黄金2号线.高电抗器.保护屏Ⅰ/TV异常.动作	异常
778	＊＊＊＊.＊＊站/500kV.串6.黄金2号线.高电抗器.保护屏Ⅰ/装置异常.动作	异常
779	＊＊＊＊.＊＊站/500kV.串6.黄金2号线.高电抗器.保护屏Ⅱ/纵差保护动作.出口	事故
780	＊＊＊＊.＊＊站/500kV.串6.黄金2号线.高电抗器.保护屏Ⅱ/零差保护动作.出口	事故
781	＊＊＊＊.＊＊站/500kV.串6.黄金2号线.高电抗器.保护屏Ⅱ/区间保护动作.出口	事故
782	＊＊＊＊.＊＊站/500kV.串6.黄金2号线.高电抗器.保护屏Ⅱ/后被保护动作.出口	事故
783	＊＊＊＊.＊＊站/500kV.串6.黄金2号线.高电抗器.保护屏Ⅱ/过负荷.告警	异常
784	＊＊＊＊.＊＊站/500kV.串6.黄金2号线.高电抗器.保护屏Ⅱ/差流越线.告警	异常
785	＊＊＊＊.＊＊站/500kV.串6.黄金2号线.高电抗器.保护屏Ⅱ/TA异常.动作	异常
786	＊＊＊＊.＊＊站/500kV.串6.黄金2号线.高电抗器.保护屏Ⅱ/TV异常.动作	异常
787	＊＊＊＊.＊＊站/500kV.串6.黄金2号线.高电抗器.保护屏Ⅱ/装置异常.动作	异常
788	＊＊＊＊.＊＊站/500kV.串6.黄金2号线.高电抗器.测控装置/A网通信中断.告警	异常
789	＊＊＊＊.＊＊站/500kV.串6.黄金2号线.高电抗器.测控装置/B网通信中断.告警	异常
790	＊＊＊＊.＊＊站/500kV.串6.黄金2号线.高电抗器.测控装置/装置异常.告警	异常
791	＊＊＊＊.＊＊站/500kV.串6.黄金2号线.高电抗器.测控装置/防误解除.告警	告知
792	＊＊＊＊.＊＊站/500kV.串6.黄金2号线.高电抗器.测控装置/就地远方.就地	告知
793	＊＊＊＊.＊＊站/500kV.3号变压器.冷却系统/Ⅰ交流电源故障.告警	异常
794	＊＊＊＊.＊＊站/500kV.3号变压器.冷却系统/Ⅱ交流电源故障.告警	异常
795	＊＊＊＊.＊＊站/500kV.3号变压器.冷却系统/备用风扇电动机投入.告警	告知
796	＊＊＊＊.＊＊站/500kV.3号变压器.冷却系统/直流信号电源故障.告警	异常
797	＊＊＊＊.＊＊站/500kV.3号变压器.冷却系统/控制电源故障.告警	异常
798	＊＊＊＊.＊＊站/500kV.3号变压器.冷却系统/Ⅰ组冷却风扇故障.告警	异常

序号	信 息 名 称	信息分类
799	＊＊＊＊.＊＊站/500kV.3号变压器.冷却系统/Ⅱ组冷却风扇故障.告警	异常
800	＊＊＊＊.＊＊站/500kV.3号变压器.冷却系统/动力电源全停故障.动作	异常
801	＊＊＊＊.＊＊站/500kV.3号变压器.非电量保护/重瓦斯.出口	事故
802	＊＊＊＊.＊＊站/500kV.3号变压器.非电量保护/轻瓦斯.告警	异常
803	＊＊＊＊.＊＊站/500kV.3号变压器.非电量保护/油位高.告警	异常
804	＊＊＊＊.＊＊站/500kV.3号变压器.非电量保护/油位低.告警	异常
805	＊＊＊＊.＊＊站/500kV.3号变压器.非电量保护/油温度高.告警	异常
806	＊＊＊＊.＊＊站/500kV.3号变压器.非电量保护/绕组温度高.告警	异常
807	＊＊＊＊.＊＊站/500kV.3号变压器.非电量保护/压力释放.告警	异常
808	＊＊＊＊.＊＊站/500kV.3号变压器.非电量保护/装置异常.告警	异常
809	＊＊＊＊.＊＊站/500kV.3号变压器.非电量保护/装置失电.告警	异常
810	＊＊＊＊.＊＊站/500kV.3号变压器.非电量保护/速动油压继电器.告警	异常
811	＊＊＊＊.＊＊站/500kV.3号变压器.第一套保护/装置闭锁.动作	异常
812	＊＊＊＊.＊＊站/500kV.3号变压器.第一套保护/装置告警.动作	异常
813	＊＊＊＊.＊＊站/500kV.3号变压器.第一套保护/差动保护.出口	事故
814	＊＊＊＊.＊＊站/500kV.3号变压器.第一套保护/高压侧后备保护.出口	事故
815	＊＊＊＊.＊＊站/500kV.3号变压器.第一套保护/高压侧阻抗保护.出口	事故
816	＊＊＊＊.＊＊站/500kV.3号变压器.第一套保护/高压侧零序过流保护.出口	事故
817	＊＊＊＊.＊＊站/500kV.3号变压器.第一套保护/高压侧复压过流保护.出口	事故
818	＊＊＊＊.＊＊站/500kV.3号变压器.第一套保护/中压侧后备保护.出口	事故
819	＊＊＊＊.＊＊站/500kV.3号变压器.第一套保护/中压侧阻抗保护.出口	事故
820	＊＊＊＊.＊＊站/500kV.3号变压器.第一套保护/中压侧零序过流保护.出口	事故
821	＊＊＊＊.＊＊站/500kV.3号变压器.第一套保护/中压侧复压过流保护.出口	事故
822	＊＊＊＊.＊＊站/500kV.3号变压器.第一套保护/低压侧复压过流保护.出口	事故
823	＊＊＊＊.＊＊站/500kV.3号变压器.第一套保护/低压侧零序过压.动作	异常
824	＊＊＊＊.＊＊站/500kV.3号变压器.第一套保护/公共绕组零序过流保护.出口	事故
825	＊＊＊＊.＊＊站/500kV.3号变压器.第一套保护/公共绕组零序过流越线.动作	异常
826	＊＊＊＊.＊＊站/500kV.3号变压器.第一套保护/公共绕组过负荷.动作	异常
827	＊＊＊＊.＊＊站/500kV.3号变压器.第一套保护/保护装置通信中断.动作	异常
828	＊＊＊＊.＊＊站/500kV.3号变压器.第一套保护/TA断线.动作	异常
829	＊＊＊＊.＊＊站/500kV.3号变压器.第一套保护/TV断线.动作	异常
830	＊＊＊＊.＊＊站/500kV.3号变压器.第一套保护/过负荷.动作	异常
831	＊＊＊＊.＊＊站/500kV.3号变压器.第一套保护/过励磁.动作	告知
832	＊＊＊＊.＊＊站/500kV.3号变压器.第一套保护/直流消失.动作	异常
833	＊＊＊＊.＊＊站/500kV.3号变压器.第二套保护/装置闭锁.动作	异常
834	＊＊＊＊.＊＊站/500kV.3号变压器.第二套保护/装置告警.动作	异常
835	＊＊＊＊.＊＊站/500kV.3号变压器.第二套保护/差动保护.出口	事故
836	＊＊＊＊.＊＊站/500kV.3号变压器.第二套保护/高压侧后备保护.出口	事故
837	＊＊＊＊.＊＊站/500kV.3号变压器.第二套保护/高压侧阻抗保护.出口	事故
838	＊＊＊＊.＊＊站/500kV.3号变压器.第二套保护/高压侧零序过流保护.出口	事故
839	＊＊＊＊.＊＊站/500kV.3号变压器.第二套保护/高压侧复压过流保护.出口	事故
840	＊＊＊＊.＊＊站/500kV.3号变压器.第二套保护/中压侧后备保护.出口	事故

序号	信 息 名 称	信息分类
841	＊＊＊＊.＊站/500kV.3号变压器.第二套保护/中压侧阻抗保护.出口	事故
842	＊＊＊＊.＊站/500kV.3号变压器.第二套保护/中压侧零序过流保护.出口	事故
843	＊＊＊＊.＊站/500kV.3号变压器.第二套保护/中压侧复压过流保护.出口	事故
844	＊＊＊＊.＊站/500kV.3号变压器.第二套保护/低压侧复压过流保护.出口	事故
845	＊＊＊＊.＊站/500kV.3号变压器.第二套保护/低压侧零序过压.动作	异常
846	＊＊＊＊.＊站/500kV.3号变压器.第二套保护/公共绕组零序过流保护.出口	事故
847	＊＊＊＊.＊站/500kV.3号变压器.第一套保护/公共绕组零序过流越线.动作	异常
848	＊＊＊＊.＊站/500kV.3号变压器.第一套保护/公共绕组过负荷.动作	异常
849	＊＊＊＊.＊站/500kV.3号变压器.第二套保护/保护装置通信中断.动作	异常
850	＊＊＊＊.＊站/500kV.3号变压器.第二套保护/TA断线.动作	异常
851	＊＊＊＊.＊站/500kV.3号变压器.第二套保护/TV断线.动作	异常
852	＊＊＊＊.＊站/500kV.3号变压器.第二套保护/过负荷.动作	异常
853	＊＊＊＊.＊站/500kV.3号变压器.第二套保护/过励磁.动作	告知
855	＊＊＊＊.＊站/500kV.3号变压器.第二套保护/直流消失.告警	异常
856	＊＊＊＊.＊站/500kV.3号变压器.本体测控装置/装置异常.告警	异常
857	＊＊＊＊.＊站/500kV.3号变压器.本体测控装置/防误解除.告警	告知
858	＊＊＊＊.＊站/500kV.3号变压器.本体测控装置/就地远方.就地	告知
859	＊＊＊＊.＊站/500kV.3号变压器.本体测控装置/A网通信中断.告警	异常
860	＊＊＊＊.＊站/500kV.3号变压器.本体测控装置/B网通信中断.告警	异常
861	＊＊＊＊.＊站/500kV.3号变压器-高.测控装置/A网通信中断.告警	异常
862	＊＊＊＊.＊站/500kV.3号变压器-高.测控装置/B网通信中断.告警	异常
863	＊＊＊＊.＊站/500kV.3号变压器-高.测控装置/装置异常.告警	异常
864	＊＊＊＊.＊站/500kV.3号变压器-高.测控装置/防误解除.告警	告知
865	＊＊＊＊.＊站/500kV.3号变压器-高.测控装置/就地远方.告警	告知
866	＊＊＊＊.＊站/500kV.3号变压器-中.2203断路器/事故总信号.动作	事故
867	＊＊＊＊.＊站/500kV.3号变压器-中.2203断路器/位置.合	变位
868	＊＊＊＊.＊站/500kV.3号变压器-中.2203断路器/A相位置.合	变位
869	＊＊＊＊.＊站/500kV.3号变压器-中.2203断路器/B相位置.合	变位
870	＊＊＊＊.＊站/500kV.3号变压器-中.2203断路器/C相位置.合	变位
871	＊＊＊＊.＊站/500kV.3号变压器-中.22033隔离开关/位置.合	告知
872	＊＊＊＊.＊站/500kV.3号变压器-中.22034隔离开关/位置.合	告知
873	＊＊＊＊.＊站/500kV.3号变压器-中.22036隔离开关/位置.合	告知
874	＊＊＊＊.＊站/500kV.3号变压器-中.22037接地开关/位置.合	告知
875	＊＊＊＊.＊站/500kV.3号变压器-中.220367接地开关/位置.合	告知
876	＊＊＊＊.＊站/500kV.3号变压器-中.2203617接地开关/位置.合	异常
877	＊＊＊＊.＊站/500kV.3号变压器-中.2203断路器/弹簧未储能.告警	异常
878	＊＊＊＊.＊站/500kV.3号变压器-中.2203断路器/SF$_6$气压低.告警	异常
879	＊＊＊＊.＊站/500kV.3号变压器-中.2203断路器/交流失电.告警	异常
880	＊＊＊＊.＊站/500kV.3号变压器-中.2203断路器/SF$_6$压力低闭锁.告警	异常
881	＊＊＊＊.＊站/500kV.3号变压器-中.2203断路器/非全相跳闸.动作	事故
882	＊＊＊＊.＊站/500kV.3号变压器-中.2203断路器/就地控制.就地	异常
883	＊＊＊＊.＊站/500kV.3号变压器-中.2203断路器/端子箱交流失电.告警	异常

序号	信　息　名　称	信息分类
884	＊＊＊＊.＊＊站/500kV.3号变压器-中.2203断路器/电动机过热.告警	异常
885	＊＊＊＊.＊＊站/500kV.3号变压器-中.2203断路器/电动机运转故障.告警	异常
886	＊＊＊＊.＊＊站/500kV.3号变压器-中.2203断路器/电动机跳闸.告警	异常
887	＊＊＊＊.＊＊站/500kV.3号变压器-中.2203断路器/加热器电源故障.告警	异常
888	＊＊＊＊.＊＊站/500kV.3号变压器-中.2203断路器/非全相运行.告警	异常
889	＊＊＊＊.＊＊站/500kV.3号变压器-中.2203断路器/第一组控制回路断线.告警	异常
890	＊＊＊＊.＊＊站/500kV.3号变压器-中.2203断路器/第二组控制回路断线.告警	异常
891	＊＊＊＊.＊＊站/500kV.3号变压器-中.2203断路器/第一组电源消失.告警	异常
892	＊＊＊＊.＊＊站/500kV.3号变压器-中.2203断路器/第二组电源消失.告警	异常
893	＊＊＊＊.＊＊站/500kV.3号变压器-中.失灵保护/失灵启动.动作	告知
894	＊＊＊＊.＊＊站/500kV.3号变压器-中.失灵保护/解除失灵闭锁.动作	告知
895	＊＊＊＊.＊＊站/500kV.3号变压器-中.失灵保护/装置闭锁.动作	异常
896	＊＊＊＊.＊＊站/500kV.3号变压器-中.失灵保护/装置异常.动作	异常
897	＊＊＊＊.＊＊站/500kV.3号变压器-中.失灵保护/装置直流消失.动作	异常
898	＊＊＊＊.＊＊站/500kV.3号变压器-中.测控装置/切换继电器同时动作.告警	异常
899	＊＊＊＊.＊＊站/500kV.3号变压器-中.测控装置/装置异常.告警	异常
900	＊＊＊＊.＊＊站/500kV.3号变压器-中.测控装置/A网通信中断.告警	异常
901	＊＊＊＊.＊＊站/500kV.3号变压器-中.测控装置/B网通信中断.告警	异常
902	＊＊＊＊.＊＊站/500kV.3号变压器-中.测控装置/防误解除.告警	告知
903	＊＊＊＊.＊＊站/500kV.3号变压器-中.测控装置/就地远方.告警	告知
904	＊＊＊＊.＊＊站/500kV.3号变压器-低.6603断路器/间隔事故信号.动作	事故
905	＊＊＊＊.＊＊站/500kV.3号变压器-低.6603断路器/位置.合	变位
906	＊＊＊＊.＊＊站/500kV.3号变压器-低.66036隔离开关/位置.合	告知
907	＊＊＊＊.＊＊站/500kV.3号变压器-低.660367接地开关/位置.合	告知
908	＊＊＊＊.＊＊站/500kV.3号变压器-低.6603断路器/操作回路闭锁.告警	异常
909	＊＊＊＊.＊＊站/500kV.3号变压器-低.6603断路器/就地控制.就地	异常
910	＊＊＊＊.＊＊站/500kV.3号变压器-低.6603断路器/SF$_6$压力低.告警	异常
911	＊＊＊＊.＊＊站/500kV.3号变压器-低.6603断路器/弹簧未储能.告警	异常
912	＊＊＊＊.＊＊站/500kV.3号变压器-低.6603断路器/交流失电.告警	异常
913	＊＊＊＊.＊＊站/500kV.3号变压器-低.6603断路器/电动机运转故障.告警	异常
914	＊＊＊＊.＊＊站/500kV.3号变压器-低.6603断路器/端子箱交流失电.告警	异常
915	＊＊＊＊.＊＊站/500kV.3号变压器-低.保护/保护跳闸.出口	事故
916	＊＊＊＊.＊＊站/500kV.3号变压器-低.保护/控制回路断线.动作	异常
917	＊＊＊＊.＊＊站/500kV.3号变压器-低.测控装置/A网通信中断.告警	异常
918	＊＊＊＊.＊＊站/500kV.3号变压器-低.测控装置/B网通信中断.告警	异常
919	＊＊＊＊.＊＊站/500kV.3号变压器-低.测控装置/装置异常.告警	异常
920	＊＊＊＊.＊＊站/500kV.3号变压器-低.测控装置/防误解除.告警	告知
921	＊＊＊＊.＊＊站/500kV.3号变压器-低.测控装置/就地远方.告警	告知
922	＊＊＊＊.＊＊站/500kV.3号变压器-低.调压断路器/挡位位置1.合	告知
923	＊＊＊＊.＊＊站/500kV.3号变压器-低.调压断路器/挡位位置2.合	告知
924	＊＊＊＊.＊＊站/500kV.3号变压器-低.调压断路器/挡位位置3.合	告知
925	＊＊＊＊.＊＊站/500kV.3号变压器-低.调压断路器/挡位位置4.合	告知

续表

序号	信 息 名 称	信息分类
926	＊＊＊＊.＊＊站/500kV.3 号变压器-低.调压断路器/挡位位置5.合	告知
927	＊＊＊＊.＊＊站/500kV.3 号变压器.故障录波器/装置故障.告警	异常
928	＊＊＊＊.＊＊站/500kV.3 号变压器.故障录波器/装置失电.告警	异常
929	＊＊＊＊.＊＊站/500kV.3 号变压器-高.信息子站/装置异常.告警	异常
930	＊＊＊＊.＊＊站/500kV.3 号变压器-高.对时扩展装置/直流失电.告警	异常
931	＊＊＊＊.＊＊站/500kV.3 号变压器-高.对时扩展装置/交流失电.告警	异常
932	＊＊＊＊.＊＊站/500kV.3 号变压器-高.对时扩展装置/RⅠG-B1 输入异常.告警	异常
933	＊＊＊＊.＊＊站/500kV.3 号变压器-高.对时扩展装置/RⅠG-B2 输入异常.告警	异常
1061	＊＊＊＊.＊＊站/500kV.主变压器公用测控/A 网通信中断.告警	异常
1062	＊＊＊＊.＊＊站/500kV.主变压器公用测控/B 网通信中断.告警	异常
1063	＊＊＊＊.＊＊站/500kV.主变压器公用测控/装置异常.告警	异常
1064	＊＊＊＊.＊＊站/500kV.主变压器公用测控/防误解除.告警	异常
1065	＊＊＊＊.＊＊站/500kV.主变压器公用测控/就地远方.告警	异常
1066	＊＊＊＊.＊＊站/500kV.主变压器公用测控.PMU 装置/直流消失.告警	异常
1067	＊＊＊＊.＊＊站/500kV.主变压器公用测控.PMU 装置/装置告警.告警	异常
1068	＊＊＊＊.＊＊站/500kV.主变压器公用测控.VQC/装置故障.告警	异常
1069	＊＊＊＊.＊＊站/500kV.主变压器公用测控.VQC 装置/自动遥控切换.告警	异常
1070	＊＊＊＊.＊＊站/500kV.主变压器公用测控.VQC 装置/装置异常.告警	异常
1071	＊＊＊＊.＊＊站/500kV.Ⅰ母.保护屏Ⅰ/差动保护.出口	事故
1072	＊＊＊＊.＊＊站/500kV.Ⅰ母.保护屏Ⅰ/失灵保护.出口	事故
1073	＊＊＊＊.＊＊站/500kV.Ⅰ母.保护屏Ⅰ/开入异常.出口	异常
1074	＊＊＊＊.＊＊站/500kV.Ⅰ母.保护屏Ⅰ/TA 断线.动作	异常
1075	＊＊＊＊.＊＊站/500kV.Ⅰ母.保护屏Ⅰ/装置异常.动作	异常
1076	＊＊＊＊.＊＊站/500kV.Ⅰ母.保护屏Ⅰ/直流消失.动作	异常
1077	＊＊＊＊.＊＊站/500kV.Ⅰ母.保护屏Ⅱ/差动保护.出口	事故
1078	＊＊＊＊.＊＊站/500kV.Ⅰ母.保护屏Ⅱ/失灵保护.出口	事故
1079	＊＊＊＊.＊＊站/500kV.Ⅰ母.保护屏Ⅱ/开入异常.出口	异常
1080	＊＊＊＊.＊＊站/500kV.Ⅰ母.保护屏Ⅱ/TA 断线.动作	异常
1081	＊＊＊＊.＊＊站/500kV.Ⅰ母.保护屏Ⅱ/装置异常.动作	异常
1082	＊＊＊＊.＊＊站/500kV.Ⅰ母.保护屏Ⅱ/直流消失.动作	异常
1095	＊＊＊＊.＊＊站/500kV.ⅠⅡ母.测控装置/A 网通信中断.告警（就是 500kV 公用测控）	异常
1096	＊＊＊＊.＊＊站/500kV.ⅠⅡ母.测控装置/B 网通信中断.告警（就是 500kV 公用测控）	异常
1097	＊＊＊＊.＊＊站/500kV.ⅠⅡ母.测控装置/装置异常.告警（就是 500kV 公用测控）	异常
1098	＊＊＊＊.＊＊站/500kV.ⅠⅡ母.测控装置/Ⅰ母线 TV 二次回路跳闸.告警	异常
1099	＊＊＊＊.＊＊站/500kV.ⅠⅡ母.测控装置/Ⅱ母线 TV 二次回路跳闸.告警	异常
1100	＊＊＊＊.＊＊站/500kV.Ⅰ母.5127 接地开关/位置.合	告知
1101	＊＊＊＊.＊＊站/500kV.Ⅱ母.5227 接地开关/位置.合	告知

序号	信 息 名 称	信息分类
1102	＊＊＊＊.＊＊站/500kV. 公用测控/A 网通信中断. 告警	异常
1103	＊＊＊＊.＊＊站/500kV. 公用测控/B 网通信中断. 告警	异常
1104	＊＊＊＊.＊＊站/500kV. 公用测控/装置异常. 告警	异常
1105	＊＊＊＊.＊＊站/500kV. 公用测控/防误解除. 告警	告知
1106	＊＊＊＊.＊＊站/500kV. 公用测控/就地远方. 告警	告知
1107	＊＊＊＊.＊＊站/500kV. 1 号小室故障录波器/装置故障. 告警	异常
1108	＊＊＊＊.＊＊站/500kV. 1 号小室故障录波器/装置失电. 告警	异常
1109	＊＊＊＊.＊＊站/500kV. 1 号小室故障测距/装置故障. 告警	异常
1110	＊＊＊＊.＊＊站/500kV. 1 号小室 PMU/装置故障. 告警	异常
1111	＊＊＊＊.＊＊站/500kV. 1 号小室 PMU/装置失电. 告警	异常
1112	＊＊＊＊.＊＊站/500kV. 2 号小室故障录波器/装置故障. 告警	异常
1113	＊＊＊＊.＊＊站/500kV. 2 号小室故障录波器/装置失电. 告警	异常
1114	＊＊＊＊.＊＊站/500kV. 2 号小室故障测距/装置故障. 告警	异常
1115	＊＊＊＊.＊＊站/500kV. 2 号小室 PMU/装置故障. 告警	异常
1116	＊＊＊＊.＊＊站/500kV. 2 号小室 PMU/装置失电. 告警	异常
1117	＊＊＊＊.＊＊站/500kV. 3 号小室故障录波器/装置故障. 告警	异常
1118	＊＊＊＊.＊＊站/500kV. 3 号小室故障录波器/装置失电. 告警	异常
1119	＊＊＊＊.＊＊站/500kV. 3 号小室故障测距/装置故障. 告警	异常
1120	＊＊＊＊.＊＊站/500kV. 3 号小室 PMU/装置故障. 告警	异常
1121	＊＊＊＊.＊＊站/500kV. 3 号小室 PMU/装置失电. 告警	异常
1122	＊＊＊＊.＊＊站/500kV. 时钟扩展箱/直流失电. 告警	异常
1123	＊＊＊＊.＊＊站/500kV. 时钟扩展箱/交流失电. 告警	异常
1124	＊＊＊＊.＊＊站/500kV. 时钟扩展箱/RIG-B1 输入异常. 告警	异常
1125	＊＊＊＊.＊＊站/500kV. 时钟扩展箱/RIG-B2 输入异常. 告警	异常
1126	＊＊＊＊.＊＊站/220kV. 金马甲线. 2253 断路器/间隔事故信号. 动作	事故
1127	＊＊＊＊.＊＊站/220kV. 金马甲线. 2253 断路器/位置. 合	变位
1128	＊＊＊＊.＊＊站/220kV. 金马甲线. 2253 断路器/A 相位置. 合	变位
1129	＊＊＊＊.＊＊站/220kV. 金马甲线. 2253 断路器/B 相位置. 合	变位
1130	＊＊＊＊.＊＊站/220kV. 金马甲线. 2253 断路器/C 相位置. 合	变位
1131	＊＊＊＊.＊＊站/220kV. 金马甲线. 22531 隔离开关/位置. 合	告知
1132	＊＊＊＊.＊＊站/220kV. 金马甲线. 22532 隔离开关/位置. 合	告知
1133	＊＊＊＊.＊＊站/220kV. 金马甲线. 22536 隔离开关/位置. 合	告知
1134	＊＊＊＊.＊＊站/220kV. 金马甲线. 22537 接地开关/位置. 合	告知
1135	＊＊＊＊.＊＊站/220kV. 金马甲线. 225367 接地开关/位置. 合	告知
1136	＊＊＊＊.＊＊站/220kV. 金马甲线. 2253617 接地开关/位置. 合	告知
1137	＊＊＊＊.＊＊站/220kV. 金马甲线. 2253 断路器/SF₆ 气压低. 告警	异常
1138	＊＊＊＊.＊＊站/220kV. 金马甲线. 2253 断路器/SF₆ 气压低闭锁. 告警	异常
1139	＊＊＊＊.＊＊站/220kV. 金马甲线. 2253 断路器/交流失电. 告警	异常
1140	＊＊＊＊.＊＊站/220kV. 金马甲线. 2253 断路器/弹簧未储能. 告警	异常
1141	＊＊＊＊.＊＊站/220kV. 金马甲线. 2253 断路器/三相不一致跳闸. 出口	事故
1142	＊＊＊＊.＊＊站/220kV. 金马甲线. 2253 断路器/就地控制. 就地	异常
1143	＊＊＊＊.＊＊站/220kV. 金马甲线. 2253 断路器/第一组控制回路断线. 告警	异常

续表

序号	信 息 名 称	信息分类
1144	＊＊＊＊.＊＊站/220kV.金马甲线.2253断路器/第二组控制回路断线.告警	异常
1145	＊＊＊＊.＊＊站/220kV.金马甲线.2253断路器/第一组控制电源消失.告警	异常
1146	＊＊＊＊.＊＊站/220kV.金马甲线.2253断路器/第二组控制电源消失.告警	异常
1147	＊＊＊＊.＊＊站/220kV.金马甲线.2253断路器/压力低禁止重合闸.告警	异常
1148	＊＊＊＊.＊＊站/220kV.金马甲线.第一套保护/跳闸.出口	事故
1149	＊＊＊＊.＊＊站/220kV.金马甲线.第一套保护/重合闸.出口	事故
1150	＊＊＊＊.＊＊站/220kV.金马甲线.第一套保护/装置闭锁.动作	异常
1151	＊＊＊＊.＊＊站/220kV.金马甲线.第一套保护/装置异常.动作	异常
1152	＊＊＊＊.＊＊站/220kV.金马甲线.第一套保护/通道异常.动作	异常
1153	＊＊＊＊.＊＊站/220kV.金马甲线.第一套保护/直流消失.动作	异常
1154	＊＊＊＊.＊＊站/220kV.金马甲线.第一套保护/主保护.出口	事故
1155	＊＊＊＊.＊＊站/220kV.金马甲线.第一套保护/后备保护.出口	事故
1156	＊＊＊＊.＊＊站/220kV.金马甲线.第一套保护/Ⅰ段阻抗出口	事故
1157	＊＊＊＊.＊＊站/220kV.金马甲线.第一套保护/Ⅱ段阻抗出口	事故
1158	＊＊＊＊.＊＊站/220kV.金马甲线.第一套保护/Ⅲ段阻抗出口	事故
1162	＊＊＊＊.＊＊站/220kV.金马甲线.第一套保护/零序过流Ⅰ段.出口	事故
1163	＊＊＊＊.＊＊站/220kV.金马甲线.第一套保护/零序过流Ⅱ段.出口	事故
1164	＊＊＊＊.＊＊站/220kV.金马甲线.第一套保护/零序过流Ⅲ段.出口	事故
1165	＊＊＊＊.＊＊站/220kV.金马甲线.第一套保护/零序过流Ⅳ段.出口	事故
1166	＊＊＊＊.＊＊站/220kV.金马甲线.第一套保护/阻抗Ⅱ段加速出口	事故
1167	＊＊＊＊.＊＊站/220kV.金马甲线.第一套保护/零序加速.出口	事故
1168	＊＊＊＊.＊＊站/220kV.金马甲线.第一套保护/TV断线过流.出口	事故
1169	＊＊＊＊.＊＊站/220kV.金马甲线.第一套保护/远方启动跳闸.出口	事故
1170	＊＊＊＊.＊＊站/220kV.金马甲线.第一套保护/远跳发信.动作	异常
1171	＊＊＊＊.＊＊站/220kV.金马甲线.第一套保护/远跳收信.动作	异常
1172	＊＊＊＊.＊＊站/220kV.金马甲线.第一套保护/重合闸闭锁.动作	异常
1173	＊＊＊＊.＊＊站/220kV.金马甲线.第一套保护/TA断线.动作	异常
1174	＊＊＊＊.＊＊站/220kV.金马甲线.第一套保护/TV断线.动作	异常
1175	＊＊＊＊.＊＊站/220kV.金马甲线.第一套保护/A相跳闸.出口	事故
1176	＊＊＊＊.＊＊站/220kV.金马甲线.第一套保护/B相跳闸.出口	事故
1177	＊＊＊＊.＊＊站/220kV.金马甲线.第一套保护/C相跳闸.出口	事故
1178	＊＊＊＊.＊＊站/220kV.金马甲线.第二套保护/跳闸.出口	事故
1179	＊＊＊＊.＊＊站/220kV.金马甲线.第二套保护/重合闸.出口	事故
1180	＊＊＊＊.＊＊站/220kV.金马甲线.第二套保护/装置闭锁.动作	异常
1181	＊＊＊＊.＊＊站/220kV.金马甲线.第二套保护/装置异常.动作	异常
1182	＊＊＊＊.＊＊站/220kV.金马甲线.第二套保护/通道异常.动作	异常
1183	＊＊＊＊.＊＊站/220kV.金马甲线.第二套保护/直流消失.动作	异常
1184	＊＊＊＊.＊＊站/220kV.金马甲线.第二套保护/主保护.出口	事故
1185	＊＊＊＊.＊＊站/220kV.金马甲线.第二套保护/后备保护.出口	事故
1186	＊＊＊＊.＊＊站/220kV.金马甲线.第二套保护/Ⅰ段阻抗出口	事故
1187	＊＊＊＊.＊＊站/220kV.金马甲线.第二套保护/Ⅱ段阻抗出口	事故
1188	＊＊＊＊.＊＊站/220kV.金马甲线.第二套保护/Ⅲ段阻抗出口	事故

序号	信　息　名　称	信息分类
1192	＊＊＊＊.＊＊站/220kV.金马甲线.第二套保护/零序过流Ⅰ段.出口	事故
1193	＊＊＊＊.＊＊站/220kV.金马甲线.第二套保护/零序过流Ⅱ段.出口	事故
1194	＊＊＊＊.＊＊站/220kV.金马甲线.第二套保护/零序过流Ⅲ段.出口	事故
1195	＊＊＊＊.＊＊站/220kV.金马甲线.第二套保护/零序过流Ⅳ段.出口	事故
1196	＊＊＊＊.＊＊站/220kV.金马甲线.第二套保护/阻抗Ⅱ段加速出口	事故
1197	＊＊＊＊.＊＊站/220kV.金马甲线.第二套保护/零序加速.出口	事故
1198	＊＊＊＊.＊＊站/220kV.金马甲线.第二套保护/TV断线过流.出口	事故
1199	＊＊＊＊.＊＊站/220kV.金马甲线.第二套保护/远方启动跳闸.出口	事故
1200	＊＊＊＊.＊＊站/220kV.金马甲线.第二套保护/远跳发信.动作	异常
1201	＊＊＊＊.＊＊站/220kV.金马甲线.第二套保护/远跳收信.动作	异常
1202	＊＊＊＊.＊＊站/220kV.金马甲线.第二套保护/重合闸闭锁.动作	异常
1203	＊＊＊＊.＊＊站/220kV.金马甲线.第二套保护/TA断线.动作	异常
1204	＊＊＊＊.＊＊站/220kV.金马甲线.第二套保护/TV断线.动作	异常
1205	＊＊＊＊.＊＊站/220kV.金马甲线.第二套保护/切换继电器失电.动作	异常
1206	＊＊＊＊.＊＊站/220kV.金马甲线.第二套保护/切换继电器同时接通.动作	异常
1207	＊＊＊＊.＊＊站/220kV.金马甲线.第二套保护/A相跳闸.出口	事故
1208	＊＊＊＊.＊＊站/220kV.金马甲线.第二套保护/B相跳闸.出口	事故
1209	＊＊＊＊.＊＊站/220kV.金马甲线.第二套保护/C相跳闸.出口	事故
1210	＊＊＊＊.＊＊站/220kV.金马甲线.失灵保护/装置闭锁.动作	异常
1211	＊＊＊＊.＊＊站/220kV.金马甲线.失灵保护/装置异常.动作	异常
1212	＊＊＊＊.＊＊站/220kV.金马甲线.失灵保护/直流消失.动作	异常
1213	＊＊＊＊.＊＊站/220kV.金马甲线.测控装置/就地远方.告警	告知
1214	＊＊＊＊.＊＊站/220kV.金马甲线.测控装置/装置异常.告警	异常
1215	＊＊＊＊.＊＊站/220kV.金马甲线.测控装置/防误解除.告警	告知
1216	＊＊＊＊.＊＊站/220kV.金马甲线.测控装置/A网通信中断.告警	异常
1217	＊＊＊＊.＊＊站/220kV.金马甲线.测控装置/B网通信中断.告警	异常
2230	＊＊＊＊.＊＊站/220kV.ⅠⅡ母联.2212断路器/间隔事故信号.动作	事故
2231	＊＊＊＊.＊＊站/220kV.ⅠⅡ母联.2212断路器/位置.合	变位
2232	＊＊＊＊.＊＊站/220kV.ⅠⅡ母联.2212断路器/A相位置.合	变位
2233	＊＊＊＊.＊＊站/220kV.ⅠⅡ母联.2212断路器/B相位置.合	变位
2234	＊＊＊＊.＊＊站/220kV.ⅠⅡ母联.2212断路器/C相位置.合	变位
2235	＊＊＊＊.＊＊站/220kV.ⅠⅡ母联.22121隔离开关/位置.合	告知
2236	＊＊＊＊.＊＊站/220kV.ⅠⅡ母联.22122隔离开关/位置.合	告知
2237	＊＊＊＊.＊＊站/220kV.ⅠⅡ母联.221217接地开关/位置.合	告知
2238	＊＊＊＊.＊＊站/220kV.ⅠⅡ母联.221227接地开关/位置.合	告知
2239	＊＊＊＊.＊＊站/220kV.ⅠⅡ母联.2212断路器/SF$_6$气压低.告警	异常
2240	＊＊＊＊.＊＊站/220kV.ⅠⅡ母联.2212断路器/SF$_6$气压低闭锁.告警	异常
2241	＊＊＊＊.＊＊站/220kV.ⅠⅡ母联.2212断路器/交流失电.告警	异常
2242	＊＊＊＊.＊＊站/220kV.ⅠⅡ母联.2212断路器/弹簧未储能.告警	异常
2243	＊＊＊＊.＊＊站/220kV.ⅠⅡ母联.2212断路器/三相不一致跳闸.出口	事故
2244	＊＊＊＊.＊＊站/220kV.ⅠⅡ母联.2212断路器/就地控制.就地	异常
2245	＊＊＊＊.＊＊站/220kV.ⅠⅡ母联.2212断路器/第一组控制回路断线.告警	异常

续表

序号	信 息 名 称	信息分类
2246	＊＊＊＊.＊＊站/220kV.ⅠⅡ母联.2212断路器/第二组控制回路断线.告警	异常
2247	＊＊＊＊.＊＊站/220kV.ⅠⅡ母联.2212断路器/第一组控制电源消失.告警	异常
2248	＊＊＊＊.＊＊站/220kV.ⅠⅡ母联.2212断路器/第二组控制电源消失.告警	异常
2249	＊＊＊＊.＊＊站/220kV.ⅠⅡ母联.2212断路器/压力低禁止重合闸.告警	异常
2250	＊＊＊＊.＊＊站/220kV.ⅠⅡ母联.保护/装置闭锁.动作	异常
2251	＊＊＊＊.＊＊站/220kV.ⅠⅡ母联.保护/装置异常.动作	异常
2252	＊＊＊＊.＊＊站/220kV.ⅠⅡ母联.保护/直流消失.动作	异常
2253	＊＊＊＊.＊＊站/220kV.ⅠⅡ母联.保护/过流保护.出口	事故
2254	＊＊＊＊.＊＊站/220kV.ⅠⅡ母联.保护/充电保护.出口	事故
2255	＊＊＊＊.＊＊站/220kV.ⅠⅡ母联.测控装置/就地远方.告警	告知
2256	＊＊＊＊.＊＊站/220kV.ⅠⅡ母联.测控装置/装置异常.告警	异常
2257	＊＊＊＊.＊＊站/220kV.ⅠⅡ母联.测控装置/防误解除.告警	告知
2258	＊＊＊＊.＊＊站/220kV.ⅠⅡ母联.测控装置/A网通信中断.告警	异常
2259	＊＊＊＊.＊＊站/220kV.ⅠⅡ母联.测控装置/B网通信中断.告警	异常
2260	＊＊＊＊.＊＊站/220kV.ⅠⅢ分段.2213断路器/间隔事故信号.动作	事故
2261	＊＊＊＊.＊＊站/220kV.ⅠⅢ分段.2213断路器/位置.合	变位
2262	＊＊＊＊.＊＊站/220kV.ⅠⅢ分段.2213断路器/A相位置.合	变位
2263	＊＊＊＊.＊＊站/220kV.ⅠⅢ分段.2213断路器/B相位置.合	变位
2264	＊＊＊＊.＊＊站/220kV.ⅠⅢ分段.2213断路器/C相位置.合	变位
2265	＊＊＊＊.＊＊站/220kV.ⅠⅢ分段.22131隔离开关/位置.合	告知
2266	＊＊＊＊.＊＊站/220kV.ⅠⅢ分段.22133隔离开关/位置.合	告知
2267	＊＊＊＊.＊＊站/220kV.ⅠⅢ分段.221317接地开关/位置.合	告知
2268	＊＊＊＊.＊＊站/220kV.ⅠⅢ分段.221337接地开关/位置.合	告知
2269	＊＊＊＊.＊＊站/220kV.ⅠⅢ分段.2213断路器/SF₆气压低.告警	异常
2270	＊＊＊＊.＊＊站/220kV.ⅠⅢ分段.2213断路器/SF₆气压低闭锁.告警	异常
2271	＊＊＊＊.＊＊站/220kV.ⅠⅢ分段.2213断路器/交流失电.告警	异常
2272	＊＊＊＊.＊＊站/220kV.ⅠⅢ分段.2213断路器/弹簧未储能.告警	异常
2273	＊＊＊＊.＊＊站/220kV.ⅠⅢ分段.2213断路器/三相不一致跳闸.出口	事故
2274	＊＊＊＊.＊＊站/220kV.ⅠⅢ分段.2213断路器/就地控制.就地	异常
2275	＊＊＊＊.＊＊站/220kV.ⅠⅢ分段.2213断路器/第一组控制回路断线.告警	异常
2276	＊＊＊＊.＊＊站/220kV.ⅠⅢ分段.2213断路器/第二组控制回路断线.告警	异常
2277	＊＊＊＊.＊＊站/220kV.ⅠⅢ分段.2213断路器/第一组控制电源消失.告警	异常
2278	＊＊＊＊.＊＊站/220kV.ⅠⅢ分段.2213断路器/第二组控制电源消失.告警	异常
2279	＊＊＊＊.＊＊站/220kV.ⅠⅢ分段.2213断路器/压力低禁止重合闸.告警	异常
2280	＊＊＊＊.＊＊站/220kV.ⅠⅢ分段.保护/装置闭锁.动作	异常
2281	＊＊＊＊.＊＊站/220kV.ⅠⅢ分段.保护/装置异常.动作	异常
2282	＊＊＊＊.＊＊站/220kV.ⅠⅢ分段.保护/直流消失.动作	异常
2283	＊＊＊＊.＊＊站/220kV.ⅠⅢ分段.保护/过流保护.出口	事故
2284	＊＊＊＊.＊＊站/220kV.ⅠⅢ分段.保护/充电保护.出口	事故
2285	＊＊＊＊.＊＊站/220kV.ⅠⅢ分段.测控装置/就地远方.告警	告知
2286	＊＊＊＊.＊＊站/220kV.ⅠⅢ分段.测控装置/装置异常.告警	异常
2287	＊＊＊＊.＊＊站/220kV.ⅠⅢ分段.测控装置/防误解除.告警	告知

序号	信 息 名 称	信息分类
2288	＊＊＊＊．＊＊站/220kV.ⅠⅢ分段．测控装置/A网通信中断．告警	异常
2289	＊＊＊＊．＊＊站/220kV.ⅠⅢ分段．测控装置/B网通信中断．告警	异常
2350	＊＊＊＊．＊＊站/220kV.Ⅰ母.TV219隔离开关/位置．合	告知
2351	＊＊＊＊．＊＊站/220kV.Ⅰ母.TV2197接地开关/位置．合	告知
2352	＊＊＊＊．＊＊站/220kV.Ⅱ母.TV229隔离开关/位置．合	告知
2353	＊＊＊＊．＊＊站/220kV.Ⅱ母.TV2297接地开关/位置．合	告知
2354	＊＊＊＊．＊＊站/220kV.Ⅰ母.2117接地开关/位置．合	告知
2355	＊＊＊＊．＊＊站/220kV.Ⅱ母.2217接地开关/位置．合	告知
2356	＊＊＊＊．＊＊站/220kV.Ⅰ母.2127接地开关/位置．合	告知
2357	＊＊＊＊．＊＊站/220kV.Ⅱ母.2227接地开关/位置．合	告知
2358	＊＊＊＊．＊＊站/220kV.ⅠⅡ母.Ⅰ母TV端子箱/交流失电．告警	异常
2359	＊＊＊＊．＊＊站/220kV.ⅠⅡ母.Ⅰ母TV端子箱/二次断路器跳闸．动作	异常
2360	＊＊＊＊．＊＊站/220kV.ⅠⅡ母.Ⅱ母TV端子箱/交流失电．告警	异常
2361	＊＊＊＊．＊＊站/220kV.ⅠⅡ母.Ⅱ母TV端子箱/二次断路器跳闸．动作	异常
2362	＊＊＊＊．＊＊站/220kV.ⅠⅡ母.保护Ⅰ屏/保护动作．出口	事故
2363	＊＊＊＊．＊＊站/220kV.ⅠⅡ母.保护Ⅰ屏/TA断线．动作	异常
2364	＊＊＊＊．＊＊站/220kV.ⅠⅡ母.保护Ⅰ屏/TV断线．动作	异常
2365	＊＊＊＊．＊＊站/220kV.ⅠⅡ母.保护Ⅰ屏/开入异常．动作	异常
2366	＊＊＊＊．＊＊站/220kV.ⅠⅡ母.保护Ⅰ屏/装置异常．动作	异常
2367	＊＊＊＊．＊＊站/220kV.ⅠⅡ母.保护Ⅱ屏/保护动作．出口	事故
2368	＊＊＊＊．＊＊站/220kV.ⅠⅡ母.保护Ⅱ屏/TA断线．动作	异常
2369	＊＊＊＊．＊＊站/220kV.ⅠⅡ母.保护Ⅱ屏/TV断线．动作	异常
2370	＊＊＊＊．＊＊站/220kV.ⅠⅡ母.保护Ⅱ屏/开入异常．动作	异常
2371	＊＊＊＊．＊＊站/220kV.ⅠⅡ母.保护Ⅱ屏/装置异常．动作	异常
2372	＊＊＊＊．＊＊站/220kV.ⅠⅡ母.失灵保护/动作．出口	事故
2373	＊＊＊＊．＊＊站/220kV.ⅠⅡ母.失灵保护/TV断线．动作	异常
2374	＊＊＊＊．＊＊站/220kV.ⅠⅡ母.失灵保护/开入异常．动作	异常
2375	＊＊＊＊．＊＊站/220kV.ⅠⅡ母.失灵保护/母线互联．动作	异常
2376	＊＊＊＊．＊＊站/220kV.ⅠⅡ母.失灵保护/装置异常．动作	异常
2377	＊＊＊＊．＊＊站/220kV.ⅠⅡ母.故障录波器屏/装置异常．告警	异常
2378	＊＊＊＊．＊＊站/220kV.ⅠⅡ母.故障录波器屏/装置失电．告警	异常
2379	＊＊＊＊．＊＊站/220kV.ⅠⅡ母.保护子站屏/装置异常．动作	异常
2380	＊＊＊＊．＊＊站/220kV.ⅠⅡ母.时钟扩展箱/直流失电．告警	异常
2381	＊＊＊＊．＊＊站/220kV.ⅠⅡ母.时钟扩展箱/交流失电．告警	异常
2382	＊＊＊＊．＊＊站/220kV.ⅠⅡ母.时钟扩展箱/B1输入异常．动作	异常
2383	＊＊＊＊．＊＊站/220kV.ⅠⅡ母.时钟扩展箱/B2输入异常．动作	异常
2384	＊＊＊＊．＊＊站/220kV.ⅠⅡ母.测控装置/就地远方．告警	告知
2385	＊＊＊＊．＊＊站/220kV.ⅠⅡ母.测控装置/装置异常．告警	异常
2386	＊＊＊＊．＊＊站/220kV.ⅠⅡ母.测控装置/防误解除．告警	告知
2387	＊＊＊＊．＊＊站/220kV.ⅠⅡ母.测控装置/A网通信中断．告警	异常
2388	＊＊＊＊．＊＊站/220kV.ⅠⅡ母.测控装置/B网通信中断．告警	异常
2428	＊＊＊＊．＊＊站/220kV.公用测控．线路故障测距屏Ⅰ/装置故障．告警	异常

序号	信 息 名 称	信息分类
2429	＊＊＊＊.＊＊站/220kV.公用测控.线路故障测距屏Ⅰ/装置异常.告警	异常
2430	＊＊＊＊.＊＊站/220kV.公用测控.线路故障测距屏Ⅱ/装置故障.告警	异常
2431	＊＊＊＊.＊＊站/220kV.公用测控.线路故障测距屏Ⅱ/装置异常.告警	异常
2432	＊＊＊＊.＊＊站/220kV.公用测控.PMU屏Ⅰ/装置闭锁.告警	异常
2433	＊＊＊＊.＊＊站/220kV.公用测控.PMU屏Ⅰ/装置异常.告警	异常
2434	＊＊＊＊.＊＊站/220kV.公用测控.PMU屏Ⅱ/装置闭锁.告警	异常
2435	＊＊＊＊.＊＊站/220kV.公用测控.PMU屏Ⅱ/装置异常.告警	异常
2436	＊＊＊＊.＊＊站/220kV.公用测控/A网通信中断.告警	异常
2437	＊＊＊＊.＊＊站/220kV.公用测控/B网通信中断.告警	异常
2438	＊＊＊＊.＊＊站/220kV.公用测控/装置异常.告警	异常
2439	＊＊＊＊.＊＊站/220kV.公用测控/防误解除.告警	告知
2440	＊＊＊＊.＊＊站/220kV.公用测控/就地远方.告警	告知
2441	＊＊＊＊.＊＊站/66kV.6号电容器.6666断路器/间隔事故信号.动作	事故
2442	＊＊＊＊.＊＊站/66kV.6号电容器.6666断路器/位置.合	变位
2443	＊＊＊＊.＊＊站/66kV.6号电容器.66663隔离开关/位置.合	告知
2444	＊＊＊＊.＊＊站/66kV.6号电容器.66667接地开关/位置.合	告知
2445	＊＊＊＊.＊＊站/66kV.6号电容器.666667接地开关/位置.合	告知
2446	＊＊＊＊.＊＊站/66kV.6号电容器.6666断路器/SF₆气压低.告警	异常
2447	＊＊＊＊.＊＊站/66kV.6号电容器.6666断路器/SF₆气压低闭锁.告警	异常
2448	＊＊＊＊.＊＊站/66kV.6号电容器.6666断路器/交流失电.告警	异常
2449	＊＊＊＊.＊＊站/66kV.6号电容器.6666断路器/弹簧未储能.告警	异常
2450	＊＊＊＊.＊＊站/66kV.6号电容器.6666断路器/就地控制.就地	异常
2451	＊＊＊＊.＊＊站/66kV.6号电容器.6666断路器/控制回路断线.告警	异常
2452	＊＊＊＊.＊＊站/66kV.6号电容器.保护/直流消失.动作	异常
2453	＊＊＊＊.＊＊站/66kV.6号电容器.保护/装置异常.动作	异常
2454	＊＊＊＊.＊＊站/66kV.6号电容器.保护/保护动作.出口	事故
2455	＊＊＊＊.＊＊站/66kV.6号电容器.保护/过流Ⅰ段.出口	事故
2456	＊＊＊＊.＊＊站/66kV.6号电容器.保护/过流Ⅱ段.出口	事故
2457	＊＊＊＊.＊＊站/66kV.6号电容器.保护/过流Ⅲ段.出口	事故
2458	＊＊＊＊.＊＊站/66kV.6号电容器.保护/过电压.出口	事故
2459	＊＊＊＊.＊＊站/66kV.6号电容器.保护/低电压.出口	事故
2460	＊＊＊＊.＊＊站/66kV.6号电容器.保护/不平衡电流.出口（只有一个不平衡动作）	事故
2461	＊＊＊＊.＊＊站/66kV.6号电容器.保护/不平衡电压.出口	事故
2462	＊＊＊＊.＊＊站/66kV.6号电容器.测控装置/就地远方.告警	告知
2463	＊＊＊＊.＊＊站/66kV.6号电容器.测控装置/装置异常.告警	异常
2464	＊＊＊＊.＊＊站/66kV.6号电容器.测控装置/防误解除.告警	告知
2465	＊＊＊＊.＊＊站/66kV.6号电容器.测控装置/A网通信中断.告警	异常
2466	＊＊＊＊.＊＊站/66kV.6号电容器.测控装置/B网通信中断.告警	异常
2540	＊＊＊＊.＊＊站/66kV.2号站用变压器.6620断路器/间隔事故信号.动作	事故
2541	＊＊＊＊.＊＊站/66kV.2号站用变压器.6620断路器/位置.合	变位
2542	＊＊＊＊.＊＊站/66kV.2号站用变压器.66203隔离开关/位置.合	变位

续表

序号	信 息 名 称	信息分类
2543	＊＊＊＊.＊站/66kV.2 号站用变压器.6317 接地开关/位置.合	变位
2544	＊＊＊＊.＊站/66kV.2 号站用变压器.66207 接地开关/位置.合	变位
2545	＊＊＊＊.＊站/66kV.2 号站用变压器.380V 断路器/位置.合	变位
2546	＊＊＊＊.＊站/66kV.2 号站用变压器.6620 断路器/SF$_6$ 气压低.告警	异常
2547	＊＊＊＊.＊站/66kV.2 号站用变压器.6620 断路器/SF$_6$ 气压低闭锁.告警	异常
2548	＊＊＊＊.＊站/66kV.2 号站用变压器.6620 断路器/交流失电.告警	异常
2549	＊＊＊＊.＊站/66kV.2 号站用变压器.端子箱/交流失电.告警	异常
2550	＊＊＊＊.＊站/66kV.2 号站用变压器.6620 断路器/弹簧未储能.告警	异常
2551	＊＊＊＊.＊站/66kV.2 号站用变压器.6620 断路器/就地控制.就地	异常
2552	＊＊＊＊.＊站/66kV.2 号站用变压器.6620 断路器/控制回路断线.告警	异常
2553	＊＊＊＊.＊站/66kV.2 号站用变压器.非电量保护/重瓦斯.出口	事故
2554	＊＊＊＊.＊站/66kV.2 号站用变压器.非电量保护/油温高.告警	异常
2555	＊＊＊＊.＊站/66kV.2 号站用变压器.非电量保护/压力释放.告警	异常
2557	＊＊＊＊.＊站/66kV.2 号站用变压器.保护/直流消失.动作	异常
2558	＊＊＊＊.＊站/66kV.2 号站用变压器.保护/保护动作.出口	事故
2559	＊＊＊＊.＊站/66kV.2 号站用变压器.保护/装置异常.动作	异常
2560	＊＊＊＊.＊站/66kV.2 号站用变压器.保护/过流Ⅰ段.出口（过流动作）	事故
2561	＊＊＊＊.＊站/66kV.2 号站用变压器.保护/过流Ⅱ段.出口	事故
2562	＊＊＊＊.＊站/66kV.2 号站用变压器.保护/零序Ⅰ段.出口（高压侧零流）	事故
2563	＊＊＊＊.＊站/66kV.2 号站用变压器.保护/零序Ⅱ段.出口	事故
2564	＊＊＊＊.＊站/66kV.2 号站用变压器.保护/低压侧零序Ⅰ段.出口	事故
2565	＊＊＊＊.＊站/66kV.2 号站用变压器.测控装置/就地远方.告警	告知
2566	＊＊＊＊.＊站/66kV.2 号站用变压器.测控装置/装置异常.告警	异常
2567	＊＊＊＊.＊站/66kV.2 号站用变压器.测控装置/防误解除.告警	告知
2568	＊＊＊＊.＊站/66kV.2 号站用变压器.测控装置/A 网通信中断.告警	异常
2569	＊＊＊＊.＊站/66kV.2 号站用变压器.测控装置/B 网通信中断.告警	异常
2570	＊＊＊＊.＊站/66kV.2 号站用变压器.调压断路器/位置 1.告警	告知
2571	＊＊＊＊.＊站/66kV.2 号站用变压器.调压断路器/位置 2.告警	告知
2572	＊＊＊＊.＊站/66kV.2 号站用变压器.调压断路器/位置 3.告警	告知
2573	＊＊＊＊.＊站/66kV.2 号站用变压器.调压断路器/位置 4.告警	告知
2574	＊＊＊＊.＊站/66kV.2 号站用变压器.调压断路器/位置 5.告警	告知
2643	＊＊＊＊.＊站/66kV.4 号电抗器.6654 断路器/间隔事故信号.动作	事故
2644	＊＊＊＊.＊站/66kV.4 号电抗器.6654 断路器/位置.合	变位
2645	＊＊＊＊.＊站/66kV.4 号电抗器.66541 隔离开关/位置.合	变位
2646	＊＊＊＊.＊站/66kV.4 号电抗器.66547 接地开关/位置.合	变位
2647	＊＊＊＊.＊站/66kV.4 号电抗器.6654 断路器/SF$_6$ 气压低.告警	异常
2648	＊＊＊＊.＊站/66kV.4 号电抗器.6654 断路器/SF$_6$ 气压低闭锁.告警	异常
2649	＊＊＊＊.＊站/66kV.4 号电抗器.6654 断路器/弹簧已储能.告警	异常
2650	＊＊＊＊.＊站/66kV.4 号电抗器.6654 断路器/交流失电.告警	异常
2651	＊＊＊＊.＊站/66kV.4 号电抗器.端子箱/交流失电.告警	异常
2652	＊＊＊＊.＊站/66kV.4 号电抗器.6654 断路器/控制回路断线.告警	异常
2653	＊＊＊＊.＊站/66kV.4 号电抗器.保护/直流消失.动作	异常

续表

序号	信 息 名 称	信息分类
2654	＊＊＊＊.＊＊站/66kV.4号电抗器.保护/保护动作.出口	事故
2655	＊＊＊＊.＊＊站/66kV.4号电抗器.保护/装置异常.动作	异常
2656	＊＊＊＊.＊＊站/66kV.4号电抗器.保护/过流Ⅰ段.出口	事故
2657	＊＊＊＊.＊＊站/66kV.4号电抗器.保护/过流Ⅱ段.出口	事故
2658	＊＊＊＊.＊＊站/66kV.4号电抗器.测控装置/就地远方.告警	告知
2659	＊＊＊＊.＊＊站/66kV.4号电抗器.测控装置/装置异常.告警	异常
2660	＊＊＊＊.＊＊站/66kV.4号电抗器.测控装置/防误解除.告警	告知
2661	＊＊＊＊.＊＊站/66kV.4号电抗器.测控装置/A网通信中断.告警	异常
2662	＊＊＊＊.＊＊站/66kV.4号电抗器.测控装置/B网通信中断.告警	异常
2723	＊＊＊＊.＊＊站/66kV.Ⅲ母.TV639隔离开关/位置.合	告知
2724	＊＊＊＊.＊＊站/66kV.Ⅲ母.TV63917接地开关/位置.合	告知
2725	＊＊＊＊.＊＊站/66kV.Ⅲ母.TV6397接地开关/位置.合	告知
2726	＊＊＊＊.＊＊站/66kV.Ⅲ母.TV端子箱/二次断路器跳闸.动作	异常
2727	＊＊＊＊.＊＊站/66kV.Ⅲ母.TV端子箱/交流失电.告警	异常
2728	＊＊＊＊.＊＊站/66kV.Ⅲ母.保护/TA断线.动作	异常
2729	＊＊＊＊.＊＊站/66kV.Ⅲ母.保护/TV断线.动作	异常
2730	＊＊＊＊.＊＊站/66kV.Ⅲ母.保护/装置异常.动作	异常
2731	＊＊＊＊.＊＊站/66kV.Ⅲ母.保护/直流消失.动作	异常
2732	＊＊＊＊.＊＊站/66kV.Ⅲ母.保护/母差动作.出口	事故
2733	＊＊＊＊.＊＊站/66kV.Ⅲ母.保护/开入异常.动作	异常
2734	＊＊＊＊.＊＊站/66kV.Ⅲ母.测控装置/就地远方.告警	告知
2735	＊＊＊＊.＊＊站/66kV.Ⅲ母.测控装置/装置异常.告警	异常
2736	＊＊＊＊.＊＊站/66kV.Ⅲ母.测控装置/防误解除.告警	告知
2737	＊＊＊＊.＊＊站/66kV.Ⅲ母.测控装置/A网通信中断.告警	异常
2738	＊＊＊＊.＊＊站/66kV.Ⅲ母.测控装置/B网通信中断.告警	异常
2739	＊＊＊＊.＊＊站/66kV.Ⅰ母.TV619隔离开关/位置.合	告知
2740	＊＊＊＊.＊＊站/66kV.Ⅰ母.TV61917接地开关/位置.合	告知
2741	＊＊＊＊.＊＊站/66kV.Ⅰ母.TV6197接地开关/位置.合	告知
2742	＊＊＊＊.＊＊站/66kV.Ⅰ母.TV端子箱/二次断路器跳闸.动作	异常
2743	＊＊＊＊.＊＊站/66kV.Ⅰ母.TV端子箱/交流失电.告警	异常
2744	＊＊＊＊.＊＊站/66kV.Ⅰ母.保护/TA断线.动作	异常
2745	＊＊＊＊.＊＊站/66kV.Ⅰ母.保护/TV断线.动作	异常
2746	＊＊＊＊.＊＊站/66kV.Ⅰ母.保护/装置异常.动作	异常
2747	＊＊＊＊.＊＊站/66kV.Ⅰ母.保护/直流消失.动作	异常
2748	＊＊＊＊.＊＊站/66kV.Ⅰ母.保护/母差动作.出口	事故
2749	＊＊＊＊.＊＊站/66kV.Ⅰ母.保护/开入异常.动作	异常
2750	＊＊＊＊.＊＊站/66kV.Ⅰ母.时钟扩展箱/直流失电.告警	异常
2751	＊＊＊＊.＊＊站/66kV.Ⅰ母.时钟扩展箱/交流失电.告警	异常
2752	＊＊＊＊.＊＊站/66kV.Ⅰ母.时钟扩展箱/RIG-B1异常.告警	异常
2753	＊＊＊＊.＊＊站/66kV.Ⅰ母.时钟扩展箱/RIG-B2异常.告警	异常
2754	＊＊＊＊.＊＊站/66kV.Ⅰ母.1号主时钟/直流失电.告警	异常
2755	＊＊＊＊.＊＊站/66kV.Ⅰ母.1号主时钟/交流失电.告警	异常

序号	信息名称	信息分类
2756	＊＊＊＊．＊＊站/66kV．Ⅰ母．1号主时钟/GPS异常．告警	异常
2757	＊＊＊＊．＊＊站/66kV．Ⅰ母．1号主时钟/RIG-B1异常．告警	异常
2758	＊＊＊＊．＊＊站/66kV．Ⅰ母．1号主时钟/RIG-B2异常．告警	异常
2759	＊＊＊＊．＊＊站/66kV．Ⅰ母．2号主时钟/直流失电．告警	异常
2760	＊＊＊＊．＊＊站/66kV．Ⅰ母．2号主时钟/交流失电．告警	异常
2761	＊＊＊＊．＊＊站/66kV．Ⅰ母．2号主时钟/GPS异常．告警	异常
2762	＊＊＊＊．＊＊站/66kV．Ⅰ母．2号主时钟/RIG-B1异常．告警	异常
2763	＊＊＊＊．＊＊站/66kV．Ⅰ母．2号主时钟/RIG-B2异常．告警	异常
2764	＊＊＊＊．＊＊站/66kV．Ⅰ母．测控装置/就地远方．告警	告知
2765	＊＊＊＊．＊＊站/66kV．Ⅰ母．测控装置/装置异常．告警	异常
2766	＊＊＊＊．＊＊站/66kV．Ⅰ母．测控装置/防误解除．告警	告知
2767	＊＊＊＊．＊＊站/66kV．Ⅰ母．测控装置/A网通信中断．告警	异常
2768	＊＊＊＊．＊＊站/66kV．Ⅰ母．测控装置/B网通信中断．告警	异常
2770	＊＊＊＊．＊＊站/直流系统/Ⅰ段母线接地．告警	异常
2771	＊＊＊＊．＊＊站/直流系统/1号交流电源输入故障．告警	异常
2773	＊＊＊＊．＊＊站/直流系统/Ⅱ段母线接地．告警	异常
2774	＊＊＊＊．＊＊站/直流系统/2号交流电源输入故障．告警	异常
2776	＊＊＊＊．＊＊站/直流系统/Ⅲ段母线接地．告警	异常
2777	＊＊＊＊．＊＊站/直流系统/3号交流电源输入故障．告警	异常
2778	＊＊＊＊．＊＊站/UPS1/装置异常．告警	异常
2780	＊＊＊＊．＊＊站/UPS2/装置异常．告警	事故
2782	＊＊＊＊．＊＊站/主变压器保护室．保护子站屏/装置异常．动作	变位
2783	＊＊＊＊．＊＊站/站控层．保护子站屏/装置异常．动作	告知
2784	＊＊＊＊．＊＊站/安防系统总报警．告警	告知
2790	＊＊＊＊．＊＊站/消防系统总报警．告警	告知

1.1.7.2 遥测信息

某500kV变电站遥测信息表如表1-2所示。

表1-2 **某500kV变电站遥测信息表**

序号	信息描述	单位
0	＊＊＊＊．＊＊站/有功总加	MW
1	＊＊＊＊．＊＊站/无功总加	Mvar
2	＊＊＊＊．＊＊站/500kV．串1．金南线/有功	MW
3	＊＊＊＊．＊＊站/500kV．串1．金南线/无功	Mvar
4	＊＊＊＊．＊＊站/500kV．串1．金南线/A相电流	A
5	＊＊＊＊．＊＊站/500kV．串1．金南线/A相电压	kV
6	＊＊＊＊．＊＊站/500kV．串1．金南线/B相电压	kV
7	＊＊＊＊．＊＊站/500kV．串1．金南线/C相电压	kV
8	＊＊＊＊．＊＊站/500kV．串1．金南线/AB线电压	kV
9	＊＊＊＊．＊＊站/500kV．串1．金南线5011断路器/A相电流	A
10	＊＊＊＊．＊＊站/500kV．串1.5012断路器/A相电流	A

序号	信　息　描　述	单位
11	＊＊＊＊＊.＊＊站/500kV.串2.金雁线/有功	MW
12	＊＊＊＊＊.＊＊站/500kV.串2.金雁线/无功	Mvar
13	＊＊＊＊＊.＊＊站/500kV.串2.金雁线/A相电流	A
14	＊＊＊＊＊.＊＊站/500kV.串2.金雁线/A相电压	kV
15	＊＊＊＊＊.＊＊站/500kV.串2.金雁线/B相电压	kV
16	＊＊＊＊＊.＊＊站/500kV.串2.金雁线/C相电压	kV
17	＊＊＊＊＊.＊＊站/500kV.串2.金雁线/AB线电压	kV
18	＊＊＊＊＊.＊＊站/500kV.串2.金雁线5021断路器/A相电流	A
19	＊＊＊＊＊.＊＊站/500kV.串2.5022断路器/A相电流	A
20	＊＊＊＊＊.＊＊站/500kV.串2.5032断路器/A相电流	A
21	＊＊＊＊＊.＊＊站/500kV.串5.黄金一线/有功	MW
22	＊＊＊＊＊.＊＊站/500kV.串5.黄金一线/无功	Mvar
23	＊＊＊＊＊.＊＊站/500kV.串5.黄金一线/A相电流	A
24	＊＊＊＊＊.＊＊站/500kV.串5.黄金一线/A相电压	kV
25	＊＊＊＊＊.＊＊站/500kV.串5.黄金一线/B相电压	kV
26	＊＊＊＊＊.＊＊站/500kV.串5.黄金一线/C相电压	kV
27	＊＊＊＊＊.＊＊站/500kV.串5.黄金一线/AB线电压	kV
28	＊＊＊＊＊.＊＊站/500kV.串5.黄金一线5051断路器/A相电流	A
29	＊＊＊＊＊.＊＊站/500kV.串5.5052断路器/A相电流	A
30	＊＊＊＊＊.＊＊站/500kV.串5.金瓦线/有功	MW
31	＊＊＊＊＊.＊＊站/500kV.串5.金瓦线/无功	Mvar
32	＊＊＊＊＊.＊＊站/500kV.串5.金瓦线/A相电流	A
33	＊＊＊＊＊.＊＊站/500kV.串5.金瓦线/A相电压	kV
34	＊＊＊＊＊.＊＊站/500kV.串5.金瓦线/B相电压	kV
35	＊＊＊＊＊.＊＊站/500kV.串5.金瓦线/C相电压	kV
36	＊＊＊＊＊.＊＊站/500kV.串5.金瓦线/AB线电压	kV
37	＊＊＊＊＊.＊＊站/500kV.串5.金瓦线5053断路器/A相电流	A
38	＊＊＊＊＊.＊＊站/500kV.串5.5062断路器/A相电流	A
39	＊＊＊＊＊.＊＊站/500kV.串6.黄金二线/有功	MW
40	＊＊＊＊＊.＊＊站/500kV.串6.黄金二线/无功	Mvar
41	＊＊＊＊＊.＊＊站/500kV.串6.黄金二线/A相电流	A
42	＊＊＊＊＊.＊＊站/500kV.串6.黄金二线/A相电压	kV
43	＊＊＊＊＊.＊＊站/500kV.串6.黄金二线/B相电压	kV
44	＊＊＊＊＊.＊＊站/500kV.串6.黄金二线/C相电压	kV
45	＊＊＊＊＊.＊＊站/500kV.串6.黄金二线/AB线电压	kV
46	＊＊＊＊＊.＊＊站/500kV.串6.黄金二线5063断路器/A相电流	A
47	＊＊＊＊＊.＊＊站/500kV.1号变压器高压侧/有功	MW
48	＊＊＊＊＊.＊＊站/500kV.1号变压器高压侧/无功	Mvar
49	＊＊＊＊＊.＊＊站/500kV.1号主变压器高压侧/A相电流	A
50	＊＊＊＊＊.＊＊站/500kV.1号主变压器高压侧/A相电压	kV
51	＊＊＊＊＊.＊＊站/500kV.1号主变压器高压侧/B相电压	kV
52	＊＊＊＊＊.＊＊站/500kV.1号主变压器高压侧/C相电压	kV

续表

序号	信 息 描 述	单位
53	＊＊＊＊.＊＊站/500kV.1号主变压器高压侧/AB线电压	kV
54	＊＊＊＊.＊＊站/500kV.1号主变压器高压侧.5061断路器/A相电流	A
55	＊＊＊＊.＊＊站/220kV.1号变压器中压侧/有功	MW
56	＊＊＊＊.＊＊站/220kV.1号变压器中压侧/无功	Mvar
57	＊＊＊＊.＊＊站/220kV.1号主变压器中压侧/A相电流	A
58	＊＊＊＊.＊＊站/66kV.1号变压器低压侧/有功	MW
59	＊＊＊＊.＊＊站/66kV.1号变压器低压侧/无功	Mvar
60	＊＊＊＊.＊＊站/66kV.1号主变压器低压侧/A相电流	A
61	＊＊＊＊.＊＊站/500kV.1号主变压器分接头挡位	
62	＊＊＊＊.＊＊站/500kV.1号主变压器油温	℃
63	＊＊＊＊.＊＊站/500kV.3号变压器高压侧/有功	MW
64	＊＊＊＊.＊＊站/500kV.3号变压器高压侧/无功	Mvar
65	＊＊＊＊.＊＊站/500kV.3号主变压器高压侧/A相电流	A
66	＊＊＊＊.＊＊站/500kV.3号主变压器高压侧/A相电压	kV
67	＊＊＊＊.＊＊站/500kV.3号主变压器高压侧/B相电压	kV
68	＊＊＊＊.＊＊站/500kV.3号主变压器高压侧/C相电压	kV
69	＊＊＊＊.＊＊站/500kV.3号主变压器高压侧/AB线电压	kV
70	＊＊＊＊.＊＊站/500kV.3号主变压器高压侧.5031断路器/A相电流	A
71	＊＊＊＊.＊＊站/220kV.3号变压器中压侧/有功	MW
72	＊＊＊＊.＊＊站/220kV.3号变压器中压侧/无功	Mvar
73	＊＊＊＊.＊＊站/220kV.3号变压器中压侧/A相电流	A
74	＊＊＊＊.＊＊站/66kV.3号变压器低压侧/有功	MW
75	＊＊＊＊.＊＊站/66kV.3号变压器低压侧/无功	Mvar
76	＊＊＊＊.＊＊站/66kV.3号主变压器低压侧/A相电流	A
77	＊＊＊＊.＊＊站/500kV.3号主变压器分接头挡位	
78	＊＊＊＊.＊＊站/500kV.3号主变压器油温	℃
79	＊＊＊＊.＊＊站/500kV.黄金二线电抗器/无功	Mvar
80	＊＊＊＊.＊＊站/500kV.高抗1/电流	A
81	＊＊＊＊.＊＊站/500kV.高抗1/温度	℃
82	＊＊＊＊.＊＊站/500kV.Ⅰ母/AB线电压	kV
83	＊＊＊＊.＊＊站/500kV.Ⅰ母/频率	Hz
84	＊＊＊＊.＊＊站/500kV.Ⅱ母/AB线电压	kV
85	＊＊＊＊.＊＊站/500kV.Ⅱ母/频率	Hz
86	＊＊＊＊.＊＊站/220kV.金新甲线/有功	MW
87	＊＊＊＊.＊＊站/220kV.金新甲线/无功	Mvar
88	＊＊＊＊.＊＊站/220kV.金新甲线/A相电流	A
89	＊＊＊＊.＊＊站/220kV.金新甲线/线路电压	kV
90	＊＊＊＊.＊＊站/220kV.金新乙线/有功	MW
91	＊＊＊＊.＊＊站/220kV.金新乙线/无功	Mvar
92	＊＊＊＊.＊＊站/220kV.金新乙线/A相电流	A
93	＊＊＊＊.＊＊站/220kV.金新乙线/线路电压	kV
94	＊＊＊＊.＊＊站/220kV.金马甲线/有功	MW

序号	信 息 描 述	单位
95	＊＊＊＊.＊＊站/220kV. 金马甲线/无功	Mvar
96	＊＊＊＊.＊＊站/220kV. 金马甲线/A 相电流	A
97	＊＊＊＊.＊＊站/220kV. 金马甲线/线路电压	kV
98	＊＊＊＊.＊＊站/220kV. 金马乙线/有功	MW
99	＊＊＊＊.＊＊站/220kV. 金马乙线/无功	Mvar
100	＊＊＊＊.＊＊站/220kV. 金马乙线/A 相电流	A
101	＊＊＊＊.＊＊站/220kV. 金马乙线/线路电压	kV
102	＊＊＊＊.＊＊站/220kV. 金淮甲线/有功	MW
103	＊＊＊＊.＊＊站/220kV. 金淮甲线/无功	Mvar
104	＊＊＊＊.＊＊站/220kV. 金淮甲线/A 相电流	A
105	＊＊＊＊.＊＊站/220kV. 金淮甲线/线路电压	kV
106	＊＊＊＊.＊＊站/220kV. 金淮乙线/有功	MW
107	＊＊＊＊.＊＊站/220kV. 金淮乙线/无功	Mvar
108	＊＊＊＊.＊＊站/220kV. 金淮乙线/A 相电流	A
109	＊＊＊＊.＊＊站/220kV. 金淮乙线/线路电压	kV
110	＊＊＊＊.＊＊站/220kV. 金高甲线/有功	MW
111	＊＊＊＊.＊＊站/220kV. 金高甲线/无功	Mvar
112	＊＊＊＊.＊＊站/220kV. 金高甲线/A 相电流	A
113	＊＊＊＊.＊＊站/220kV. 金高甲线/线路电压	kV
114	＊＊＊＊.＊＊站/220kV. 金高乙线/有功	MW
115	＊＊＊＊.＊＊站/220kV. 金高乙线/无功	Mvar
116	＊＊＊＊.＊＊站/220kV. 金高乙线/A 相电流	A
117	＊＊＊＊.＊＊站/220kV. 金高乙线/线路电压	kV
118	＊＊＊＊.＊＊站/220kV. 热金线/有功	MW
119	＊＊＊＊.＊＊站/220kV. 热金线/无功	Mvar
120	＊＊＊＊.＊＊站/220kV. 热金线/A 相电流	A
121	＊＊＊＊.＊＊站/220kV. 热金线/线路电压	kV
122	＊＊＊＊.＊＊站/220kV. 金石线/有功	MW
123	＊＊＊＊.＊＊站/220kV. 金石线/无功	Mvar
124	＊＊＊＊.＊＊站/220kV. 金石线/A 相电流	A
125	＊＊＊＊.＊＊站/220kV. 金石线/线路电压	kV
126	＊＊＊＊.＊＊站/220kV. 金华甲线/有功	MW
127	＊＊＊＊.＊＊站/220kV. 金华甲线/无功	Mvar
128	＊＊＊＊.＊＊站/220kV. 金华甲线/A 相电流	A
129	＊＊＊＊.＊＊站/220kV. 金华甲线/线路电压	kV
130	＊＊＊＊.＊＊站/220kV. 金华乙线/有功	MW
131	＊＊＊＊.＊＊站/220kV. 金华乙线/无功	Mvar
132	＊＊＊＊.＊＊站/220kV. 金华乙线/A 相电流	A
133	＊＊＊＊.＊＊站/220kV. 金华乙线/线路电压	kV
134	＊＊＊＊.＊＊站/220kV. 金吴甲线/有功	MW
135	＊＊＊＊.＊＊站/220kV. 金吴甲线/无功	Mvar
136	＊＊＊＊.＊＊站/220kV. 金吴甲线/A 相电流	A

序号	信 息 描 述	单位
137	＊＊＊＊.＊＊站/220kV.金昊甲线/线端电压	kV
138	＊＊＊＊.＊＊站/220kV.ⅠⅡ母联/有功	MW
139	＊＊＊＊.＊＊站/220kV.ⅠⅡ母联/无功	Mvar
140	＊＊＊＊.＊＊站/220kV.ⅠⅡ母联/A 相电流	A
141	＊＊＊＊.＊＊站/220kV.ⅠⅡ母联/B 相电流	A
142	＊＊＊＊.＊＊站/220kV.ⅠⅡ母联/C 相电流	A
143	＊＊＊＊.＊＊站/220kV.ⅢⅣ母联/有功	MW
144	＊＊＊＊.＊＊站/220kV.ⅢⅣ母联/无功	Mvar
145	＊＊＊＊.＊＊站/220kV.ⅢⅣ母联/A 相电流	A
146	＊＊＊＊.＊＊站/220kV.ⅢⅣ母联/B 相电流	A
147	＊＊＊＊.＊＊站/220kV.ⅢⅣ母联/C 相电流	A
148	＊＊＊＊.＊＊站/220kV.ⅠⅢ分段/有功	MW
149	＊＊＊＊.＊＊站/220kV.ⅠⅢ分段/无功	Mvar
150	＊＊＊＊.＊＊站/220kV.ⅠⅢ分段/A 相电流	A
151	＊＊＊＊.＊＊站/220kV.ⅠⅢ分段/B 相电流	A
152	＊＊＊＊.＊＊站/220kV.ⅠⅢ分段/C 相电流	A
153	＊＊＊＊.＊＊站/220kV.ⅡⅣ分段/有功	MW
154	＊＊＊＊.＊＊站/220kV.ⅡⅣ分段/无功	Mvar
155	＊＊＊＊.＊＊站/220kV.ⅡⅣ分段/A 相电流	A
156	＊＊＊＊.＊＊站/220kV.ⅡⅣ分段/B 相电流	A
157	＊＊＊＊.＊＊站/220kV.ⅡⅣ分段/C 相电流	A
158	＊＊＊＊.＊＊站/220kV.Ⅰ母/A 相电压	kV
159	＊＊＊＊.＊＊站/220kV.Ⅰ母/B 相电压	kV
160	＊＊＊＊.＊＊站/220kV.Ⅰ母/C 相电压	kV
161	＊＊＊＊.＊＊站/220kV.Ⅰ母/AB 线电压	kV
162	＊＊＊＊.＊＊站/220kV.Ⅰ母/频率	Hz
163	＊＊＊＊.＊＊站/220kV.Ⅱ母/A 相电压	kV
164	＊＊＊＊.＊＊站/220kV.Ⅱ母/B 相电压	kV
165	＊＊＊＊.＊＊站/220kV.Ⅱ母/C 相电压	kV
166	＊＊＊＊.＊＊站/220kV.Ⅱ母/电压	kV
167	＊＊＊＊.＊＊站/220kV.Ⅱ母/频率	Hz
168	＊＊＊＊.＊＊站/220kV.Ⅲ母/A 相电压	kV
169	＊＊＊＊.＊＊站/220kV.Ⅲ母/B 相电压	kV
170	＊＊＊＊.＊＊站/220kV.Ⅲ母/C 相电压	kV
171	＊＊＊＊.＊＊站/220kV.Ⅲ母/AB 线电压	kV
172	＊＊＊＊.＊＊站/220kV.Ⅲ母/频率	Hz
173	＊＊＊＊.＊＊站/220kV.Ⅳ母/A 相电压	kV
174	＊＊＊＊.＊＊站/220kV.Ⅳ母/B 相电压	kV
175	＊＊＊＊.＊＊站/220kV.Ⅳ母/C 相电压	kV
176	＊＊＊＊.＊＊站/220kV.Ⅳ母/AB 线电压	kV
177	＊＊＊＊.＊＊站/220kV.Ⅳ母/频率	Hz
178	＊＊＊＊.＊＊站/66kV.Ⅰ母/A 相电压	kV

序号	信 息 描 述	单位
179	＊＊＊＊.＊＊站/66kV.Ⅰ母/B相电压	kV
180	＊＊＊＊.＊＊站/66kV.Ⅰ母/C相电压	kV
181	＊＊＊＊.＊＊站/66kV.Ⅰ母/AB线电压	kV
182	＊＊＊＊.＊＊站/66kV.Ⅲ母/A相电压	kV
183	＊＊＊＊.＊＊站/66kV.Ⅲ母/B相电压	kV
184	＊＊＊＊.＊＊站/66kV.Ⅲ母/C相电压	kV
185	＊＊＊＊.＊＊站/66kV.Ⅲ母/AB线电压	kV
186	＊＊＊＊.＊＊站/66kV.2号电抗器/无功	Mvar
187	＊＊＊＊.＊＊站/66kV.2号电抗器/电流	A
188	＊＊＊＊.＊＊站/66kV.2号电抗器/油温	℃
189	＊＊＊＊.＊＊站/66kV.4号电抗器/无功	Mvar
190	＊＊＊＊.＊＊站/66kV.4号电抗器/电流	A
191	＊＊＊＊.＊＊站/66kV.4号电抗器/油温	℃
192	＊＊＊＊.＊＊站/66kV.7号电抗器/无功	Mvar
193	＊＊＊＊.＊＊站/66kV.7号电抗器/电流	A
194	＊＊＊＊.＊＊站/66kV.7号电抗器/油温	℃
195	＊＊＊＊.＊＊站/66kV.8号电抗器/无功	Mvar
196	＊＊＊＊.＊＊站/66kV.8号电抗器/电流	A
197	＊＊＊＊.＊＊站/66kV.8号电抗器/油温	℃
198	＊＊＊＊.＊＊站/66kV.1号电容器/无功	Mvar
199	＊＊＊＊.＊＊站/66kV.1号电容器/电流	A
200	＊＊＊＊.＊＊站/66kV.2号电容器/无功	Mvar
201	＊＊＊＊.＊＊站/66kV.2号电容器/电流	A
202	＊＊＊＊.＊＊站/66kV.5号电容器/无功	Mvar
203	＊＊＊＊.＊＊站/66kV.5号电容器/电流	A
204	＊＊＊＊.＊＊站/66kV.6号电容器/无功	Mvar
205	＊＊＊＊.＊＊站/66kV.6号电容器/电流	A
206	＊＊＊＊.＊＊站/66kV.1号站用变压器/有功	MW
207	＊＊＊＊.＊＊站/66kV.1号站用变压器/无功	Mvar
208	＊＊＊＊.＊＊站/66kV.1号站用变压器/A相电流	A
209	＊＊＊＊.＊＊站/66kV.2号站用变压器/有功	MW
210	＊＊＊＊.＊＊站/66kV.2号站用变压器/无功	Mvar
211	＊＊＊＊.＊＊站/66kV.2号站用变压器/A相电流	A
212	＊＊＊＊.＊＊站/66kV.2号站用变压器/有功	MW
213	＊＊＊＊.＊＊站/66kV.2号站用变压器/无功	Mvar
214	＊＊＊＊.＊＊站/66kV.2号站用变压器/A相电流	A
215	＊＊＊＊.＊＊站/220kV.金昊乙线/电压	kV
216	＊＊＊＊.＊＊站/220kV.金昊乙线/有功	MW
217	＊＊＊＊.＊＊站/220kV.金昊乙线/无功	Mvar
218	＊＊＊＊.＊＊站/220kV.金昊乙线/A相电流	kV

1.1.7.3 遥控信息

某 500kV 变电站遥控信息表如表 1-3 所示。

表 1-3 某 500kV 变电站遥控信息表

序号	信 息 描 述
0	＊＊＊＊.＊＊站/500kV. 金南线 5011 断路器
1	＊＊＊＊.＊＊站/500kV. 金南线 5012 断路器
2	＊＊＊＊.＊＊站/500kV. 金雁线 5021 断路器
3	＊＊＊＊.＊＊站/500kV. 金雁线 5022 断路器
4	＊＊＊＊.＊＊站/500kV. 3 号主一次 5032 断路器
5	＊＊＊＊.＊＊站/500kV. 黄金一线 5051 断路器
6	＊＊＊＊.＊＊站/500kV. 黄金一线/金瓦线 5052 断路器
7	＊＊＊＊.＊＊站/500kV. 金瓦线 5053 断路器
8	＊＊＊＊.＊＊站/500kV. 1 号主一次/黄金二线 5062 断路器
9	＊＊＊＊.＊＊站/500kV. 黄金二线 5063 断路器
10	＊＊＊＊.＊＊站/500kV. 1 号主一次 5061 断路器
11	＊＊＊＊.＊＊站/220kV. 1 号主二次 2201 断路器
12	＊＊＊＊.＊＊站/66kV. 1 号主三次 6601 断路器
13	＊＊＊＊.＊＊站/500kV. 3 号主一次 5031 断路器
14	＊＊＊＊.＊＊站/220kV. 3 号主二次 2203 断路器
15	＊＊＊＊.＊＊站/66kV. 3 号主三次 6603 断路器
16	＊＊＊＊.＊＊站/220kV. 金新甲线 2251 断路器
17	＊＊＊＊.＊＊站/220kV. 金新乙线 2252 断路器
18	＊＊＊＊.＊＊站/220kV. 金马甲线 2253 断路器
19	＊＊＊＊.＊＊站/220kV. 金马乙线 2254 断路器
20	＊＊＊＊.＊＊站/220kV. 金淮甲线 2255 断路器
21	＊＊＊＊.＊＊站/220kV. 金淮乙线 2256 断路器
22	＊＊＊＊.＊＊站/220kV. 金高甲线 2257 断路器
23	＊＊＊＊.＊＊站/220kV. 金高乙线 2258 断路器
24	＊＊＊＊.＊＊站/220kV. 热金线 2259 断路器
25	＊＊＊＊.＊＊站/220kV. 金石线 2260 断路器
26	＊＊＊＊.＊＊站/220kV. 金华甲线 2261 断路器
27	＊＊＊＊.＊＊站/220kV. 金华乙线 2262 断路器
28	＊＊＊＊.＊＊站/220kV. 金吴甲线 2263 断路器
29	＊＊＊＊.＊＊站/220kV. 一二母联 2212 断路器
30	＊＊＊＊.＊＊站/220kV. 三四母联 2234 断路器
31	＊＊＊＊.＊＊站/220kV. 一三分段 2213 断路器
32	＊＊＊＊.＊＊站/220kV. 二四分段 2224 断路器
33	＊＊＊＊.＊＊站/66kV. 2 号电抗器 6652 断路器
34	＊＊＊＊.＊＊站/66kV. 4 号电抗器 6654 断路器
35	＊＊＊＊.＊＊站/66kV. 7 号电抗器 6657 断路器
36	＊＊＊＊.＊＊站/66kV. 8 号电抗器 6658 断路器
37	＊＊＊＊.＊＊站/66kV. 1 号电容器 6661 断路器
38	＊＊＊＊.＊＊站/66kV. 2 号电容器 6662 断路器

序号	信 息 描 述
39	＊＊＊＊.＊＊站/66kV.5号电容器6665断路器
40	＊＊＊＊.＊＊站/66kV.6号电容器6666断路器
41	＊＊＊＊.＊＊站/66kV.1号站用变压器6610断路器
42	＊＊＊＊.＊＊站/66kV.2号站用变压器6620断路器
43	＊＊＊＊.＊＊站/500kV.金南线5011-1隔离开关
44	＊＊＊＊.＊＊站/500kV.金南线5011-2隔离开关
45	＊＊＊＊.＊＊站/500kV.金南线5012-1隔离开关
46	＊＊＊＊.＊＊站/500kV.金南线5012-2隔离开关
47	＊＊＊＊.＊＊站/500kV.金雁线5021-1隔离开关
48	＊＊＊＊.＊＊站/500kV.金雁线5021-2隔离开关
49	＊＊＊＊.＊＊站/500kV.金雁线5022-1隔离开关
50	＊＊＊＊.＊＊站/500kV.金雁线5022-2隔离开关
51	＊＊＊＊.＊＊站/500kV.3号主一次5032-1隔离开关
52	＊＊＊＊.＊＊站/500kV.3号主一次5032-2隔离开关
53	＊＊＊＊.＊＊站/500kV.黄金一线5051-1隔离开关
54	＊＊＊＊.＊＊站/500kV.黄金一线5051-2隔离开关
55	＊＊＊＊.＊＊站/500kV.黄金一线/金瓦线5052-1隔离开关
56	＊＊＊＊.＊＊站/500kV.黄金一线/金瓦线5052-2隔离开关
57	＊＊＊＊.＊＊站/500kV.金瓦线5053-1隔离开关
58	＊＊＊＊.＊＊站/500kV.金瓦线5053-2隔离开关
59	＊＊＊＊.＊＊站/500kV.1号主一次/黄金二线5062-1隔离开关
60	＊＊＊＊.＊＊站/500kV.1号主一次/黄金二线5062-2隔离开关
61	＊＊＊＊.＊＊站/500kV.黄金二线5063-1隔离开关
62	＊＊＊＊.＊＊站/500kV.黄金二线5063-2隔离开关
63	＊＊＊＊.＊＊站/500kV.1号主一次5061-1隔离开关
64	＊＊＊＊.＊＊站/500kV.1号主一次5061-2隔离开关
65	＊＊＊＊.＊＊站/220kV.1号主变压器二次2201-1隔离开关
66	＊＊＊＊.＊＊站/220kV.1号主变压器二次2201-2隔离开关
67	＊＊＊＊.＊＊站/220kV.1号主变压器二次2201-6隔离开关
68	＊＊＊＊.＊＊站/66kV.1号主三次6601-6隔离开关
69	＊＊＊＊.＊＊站/500kV.3号主一次5031-1隔离开关
70	＊＊＊＊.＊＊站/500kV.3号主一次5031-2隔离开关
71	＊＊＊＊.＊＊站/220kV.3号主二次2203-3隔离开关
72	＊＊＊＊.＊＊站/220kV.3号主二次2203-4隔离开关
73	＊＊＊＊.＊＊站/220kV.3号主二次2203-6隔离开关
74	＊＊＊＊.＊＊站/66kV.3号主三次6603-6隔离开关
75	＊＊＊＊.＊＊站/500kV.黄金二线电抗器5063DK1隔离开关
76	＊＊＊＊.＊＊站/220kV.金新甲线2251-1隔离开关
77	＊＊＊＊.＊＊站/220kV.金新甲线2251-2隔离开关
78	＊＊＊＊.＊＊站/220kV.金新甲线2251-6隔离开关
79	＊＊＊＊.＊＊站/220kV.金新乙线2252-1隔离开关
80	＊＊＊＊.＊＊站/220kV.金新乙线2252-2隔离开关

序 号	信 息 描 述
81	＊＊＊＊.＊＊站/220kV. 金新乙线 2252-6 隔离开关
82	＊＊＊＊.＊＊站/220kV. 金马甲线 2253-1 隔离开关
83	＊＊＊＊.＊＊站/220kV. 金马甲线 2253-2 隔离开关
84	＊＊＊＊.＊＊站/220kV. 金马甲线 2253-6 隔离开关
85	＊＊＊＊.＊＊站/220kV. 金马乙线 2254-1 隔离开关
86	＊＊＊＊.＊＊站/220kV. 金马乙线 2254-2 隔离开关
87	＊＊＊＊.＊＊站/220kV. 金马乙线 2254-6 隔离开关
88	＊＊＊＊.＊＊站/220kV. 金淮甲线 2255-1 隔离开关
89	＊＊＊＊.＊＊站/220kV. 金淮甲线 2255-2 隔离开关
90	＊＊＊＊.＊＊站/220kV. 金淮甲线 2255-6 隔离开关
91	＊＊＊＊.＊＊站/220kV. 金淮乙线 2256-1 隔离开关
92	＊＊＊＊.＊＊站/220kV. 金淮乙线 2256-2 隔离开关
93	＊＊＊＊.＊＊站/220kV. 金淮乙线 2256-6 隔离开关
94	＊＊＊＊.＊＊站/220kV. 金高甲线 2257-1 隔离开关
95	＊＊＊＊.＊＊站/220kV. 金高甲线 2257-2 隔离开关
96	＊＊＊＊.＊＊站/220kV. 金高甲线 2257-6 隔离开关
97	＊＊＊＊.＊＊站/220kV. 金高乙线 2258-1 隔离开关
98	＊＊＊＊.＊＊站/220kV. 金高乙线 2258-2 隔离开关
99	＊＊＊＊.＊＊站/220kV. 金高乙线 2258-6 隔离开关
100	＊＊＊＊.＊＊站/220kV. 热金线 2259-3 隔离开关
101	＊＊＊＊.＊＊站/220kV. 热金线 2259-4 隔离开关
102	＊＊＊＊.＊＊站/220kV. 热金线 2259-6 隔离开关
103	＊＊＊＊.＊＊站/220kV. 金石线 2260-3 隔离开关
104	＊＊＊＊.＊＊站/220kV. 金石线 2260-4 隔离开关
105	＊＊＊＊.＊＊站/220kV. 金石线 2260-6 隔离开关
106	＊＊＊＊.＊＊站/220kV. 金华甲线 2261-3 隔离开关
107	＊＊＊＊.＊＊站/220kV. 金华甲线 2261-4 隔离开关
108	＊＊＊＊.＊＊站/220kV. 金华甲线 2261-6 隔离开关
109	＊＊＊＊.＊＊站/220kV. 金华乙线 2262-3 隔离开关
110	＊＊＊＊.＊＊站/220kV. 金华乙线 2262-4 隔离开关
111	＊＊＊＊.＊＊站/220kV. 金华乙线 2262-6 隔离开关
112	＊＊＊＊.＊＊站/220kV. 金吴甲线 2263-3 隔离开关
113	＊＊＊＊.＊＊站/220kV. 金吴甲线 2263-4 隔离开关
114	＊＊＊＊.＊＊站/220kV. 金吴甲线 2263-6 隔离开关
115	＊＊＊＊.＊＊站/220kV. 一二母联 2212-1 隔离开关
116	＊＊＊＊.＊＊站/220kV. 一二母联 2212-2 隔离开关
117	＊＊＊＊.＊＊站/220kV. 三四母联 2234-3 隔离开关
118	＊＊＊＊.＊＊站/220kV. 三四母联 2234-4 隔离开关
119	＊＊＊＊.＊＊站/220kV. 一三分段 2213-1 隔离开关
120	＊＊＊＊.＊＊站/220kV. 一三分段 2213-3 隔离开关
121	＊＊＊＊.＊＊站/220kV. 二四分段 2224-2 隔离开关
122	＊＊＊＊.＊＊站/220kV. 二四分段 2224-4 隔离开关

续表

序号	信 息 描 述
123	＊＊＊＊.＊＊站/66kV.2号电抗器6652-1隔离开关
124	＊＊＊＊.＊＊站/66kV.4号电抗器6654-1隔离开关
125	＊＊＊＊.＊＊站/66kV.7号电抗器6657-3隔离开关
126	＊＊＊＊.＊＊站/66kV.8号电抗器6658-3隔离开关
127	＊＊＊＊.＊＊站/66kV.1号电容器6661-1隔离开关
128	＊＊＊＊.＊＊站/66kV.2号电容器6662-1隔离开关
129	＊＊＊＊.＊＊站/66kV.5号电容器6665-3隔离开关
130	＊＊＊＊.＊＊站/66kV.6号电容器6666-3隔离开关
131	＊＊＊＊.＊＊站/66kV.1号站用变压器6610-1隔离开关
132	＊＊＊＊.＊＊站/66kV.2号站用变压器6620-3隔离开关
133	＊＊＊＊.＊＊站/500kV.金南线5011-17接地开关
134	＊＊＊＊.＊＊站/500kV.金南线5011-27接地开关
135	＊＊＊＊.＊＊站/500kV.金南线5011-67接地开关
136	＊＊＊＊.＊＊站/500kV.金南线5012-17接地开关
137	＊＊＊＊.＊＊站/500kV.金南线5012-27接地开关
138	＊＊＊＊.＊＊站/500kV.金南线5012-67接地开关
139	＊＊＊＊.＊＊站/500kV.金雁线5021-17接地开关
140	＊＊＊＊.＊＊站/500kV.金雁线5021-27接地开关
141	＊＊＊＊.＊＊站/500kV.金雁线5021-67接地开关
142	＊＊＊＊.＊＊站/500kV.金雁线5022-17接地开关
143	＊＊＊＊.＊＊站/500kV.金雁线5022-27接地开关
144	＊＊＊＊.＊＊站/500kV.金雁线5022-67接地开关
145	＊＊＊＊.＊＊站/500kV.3号主一次5032-17接地开关
146	＊＊＊＊.＊＊站/500kV.3号主一次5032-27接地开关
147	＊＊＊＊.＊＊站/500kV.3号主一次5033-67接地开关
148	＊＊＊＊.＊＊站/500kV.黄金一线5051-17接地开关
149	＊＊＊＊.＊＊站/500kV.黄金一线5051-27接地开关
150	＊＊＊＊.＊＊站/500kV.黄金一线5051-67接地开关
151	＊＊＊＊.＊＊站/500kV.黄金一线/金瓦线5052-17接地开关
152	＊＊＊＊.＊＊站/500kV.黄金一线/金瓦线5052-27接地开关
153	＊＊＊＊.＊＊站/500kV.金瓦线5053-17接地开关
154	＊＊＊＊.＊＊站/500kV.金瓦线5053-27接地开关
155	＊＊＊＊.＊＊站/500kV.金瓦线5053-67接地开关
156	＊＊＊＊.＊＊站/500kV.1号主一次/黄金二线5062-17接地开关
157	＊＊＊＊.＊＊站/500kV.1号主一次/黄金二线5062-27接地开关
158	＊＊＊＊.＊＊站/500kV.黄金二线5063-17接地开关
159	＊＊＊＊.＊＊站/500kV.黄金二线5063-27接地开关
160	＊＊＊＊.＊＊站/500kV.黄金二线5063-67接地开关
161	＊＊＊＊.＊＊站/500kV.1号主一次5061-17接地开关
162	＊＊＊＊.＊＊站/500kV.1号主一次5061-27接地开关
163	＊＊＊＊.＊＊站/500kV.1号主一次5061-67接地开关
164	＊＊＊＊.＊＊站/220kV.1号主二次2201-7接地开关

序号	信 息 描 述
165	＊＊＊＊.＊＊站/220kV.1号主二次 2201-67 接地开关
166	＊＊＊＊.＊＊站/220kV.1号主二次 2201-617 接地开关
167	＊＊＊＊.＊＊站/66kV.1号主三次 6601-67 接地开关
168	＊＊＊＊.＊＊站/500kV.3号主一次 5031-17 接地开关
169	＊＊＊＊.＊＊站/500kV.3号主一次 5031-27 接地开关
170	＊＊＊＊.＊＊站/500kV.3号主一次 5031-67 接地开关
171	＊＊＊＊.＊＊站/220kV.3号主二次 2203-7 接地开关
172	＊＊＊＊.＊＊站/220kV.3号主二次 2203-67 接地开关
173	＊＊＊＊.＊＊站/220kV.3号主二次 2203-617 接地开关
174	＊＊＊＊.＊＊站/66kV.3号主三次 6603-67 接地开关
175	＊＊＊＊.＊＊站/220kV.金新甲 2251-7 接地开关
176	＊＊＊＊.＊＊站/220kV.金新甲 2251-67 接地开关
177	＊＊＊＊.＊＊站/220kV.金新甲 2251-617 接地开关
178	＊＊＊＊.＊＊站/220kV.金新乙 2252-7 接地开关
179	＊＊＊＊.＊＊站/220kV.金新乙 2252-67 接地开关
180	＊＊＊＊.＊＊站/220kV.金新乙 2252-617 接地开关
181	＊＊＊＊.＊＊站/220kV.金马甲 2253-7 接地开关
182	＊＊＊＊.＊＊站/220kV.金马甲 2253-67 接地开关
183	＊＊＊＊.＊＊站/220kV.金马甲 2253-617 接地开关
184	＊＊＊＊.＊＊站/220kV.金马乙 2254-7 接地开关
185	＊＊＊＊.＊＊站/220kV.金马乙 2254-67 接地开关
186	＊＊＊＊.＊＊站/220kV.金马乙 2254-617 接地开关
187	＊＊＊＊.＊＊站/220kV.金淮甲 2255-7 接地开关
188	＊＊＊＊.＊＊站/220kV.金淮甲 2255-67 接地开关
189	＊＊＊＊.＊＊站/220kV.金淮甲 2255-617 接地开关
190	＊＊＊＊.＊＊站/220kV.金淮乙 2256-7 接地开关
191	＊＊＊＊.＊＊站/220kV.金淮乙 2256-67 接地开关
192	＊＊＊＊.＊＊站/220kV.金淮乙 2256-617 接地开关
193	＊＊＊＊.＊＊站/220kV.金高甲 2257-7 接地开关
194	＊＊＊＊.＊＊站/220kV.金高甲 2257-67 接地开关
195	＊＊＊＊.＊＊站/220kV.金高甲 2257-617 接地开关
196	＊＊＊＊.＊＊站/220kV.金高乙 2258-7 接地开关
197	＊＊＊＊.＊＊站/220kV.金高乙 2258-67 接地开关
198	＊＊＊＊.＊＊站/220kV.金高乙 2258-617 接地开关
199	＊＊＊＊.＊＊站/220kV.热金线 2259-7 接地开关
200	＊＊＊＊.＊＊站/220kV.热金线 2259-67 接地开关
201	＊＊＊＊.＊＊站/220kV.热金线 2259-617 接地开关
202	＊＊＊＊.＊＊站/220kV.金石线 2260-7 接地开关
203	＊＊＊＊.＊＊站/220kV.金石线 2260-67 接地开关
204	＊＊＊＊.＊＊站/220kV.金石线 2260-617 接地开关
205	＊＊＊＊.＊＊站/220kV.金华甲线 2261-7 接地开关
206	＊＊＊＊.＊＊站/220kV.金华甲线 2261-67 接地开关

序号	信 息 描 述
207	＊＊＊＊.＊＊站/220kV. 金华甲线 2261-617 接地开关
208	＊＊＊＊.＊＊站/220kV. 金华乙线 2262-7 接地开关
209	＊＊＊＊.＊＊站/220kV. 金华乙线 2262-67 接地开关
210	＊＊＊＊.＊＊站/220kV. 金华乙线 2262-617 接地开关
211	＊＊＊＊.＊＊站/220kV. 金吴甲线 2263-7 接地开关
212	＊＊＊＊.＊＊站/220kV. 金吴甲线 2263-67 接地开关
213	＊＊＊＊.＊＊站/220kV. 金吴甲线 2263-617 接地开关
214	＊＊＊＊.＊＊站/220kV. 一二母联 2212-17 接地开关
215	＊＊＊＊.＊＊站/220kV. 一二母联 2212-27 接地开关
216	＊＊＊＊.＊＊站/220kV. 三四母联 2234-37 接地开关
217	＊＊＊＊.＊＊站/220kV. 三四母联 2234-47 接地开关
218	＊＊＊＊.＊＊站/220kV. 一三分段 2213-17 接地开关
219	＊＊＊＊.＊＊站/220kV. 一三分段 2213-37 接地开关
220	＊＊＊＊.＊＊站/220kV. 二四分段 2224-27 接地开关
221	＊＊＊＊.＊＊站/220kV. 二四分段 2224-47 接地开关
222	＊＊＊＊.＊＊站/66kV. 2 号电抗器 6652-7 接地开关
223	＊＊＊＊.＊＊站/66kV. 4 号电抗器 6654-7 接地开关
224	＊＊＊＊.＊＊站/66kV. 5 号电容器 6665-7 接地开关
225	＊＊＊＊.＊＊站/66kV. 8 号电抗器 6658-7 接地开关
226	＊＊＊＊.＊＊站/66kV. 1 号电容器 6661-7 接地开关
227	＊＊＊＊.＊＊站/66kV. 1 号电容器 6661-67 接地开关
228	＊＊＊＊.＊＊站/66kV. 2 号电容器 6662-7 接地开关
229	＊＊＊＊.＊＊站/66kV. 2 号电容器 6662-67 接地开关
230	＊＊＊＊.＊＊站/66kV. 5 号电容器 6665-7 接地开关
231	＊＊＊＊.＊＊站/66kV. 5 号电容器 6665-67 接地开关
232	＊＊＊＊.＊＊站/66kV. 6 号电容器 6666-7 接地开关
233	＊＊＊＊.＊＊站/66kV. 6 号电容器 6666-67 接地开关
234	＊＊＊＊.＊＊站/66kV. 1 号站用变压器 6610-7 接地开关
235	＊＊＊＊.＊＊站/66kV. 2 号站用变压器 6620-7 接地开关
236	＊＊＊＊.＊＊站/500kV. 一母 5117 接地开关
237	＊＊＊＊.＊＊站/500kV. 一母 5127 接地开关
238	＊＊＊＊.＊＊站/500kV. 二母 5227 接地开关
239	＊＊＊＊.＊＊站/66kV. 0 号站用变压器 6600 断路器
240	＊＊＊＊.＊＊站/66kV. 0 号站用电 6600-6 隔离开关
241	＊＊＊＊.＊＊站/220kV. 三母 2327 接地开关
242	＊＊＊＊.＊＊站/220kV. 四母 2427 接地开关
243	＊＊＊＊.＊＊站/220kV. 三母 2317 接地开关
244	＊＊＊＊.＊＊站/220kV. 四母 2417 接地开关
245	＊＊＊＊.＊＊站/220kV. 一母 2127 接地开关
246	＊＊＊＊.＊＊站/220kV. 二母 2227 接地开关
247	＊＊＊＊.＊＊站/220kV. 一母 2117 接地开关
248	＊＊＊＊.＊＊站/220kV. 二母 2217 接地开关

序号	信 息 描 述
249	＊＊＊＊.＊＊站/66kV.0 号站用变压器 6600-67 接地开关
250	＊＊＊＊.＊＊站/66kV. 一母 TV619 隔离开关
251	＊＊＊＊.＊＊站/66kV. 三母 TV639 隔离开关
252	＊＊＊＊.＊＊站/220kV. 一母 TV219 隔离开关
253	＊＊＊＊.＊＊站/220kV. 二母 TV229 隔离开关
254	＊＊＊＊.＊＊站/220kV. 三母 TV239 隔离开关
255	＊＊＊＊.＊＊站/220kV. 四母 TV249 隔离开关
256	＊＊＊＊.＊＊站/500kV. 黄金二线电抗器 5063DK17 接地开关
257	＊＊＊＊.＊＊站/220kV. 金吴乙线 2264 断路器
258	＊＊＊＊.＊＊站/220kV. 金吴乙线 2264-3 隔离开关
259	＊＊＊＊.＊＊站/220kV. 金吴乙线 2264-4 隔离开关
260	＊＊＊＊.＊＊站/220kV. 金吴乙线 2264-6 隔离开关
261	＊＊＊＊.＊＊站/220kV. 金吴乙线 2264-7 接地开关
262	＊＊＊＊.＊＊站/220kV. 金吴乙线 2264-67 接地开关
263	＊＊＊＊.＊＊站/220kV. 金吴乙线 2264-617 接地开关

1.2　准实时电量信息

1.2.1　数据采集信息

数据采集信息主要包括以下三种：

（1）采集装置运行状态信息：包括采集时间断点、采集装置通信状态、采集装置号等基础信息。其中采集时间断点随着采集周期更新。

（2）电表和采集装置的异常信息：包括失压断相数据（最近一次开始时刻、最近一次结束时刻、累计时间、累计次数等）和失压、断相事件。

（3）通道故障事件信息：包括通道通信中断、链接异常等情况。

1.2.2　电量数据信息

电量数据信息包括电量系统采集的原始数据和通过原始数据计算得出的计算依据数据。通常电量系统采集的原始数据为表底数据，通过原始表底数据计算出的计算依据数据为增量数据。

1.2.3　电量统计信息

电量统计信息包括针对多种时段、不同费率电能量数据的统计、分析。按规定的不同时段、不同区域、不同类别分别统计各种计算方式的电量，实现按单位、地区、厂站、线路、母线、变压器等不同类别的统计，且所有的统计、计算分析在后台定时自动完成。统计结果以表格、图形、曲线方式显示。电量统计信息主要包括以下：

（1）电量日统计数据；

（2）电量月统计数据；

（3）电量年统计数据；

（4）各地区供电公司购电量、售电量日统计，各发电厂日上网电量、网供电量统计及累计；

（5）各地区供电公司购电量、售电量月统计，各发电厂月上网电量、网供电量统计及累计；

（6）各变电站送、受电量日统计及累计；

（7）各变电站送、受电量月统计及累计；

（8）各线路进送、受电量和线损日统计及累计；

（9）各线路进送、受电量和线损月统计及累计；

（10）各变压器日电量统计、变损统计；

（11）母线平衡统计；

（12）一次供电量、二次供电量、网损电量和网损率统计。

1.3 电网动态信息

数据采集与监视控制系统（SCADA）主要侧重于记录电网稳态信息，故障录波器侧重于监测电力系统暂态信息，但都存在相对的不足，主要表现如下：

（1）传统故障录波器只能记录故障前后几秒的暂态波形，由于数据量大，难以全天候保存，而且不同厂站间缺乏统一、准确的时钟，导致故障时所记录数据只是局部有效，难以对大电网全系统动态行为做出分析。

（2）SCADA采集系统每一次刷新频率为3～4s，这个刷新周期对于电网的动态状态预测、低频振荡、故障分析等工作几乎起不到任何作用。

针对以上系统存在不足，在电力系统中重要的变电站和发电厂安装同步相量测量装置（PMU），并以此为基础构建了电力系统实时动态监测系统（WAMS），用以加强对电力系统动态安全稳定的监控。

1.3.1 动态信息采集传输方式

（1）在发电厂、变电站端利用同步相量测量采集装置（PMU），按设计要求在TV、TA等一次设备侧采集各种模拟量、开关量，并依照主站要求配置PMU测量量，形成标准的子站测点配置文件config1（cf1文件包括采集的测点信息、相关参数）。

（2）WAMS应用通过主站智能电网调度技术支持系统基础平台的消息总线，召唤子站cf1，并按系统需求筛选所需数据量形成配置文件config2。

（3）主站下发筛选过的cf2配置至厂站端PMU子站，并建立数据端口通信。

目前，电网动态信息采集传输过程如图1-2所示。

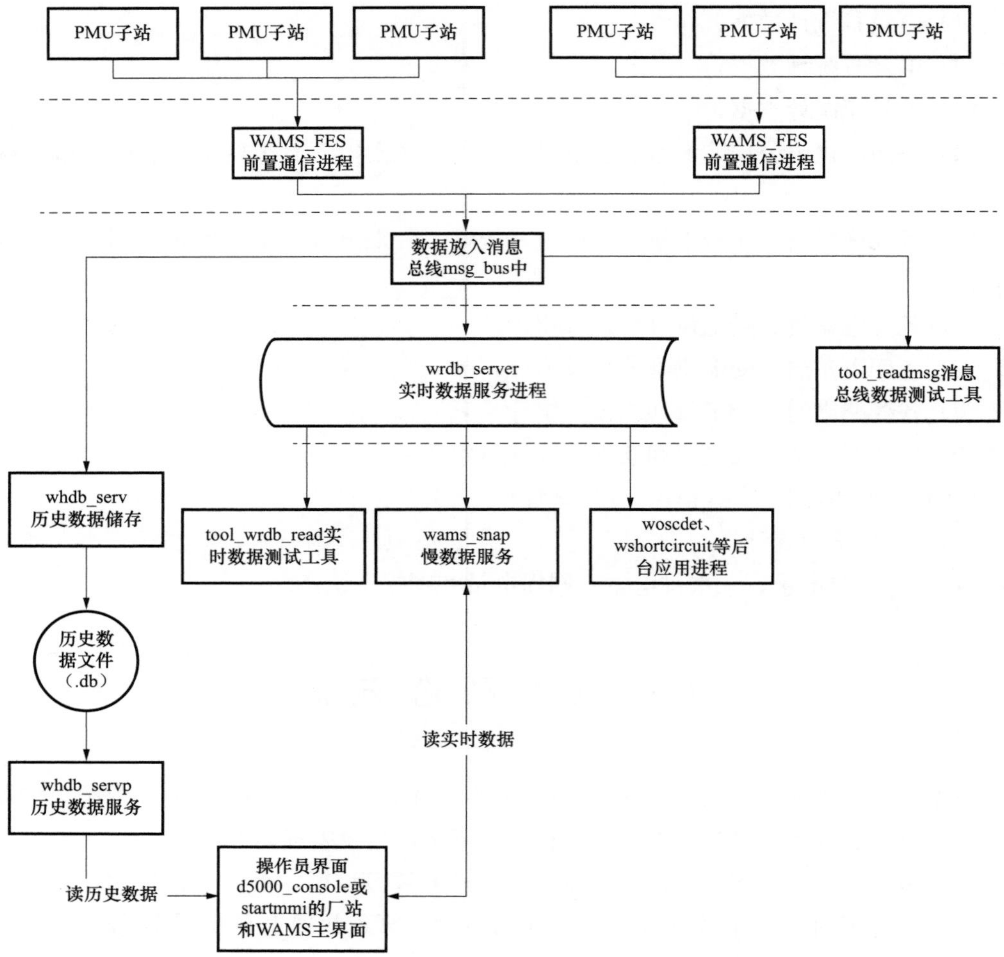

图 1-2　动态信息采集传输过程

1.3.2　电网动态信息内容

电网动态信息主要分三种，相量信息、模拟量信息、状态量信息，由于风电场、火电厂、变电站等不同厂站类型需要接入量存在一定差异，在以下部分将分类介绍。

1.3.2.1　相量信息

1. 风电场

（1）各电压等级母线三相电压（若仅有单相 TV 时，接入单相电压）；

（2）并网线路、升压站主变压器高、中、低压侧三相电压、三相电流；

（3）低压母线分段、低压馈线三相电压、三相电流（包括无功补偿装置、接地变压器、厂用变压器等间隔）。

注：各元件电压在自身配置 TV 的情况下，均应直接取自其自身的测量 TV。

2. 水、火电厂

（1）各电压等级母线三相电压（若仅有单相 TV 时，接入单相电压）；

（2）并网线路、发电机-变压器组主变压器高压侧三相电压、三相电流；

(3) 发电机机端的三相电压、三相电流；

(4) 高压厂用变压器高压侧三相电压、三相电流；

(5) 电气法内电势相量、电气法功角相量、机械法内电势相量、机械法功角相量。

注：各元件电压在自身配置 TV 的情况下，均应直接取自其自身的测量 TV。

3. 变电站

(1) 各电压等级母线三相电压（若仅有单相 TV 时，接入单相电压）；

(2) 各电压等级线路的三相电压、三相电流；

(3) 500kV 及以上电压等级变压器高、中、低压侧三相电压、三相电流；

(4) 220kV 变压器高压侧三相电压、三相电流；

注：各元件电压在自身配置 TV 的情况下，均应直接取自其自身的测量 TV。

1.3.2.2 模拟量信息

1. 风电场

(1) 并网线路、升压站主变压器高、中、低压侧有功功率、无功功率；

(2) 低压馈线有功功率、无功功率（包括无功补偿装置、接地变压器、厂用变压器等间隔）。

2. 水、火电厂

(1) 并网线路、发电机-变压器组主变压器高压侧有功功率，无功功率；

(2) 发电机机端有功功率，无功功率；

(3) 发电机励磁电压、励磁电流（三机系统还应包括励磁机的励磁电压、励磁电流、机端电压、机端电流）；

(4) 高压厂用变压器高压侧有功功率，无功功率；

(5) 机组转速、调节级压力、一次调频修正前负荷指令、一次调频修正后负荷指令，如图 1-3 所示。

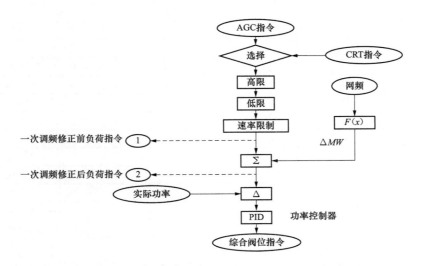

图 1-3　一次调频修正前、修正后负荷指令示意图

37

3. 变电站

（1）220kV 及以上电压等级线路有功功率、无功功率；

（2）500kV 及以上电压等级主变压器高压侧、中、低压侧有功功率、无功功率。

1.3.2.3　状态量信息

1. 风电场

并网线路断路器位置信号、升压站主变压器断路器位置信号、低压母线分段断路器位置信号、低压馈线断路器位置信号（包括无功补偿装置、接地变压器、厂用变压器等间隔）。

注：断路器位置信号只取合位，若间隔没有断路器元件，则接入相应的隔离开关位置信号。

2. 水、火电厂

PSS、AVR 投退信号；发电机强励限制、低励限制、电压/频率限制动作信号；一次调频投入信号、一次调频动作信号。

3. 变电站

（1）220kV 及以上电压等级线路有功功率、无功功率；

（2）500kV 及以上电压等级主变压器高压侧、中、低压侧有功功率、无功功率。

1.3.3　配置文件信息表实例

某火电厂配置文件信息表如表 1-4 所示。某变电站配置文件信息表如表 1-5 所示。某风电场配置文件信息表如表 1-6 所示。

表 1-4　　　　　　　　　某火电厂配置文件信息表

00NP-01 母 220-UAA	00NP-0002＃机-EMA	00NP-0001＃机-MFT
00NP-01 母 220-UAP	00NP-0002＃机-EMP	00NP-0001＃机-PSS
00NP-01 母 220-UBA	00NP-0002＃机-DMA	00NP-0001＃机-AVR
00NP-01 母 220-UBP	00NP-0002＃机-DMP	00NP-0001＃机-HFZ
00NP-01 母 220-UCA	00NP-0003＃机-UAA	00NP-0001＃机-LFZ
00NP-01 母 220-UCP	00NP-0003＃机-UAP	00NP-0001＃机-V/F
00NP-01 母 220-U1A	00NP-0003＃机-UBA	00NP-0001＃机-RFT
00NP-01 母 220-U1P	00NP-0003＃机-UBP	00NP-0001＃机备用
00NP-02 母 220-UAA	00NP-0003＃机-UCA	00NP-0002＃机-MFT
00NP-02 母 220-UAP	00NP-0003＃机-UCP	00NP-0002＃机-PSS
00NP-02 母 220-UBA	00NP-0003＃机-U1A	00NP-0002＃机-AVR
00NP-02 母 220-UBP	00NP-0003＃机-U1P	00NP-0002＃机-HFZ
00NP-02 母 220-UCA	00NP-0003＃机-IAA	00NP-0002＃机-LFZ
00NP-02 母 220-UCP	00NP-0003＃机-IAP	00NP-0002＃机-V/F
00NP-02 母 220-U1A	00NP-0003＃机-IBA	00NP-0002＃机-RFT
00NP-02 母 220-U1P	00NP-0003＃机-IBP	00NP-0002＃机备用
00NP-0 何南线-IAA	00NP-0003＃机-ICA	00NP-0003＃机-MFT
00NP-0 何南线-IAP	00NP-0003＃机-ICP	00NP-0003＃机-PSS

00NP-0 何南线-IBA	00NP-0003#机-I1A	00NP-0003#机-AVR
00NP-0 何南线-IBP	00NP-0003#机-I1P	00NP-0003#机-HFZ
00NP-0 何南线-ICA	00NP-0003#机-EEA	00NP-0003#机-LFZ
00NP-0 何南线-ICP	00NP-0003#机-EEP	00NP-0003#机-V/F
00NP-0 何南线-I1A	00NP-0003#机-DEA	00NP-0003#机-RFT
00NP-0 何南线-I1P	00NP-0003#机-DEP	00NP-0003#机备用
00NP-电暖1线-IAA	00NP-0003#机-EMA	00NP-0004#机-MFT
00NP-电暖1线-IAP	00NP-0003#机-EMP	00NP-0004#机-PSS
00NP-电暖1线-IBA	00NP-0003#机-DMA	00NP-0004#机-AVR
00NP-电暖1线-IBP	00NP-0003#机-DMP	00NP-0004#机-HFZ
00NP-电暖1线-ICA	00NP-0004#机-UAA	00NP-0004#机-LFZ
00NP-电暖1线-ICP	00NP-0004#机-UAP	00NP-0004#机-V/F
00NP-电暖1线-I1A	00NP-0004#机-UBA	00NP-0004#机-RFT
00NP-电暖1线-I1P	00NP-0004#机-UBP	00NP-0004#机备用
00NP-电暖2线-IAA	00NP-0004#机-UCA	
00NP-电暖2线-IAP	00NP-0004#机-UCP	
00NP-电暖2线-IBA	00NP-0004#机-U1A	
00NP-电暖2线-IBP	00NP-0004#机-U1P	
00NP-电暖2线-ICA	00NP-0004#机-IAA	
00NP-电暖2线-ICP	00NP-0004#机-IAP	
00NP-电暖2线-I1A	00NP-0004#机-IBA	
00NP-电暖2线-I1P	00NP-0004#机-IBP	
00NP-1#变220-IAA	00NP-0004#机-ICA	
00NP-1#变220-IAP	00NP-0004#机-ICP	
00NP-1#变220-IBA	00NP-0004#机-I1A	
00NP-1#变220-IBP	00NP-0004#机-I1P	
00NP-1#变220-ICA	00NP-0004#机-EEA	
00NP-1#变220-ICP	00NP-0004#机-EEP	
00NP-1#变220-I1A	00NP-0004#机-DEA	
00NP-1#变220-I1P	00NP-0004#机-DEP	
00NP-2#变220-IAA	00NP-0004#机-EMA	
00NP-2#变220-IAP	00NP-0004#机-EMP	
00NP-2#变220-IBA	00NP-0004#机-DMA	
00NP-2#变220-IBP	00NP-0004#机-DMP	
00NP-2#变220-ICA	00NP-01 母220-0DF	
00NP-2#变220-ICP	00NP-01 母220-DFT	
00NP-2#变220-I1A	00NP-02 母220-0DF	
00NP-2#变220-I1P	00NP-02 母220-DFT	
00NP-3#变220-IAA	00NP-0 何南线-00P	
00NP-3#变220-IAP	00NP-0 何南线-00Q	
00NP-3#变220-IBA	00NP-电暖1线-00P	
00NP-3#变220-IBP	00NP-电暖1线-00Q	
00NP-3#变220-ICA	00NP-电暖2线-00P	

00NP-3#变 220-ICP	00NP-电暖 2 线-00Q
00NP-3#变 220-I1A	00NP-1#变 220-00P
00NP-3#变 220-I1P	00NP-1#变 220-00Q
00NP-4#变 220-IAA	00NP-2#变 220-00P
00NP-4#变 220-IAP	00NP-2#变 220-00Q
00NP-4#变 220-IBA	00NP-3#变 220-00P
00NP-4#变 220-IBP	00NP-3#变 220-00Q
00NP-4#变 220-ICA	00NP-4#变 220-00P
00NP-4#变 220-ICP	00NP-4#变 220-00Q
00NP-4#变 220-I1A	00NP-0001#机-0DF
00NP-4#变 220-I1P	00NP-0001#机-DFT
00NP-0001#机-UAA	00NP-0001#机-00P
00NP-0001#机-UAP	00NP-0001#机-00Q
00NP-0001#机-UBA	00NP-0001#机-EFZ
00NP-0001#机-UBP	00NP-0001#机-IFZ
00NP-0001#机-UCA	00NP-0001#机-OMG
00NP-0001#机-UCP	00NP-0001#机-SPR
00NP-0001#机-U1A	00NP-0001#机-ATC
00NP-0001#机-U1P	00NP-0001#机-BFT
00NP-0001#机-IAA	00NP-0001#机-AFT
00NP-0001#机-IAP	00NP-0002#机-0DF
00NP-0001#机-IBA	00NP-0002#机-DFT
00NP-0001#机-IBP	00NP-0002#机-00P
00NP-0001#机-ICA	00NP-0002#机-00Q
00NP-0001#机-ICP	00NP-0002#机-EFZ
00NP-0001#机-I1A	00NP-0002#机-IFZ
00NP-0001#机-I1P	00NP-0002#机-OMG
00NP-0001#机-EEA	00NP-0002#机-SPR
00NP-0001#机-EEP	00NP-0002#机-ATC
00NP-0001#机-DEA	00NP-0002#机-BFT
00NP-0001#机-DEP	00NP-0002#机-AFT
00NP-0001#机-EMA	00NP-0003#机-0DF
00NP-0001#机-EMP	00NP-0003#机-DFT
00NP-0001#机-DMA	00NP-0003#机-00P
00NP-0001#机-DMP	00NP-0003#机-00Q
00NP-0002#机-UAA	00NP-0003#机-EFZ
00NP-0002#机-UAP	00NP-0003#机-IFZ
00NP-0002#机-UBA	00NP-0003#机-OMG
00NP-0002#机-UBP	00NP-0003#机-SPR
00NP-0002#机-UCA	00NP-0003#机-ATC
00NP-0002#机-UCP	00NP-0003#机-BFT
00NP-0002#机-U1A	00NP-0003#机-AFT
00NP-0002#机-U1P	00NP-0004#机-0DF

00NP-0002#机-IAA	00NP-0004#机-DFT
00NP-0002#机-IAP	00NP-0004#机-00P
00NP-0002#机-IBA	00NP-0004#机-00Q
00NP-0002#机-IBP	00NP-0004#机-EFZ
00NP-0002#机-ICA	00NP-0004#机-IFZ
00NP-0002#机-ICP	00NP-0004#机-OMG
00NP-0002#机-I1A	00NP-0004#机-SPR
00NP-0002#机-I1P	00NP-0004#机-ATC
00NP-0002#机-EEA	00NP-0004#机-BFT
00NP-0002#机-EEP	00NP-0004#机-AFT
00NP-0002#机-DEA	0LN00NP1-fq
00NP-0002#机-DEP	0LN00NP1-feq

表 1-5   某变电站配置文件信息表

0DDb-#1变500-UAA	0DDb-丹程1线-UAP
0DDb-#1变500-UAP	0DDb-丹程1线-UBA
0DDb-#1变500-UBA	0DDb-丹程1线-UBP
0DDb-#1变500-UBP	0DDb-丹程1线-UCA
0DDb-#1变500-UCA	0DDb-丹程1线-UCP
0DDb-#1变500-UCP	0DDb-丹程1线-U1A
0DDb-#1变500-U1A	0DDb-丹程1线-U1P
0DDb-#1变500-U1P	0DDb-丹程1线-IAA
0DDb-#1变500-IAA	0DDb-丹程1线-IAP
0DDb-#1变500-IAP	0DDb-丹程1线-IBA
0DDb-#1变500-IBA	0DDb-丹程1线-IBP
0DDb-#1变500-IBP	0DDb-丹程1线-ICA
0DDb-#1变500-ICA	0DDb-丹程1线-ICP
0DDb-#1变500-ICP	0DDb-丹程1线-I1A
0DDb-#1变500-I1A	0DDb-丹程1线-I1P
0DDb-#1变500-I1P	0DDb-丹海1线-UAA
0DDb-#2变500-UAA	0DDb-丹海1线-UAP
0DDb-#2变500-UAP	0DDb-丹海1线-UBA
0DDb-#2变500-UBA	0DDb-丹海1线-UBP
0DDb-#2变500-UBP	0DDb-丹海1线-UCA
0DDb-#2变500-UCA	0DDb-丹海1线-UCP
0DDb-#2变500-UCP	0DDb-丹海1线-U1A
0DDb-#2变500-U1A	0DDb-丹海1线-U1P
0DDb-#2变500-U1P	0DDb-丹海1线-IAA
0DDb-#2变500-IAA	0DDb-丹海1线-IAP
0DDb-#2变500-IAP	0DDb-丹海1线-IBA
0DDb-#2变500-IBA	0DDb-丹海1线-IBP
0DDb-#2变500-IBP	0DDb-丹海1线-ICA
0DDb-#2变500-ICA	0DDb-丹海1线-ICP

续表

0DDb-#2变500-ICP	0DDb-丹海1线-I1A
0DDb-#2变500-I1A	0DDb-丹海1线-I1P
0DDb-#2变500-I1P	0DDb-丹海2线-UAA
0DDb-0电丹线-UAA	0DDb-丹海2线-UAP
0DDb-0电丹线-UAP	0DDb-丹海2线-UBA
0DDb-0电丹线-UBA	0DDb-丹海2线-UBP
0DDb-0电丹线-UBP	0DDb-丹海2线-UCA
0DDb-0电丹线-UCA	0DDb-丹海2线-UCP
0DDb-0电丹线-UCP	0DDb-丹海2线-U1A
0DDb-0电丹线-U1A	0DDb-丹海2线-U1P
0DDb-0电丹线-U1P	0DDb-丹海2线-IAA
0DDb-0电丹线-IAP	0DDb-丹海2线-IAP
0DDb-0电丹线-IBA	0DDb-丹海2线-IBA
0DDb-0电丹线-IBP	0DDb-丹海2线-IBP
0DDb-0电丹线-ICA	0DDb-丹海2线-ICA
0DDb-0电丹线-ICP	0DDb-丹海2线-ICP
0DDb-0电丹线-I1A	0DDb-丹海2线-I1A
0DDb-0电丹线-I1P	0DDb-丹海2线-I1P
0DDb-0蒲丹线-UAA	0DDb-#1变500-0DF
0DDb-0蒲丹线-UAP	0DDb-#1变500-DFT
0DDb-0蒲丹线-UBA	0DDb-#1变500-00P
0DDb-0蒲丹线-UBP	0DDb-#1变500-00Q
0DDb-0蒲丹线-UCA	0DDb-#2变500-0DF
0DDb-0蒲丹线-UCP	0DDb-#2变500-DFT
0DDb-0蒲丹线-U1A	0DDb-#2变500-00P
0DDb-0蒲丹线-U1P	0DDb-#2变500-00Q
0DDb-0蒲丹线-IAA	0DDb-0电丹线-0DF
0DDb-0蒲丹线-IAP	0DDb-0电丹线-DFT
0DDb-0蒲丹线-IBA	0DDb-0电丹线-00P
0DDb-0蒲丹线-IBP	0DDb-0电丹线-00Q
0DDb-0蒲丹线-ICA	0DDb-0蒲丹线-0DF
0DDb-0蒲丹线-ICP	0DDb-0蒲丹线-DFT
0DDb-0蒲丹线-I1A	0DDb-0蒲丹线-00P
0DDb-0蒲丹线-I1P	0DDb-0蒲丹线-00Q
0DDb-丹程2线-UAA	0DDb-丹程2线-0DF
0DDb-丹程2线-UAP	0DDb-丹程2线-DFT
0DDb-丹程2线-UBA	0DDb-丹程2线-00P
0DDb-丹程2线-UBP	0DDb-丹程2线-00Q
0DDb-丹程2线-UCA	0DDb-丹程1线-0DF
0DDb-丹程2线-UCP	0DDb-丹程1线-DFT
0DDb-丹程2线-U1A	0DDb-丹程1线-00P
0DDb-丹程2线-U1P	0DDb-丹程1线-00Q
	0DDb-丹海1线-0DF

0DDb-丹程 2 线-IAA	0DDb-丹海 1 线-DFT
0DDb-丹程 2 线-IAP	0DDb-丹海 1 线-00P
0DDb-丹程 2 线-IBA	0DDb-丹海 1 线-00Q
0DDb-丹程 2 线-IBP	0DDb-丹海 2 线-0DF
0DDb-丹程 2 线-ICA	0DDb-丹海 2 线-DFT
0DDb-丹程 2 线-ICP	0DDb-丹海 2 线-00P
0DDb-丹程 2 线-I1A	0DDb-丹海 2 线-00Q
0DDb-丹程 2 线-I1P	0LN0DDb1-fq
0DDb-丹程 1 线-UAA	0LN0DDb1-feq

表 1-6　　　　　　　　　　　某风电场配置文件信息表

DTFX-01 母 018-UAA	DTFX-集电 00D-UCP
DTFX-01 母 018-UAP	DTFX-集电 00D-I1A
DTFX-01 母 018-UBA	DTFX-集电 00D-I1P
DTFX-01 母 018-UBP	DTFX-集电 00D-U1A
DTFX-01 母 018-UCA	DTFX-集电 00D-U1P
DTFX-01 母 018-UCP	DTFX-集电 00E-IAA
DTFX-01 母 018-U1A	DTFX-集电 00E-IAP
DTFX-01 母 018-U1P	DTFX-集电 00E-IBA
DTFX-01 母 220-UAA	DTFX-集电 00E-IBP
DTFX-01 母 220-UAP	DTFX-集电 00E-ICA
DTFX-01 母 220-UBA	DTFX-集电 00E-ICP
DTFX-01 母 220-UBP	DTFX-集电 00E-UAA
DTFX-01 母 220-UCA	DTFX-集电 00E-UAP
DTFX-01 母 220-UCP	DTFX-集电 00E-UBA
DTFX-01 母 220-U1A	DTFX-集电 00E-UBP
DTFX-01 母 220-U1P	DTFX-集电 00E-UCA
DTFX-1♯变 018-IAA	DTFX-集电 00E-UCP
DTFX-1♯变 018-IAP	DTFX-集电 00E-I1A
DTFX-1♯变 018-IBA	DTFX-集电 00E-I1P
DTFX-1♯变 018-IBP	DTFX-集电 00E-U1A
DTFX-1♯变 018-ICA	DTFX-集电 00E-U1P
DTFX-1♯变 018-ICP	DTFX-集电 00F-IAA
DTFX-1♯变 018-UAA	DTFX-集电 00F-IAP
DTFX-1♯变 018-UAP	DTFX-集电 00F-IBA
DTFX-1♯变 018-UBA	DTFX-集电 00F-IBP
DTFX-1♯变 018-UBP	DTFX-集电 00F-ICA
DTFX-1♯变 018-UCA	DTFX-集电 00F-ICP
DTFX-1♯变 018-UCP	DTFX-集电 00F-UAA
DTFX-1♯变 018-I1A	DTFX-集电 00F-UAP
DTFX-1♯变 018-I1P	DTFX-集电 00F-UBA
DTFX-1♯变 018-U1A	DTFX-集电 00F-UBP
DTFX-1♯变 018-U1P	DTFX-集电 00F-UCA

DTFX-0 抗 3562-IAA	DTFX-集电 00F-UCP
DTFX-0 抗 3562-IAP	DTFX-集电 00F-I1A
DTFX-0 抗 3562-IBA	DTFX-集电 00F-I1P
DTFX-0 抗 3562-IBP	DTFX-集电 00F-U1A
DTFX-0 抗 3562-ICA	DTFX-集电 00F-U1P
DTFX-0 抗 3562-ICP	DTFX-集电 00G-IAA
DTFX-0 抗 3562-UAA	DTFX-集电 00G-IAP
DTFX-0 抗 3562-UAP	DTFX-集电 00G-IBA
DTFX-0 抗 3562-UBA	DTFX-集电 00G-IBP
DTFX-0 抗 3562-UBP	DTFX-集电 00G-ICA
DTFX-0 抗 3562-UCA	DTFX-集电 00G-ICP
DTFX-0 抗 3562-UCP	DTFX-集电 00G-UAA
DTFX-0 抗 3562-I1A	DTFX-集电 00G-UAP
DTFX-0 抗 3562-I1P	DTFX-集电 00G-UBA
DTFX-0 抗 3562-U1A	DTFX-集电 00G-UBP
DTFX-0 抗 3562-U1P	DTFX-集电 00G-UCA
DTFX-0 容 3561-IAA	DTFX-集电 00G-UCP
DTFX-0 容 3561-IAP	DTFX-集电 00G-I1A
DTFX-0 容 3561-IBA	DTFX-集电 00G-I1P
DTFX-0 容 3561-IBP	DTFX-集电 00G-U1A
DTFX-0 容 3561-ICA	DTFX-集电 00G-U1P
DTFX-0 容 3561-ICP	DTFX-1＃SYB18-IAA
DTFX-0 容 3561-UAA	DTFX-1＃SYB18-IAP
DTFX-0 容 3561-UAP	DTFX-1＃SYB18-IBA
DTFX-0 容 3561-UBA	DTFX-1＃SYB18-IBP
DTFX-0 容 3561-UBP	DTFX-1＃SYB18-ICA
DTFX-0 容 3561-UCA	DTFX-1＃SYB18-ICP
DTFX-0 容 3561-UCP	DTFX-1＃SYB18-UAA
DTFX-0 容 3561-I1A	DTFX-1＃SYB18-UAP
DTFX-0 容 3561-I1P	DTFX-1＃SYB18-UBA
DTFX-0 容 3561-U1A	DTFX-1＃SYB18-UBP
DTFX-0 容 3561-U1P	DTFX-1＃SYB18-UCA
DTFX-0 查松线-IAA	DTFX-1＃SYB18-UCP
DTFX-0 查松线-IAP	DTFX-1＃SYB18-I1A
DTFX-0 查松线-IBA	DTFX-1＃SYB18-I1P
DTFX-0 查松线-IBP	DTFX-1＃SYB18-U1A
DTFX-0 查松线-ICA	DTFX-1＃SYB18-U1P
DTFX-0 查松线-ICP	DTFX-1＃JDB18-IAA
DTFX-0 查松线-UAA	DTFX-1＃JDB18-IAP
DTFX-0 查松线-UAP	DTFX-1＃JDB18-IBA
DTFX-0 查松线-UBA	DTFX-1＃JDB18-IBP
DTFX-0 查松线-UBP	DTFX-1＃JDB18-ICA
DTFX-0 查松线-UCA	DTFX-1＃JDB18-ICP

续表

DTFX-0 查松线-UCP	DTFX-1♯JDB18-UAA
DTFX-0 查松线-I1A	DTFX-1♯JDB18-UAP
DTFX-0 查松线-I1P	DTFX-1♯JDB18-UBA
DTFX-0 查松线-U1A	DTFX-1♯JDB18-UBP
DTFX-0 查松线-U1P	DTFX-1♯JDB18-UCA
DTFX-1♯变 220-IAA	DTFX-1♯JDB18-UCP
DTFX-1♯变 220-IAP	DTFX-1♯JDB18-I1A
DTFX-1♯变 220-IBA	DTFX-1♯JDB18-I1P
DTFX-1♯变 220-IBP	DTFX-1♯JDB18-U1A
DTFX-1♯变 220-ICA	DTFX-1♯JDB18-U1P
DTFX-1♯变 220-ICP	DTFX-1♯变 018-00P
DTFX-1♯变 220-UAA	DTFX-1♯变 018-00Q
DTFX-1♯变 220-UAP	DTFX-1♯变 018-0DF
DTFX-1♯变 220-UBA	DTFX-1♯变 018-DFT
DTFX-1♯变 220-UBP	DTFX-0 抗 3562-00P
DTFX-1♯变 220-UCA	DTFX-0 抗 3562-00Q
DTFX-1♯变 220-UCP	DTFX-0 抗 3562-0DF
DTFX-1♯变 220-I1A	DTFX-0 抗 3562-DFT
DTFX-1♯变 220-I1P	DTFX-0 容 3561-00P
DTFX-1♯变 220-U1A	DTFX-0 容 3561-00Q
DTFX-1♯变 220-U1P	DTFX-0 容 3561-0DF
DTFX-集电 00B-IAA	DTFX-0 容 3561-DFT
DTFX-集电 00B-IAP	DTFX-0 查松线-00P
DTFX-集电 00B-IBA	DTFX-0 查松线-00Q
DTFX-集电 00B-IBP	DTFX-0 查松线-0DF
DTFX-集电 00B-ICA	DTFX-0 查松线-DFT
DTFX-集电 00B-ICP	DTFX-1♯变 220-00P
DTFX-集电 00B-UAA	DTFX-1♯变 220-00Q
DTFX-集电 00B-UAP	DTFX-1♯变 220-0DF
DTFX-集电 00B-UBA	DTFX-1♯变 220-DFT
DTFX-集电 00B-UBP	DTFX-集电 00B-00P
DTFX-集电 00B-UCA	DTFX-集电 00B-00Q
DTFX-集电 00B-UCP	DTFX-集电 00B-0DF
DTFX-集电 00B-I1A	DTFX-集电 00B-DFT
DTFX-集电 00B-I1P	DTFX-集电 00C-00P
DTFX-集电 00B-U1A	DTFX-集电 00C-00Q
DTFX-集电 00B-U1P	DTFX-集电 00C-0DF
DTFX-集电 00C-IAA	DTFX-集电 00C-DFT
DTFX-集电 00C-IAP	DTFX-集电 00D-00P
DTFX-集电 00C-IBA	DTFX-集电 00D-00Q
DTFX-集电 00C-IBP	DTFX-集电 00D-0DF
DTFX-集电 00C-ICA	DTFX-集电 00D-DFT
DTFX-集电 00C-ICP	DTFX-集电 00E-00P
DTFX-集电 00C-UAA	DTFX-集电 00E-00Q
DTFX-集电 00C-UAP	DTFX-集电 00E-0DF
DTFX-集电 00C-UBA	DTFX-集电 00E-DFT
DTFX-集电 00C-UBP	DTFX-集电 00F-00P
DTFX-集电 00C-UCA	DTFX-集电 00F-00Q
DTFX-集电 00C-UCP	DTFX-集电 00F-0DF
DTFX-集电 00C-I1A	DTFX-集电 00F-DFT

DTFX-集电 00C-I1P	DTFX-集电 00G-00P
DTFX-集电 00C-U1A	DTFX-集电 00G-00Q
DTFX-集电 00C-U1P	DTFX-集电 00G-0DF
DTFX-集电 00D-IAA	DTFX-集电 00G-DFT
DTFX-集电 00D-IAP	DTFX-1♯SYB18-00P
DTFX-集电 00D-IBA	DTFX-1♯SYB18-00Q
DTFX-集电 00D-IBP	DTFX-1♯SYB18-0DF
DTFX-集电 00D-ICA	DTFX-1♯SYB18-DFT
DTFX-集电 00D-ICP	DTFX-1♯JDB18-00P
DTFX-集电 00D-UAA	DTFX-1♯JDB18-00Q
DTFX-集电 00D-UAP	DTFX-1♯JDB18-0DF
DTFX-集电 00D-UBA	DTFX-1♯JDB18-DFT
DTFX-集电 00D-UBP	0LNDTFX1-fq
DTFX-集电 00D-UCA	0LNDTFX1-feq

1.4 告警直传远程浏览信息

1.4.1 告警直传

"告警直传"是指以变电站监控系统为信息源，按照相关的分类标准，生成标准的告警条文，经由变电站图形网关机通过 DL476 或 IEC-104 规约直接以文本格式传送到调度主站及设备运维站，分类显示在相应的告警窗并存入告警记录文件。告警信息筛选以监控业务需求为依据，以相关告警分类为标准，应注重信息的完整性与传输的可靠性。具体告警直传信息如图 1-4 和图 1-5 所示。

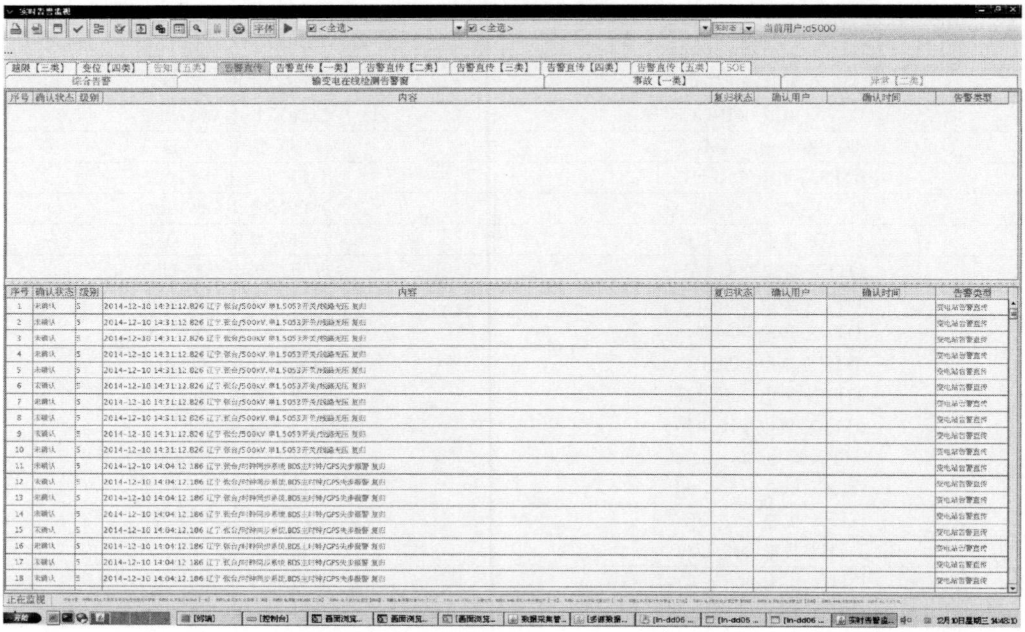

图 1-4 告警直传信息展示画面（一）

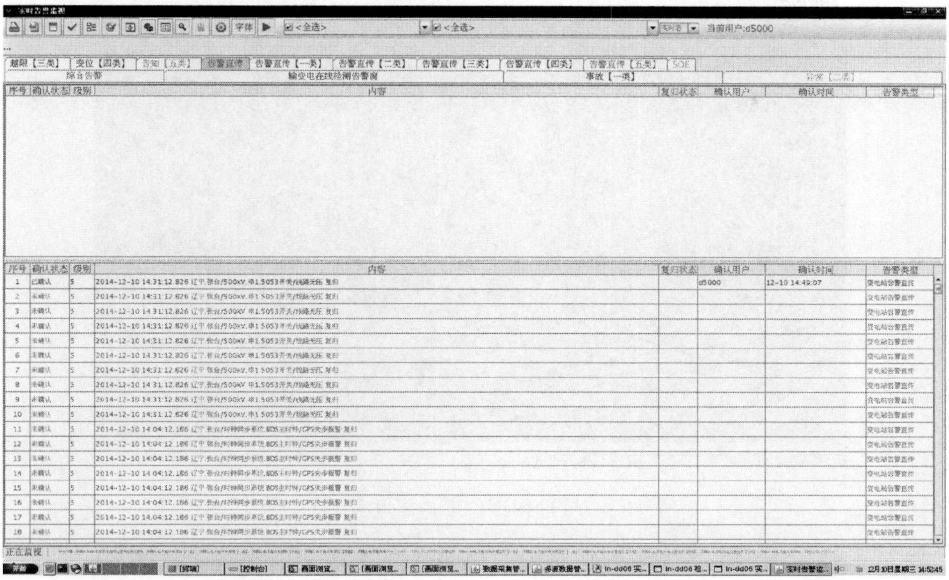

图 1-5　告警直传信息展示画面（二）

1.4.2　远程浏览

"远程浏览"是指提供远程浏览的手段实现变电站全景信息监视。调度监控值班员或大检修运维人员需要详细检查变电站运行信息时，可以直接浏览变电站内完整的图形和实时数据。具体远程浏览界面如图 1-6～图 1-11 所示。

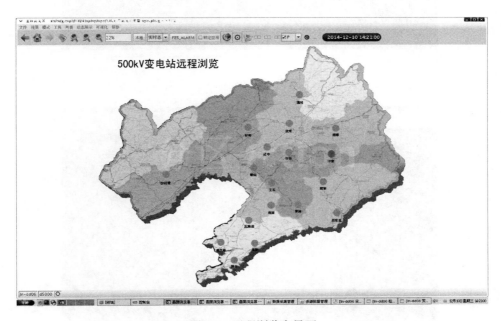

图 1-6　远程浏览主界面

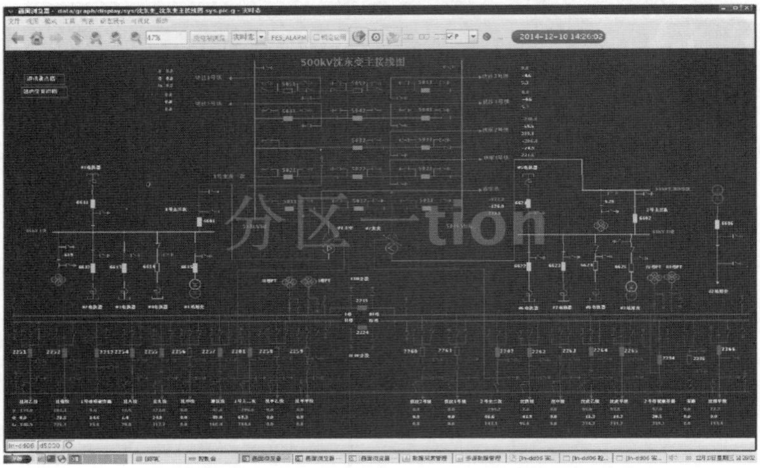

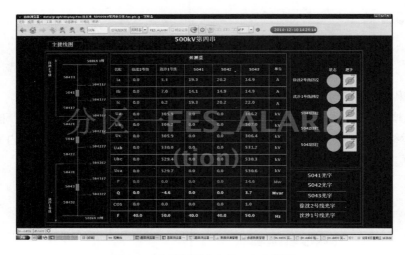

图 1-7 远程浏览变电站主接线图

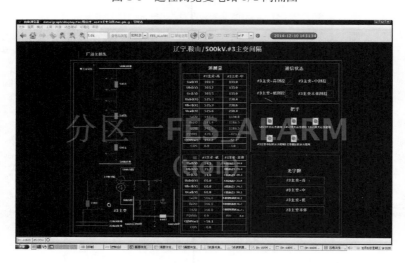

图 1-8 远程浏览变电站 3/2 间隔图

图 1-9 远程浏览变电站主变压器间隔图

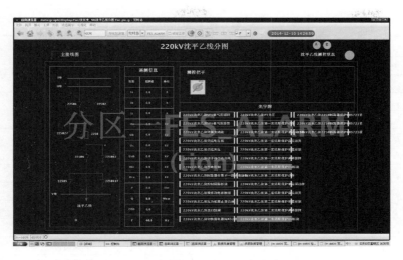

图 1-10 远程浏览变电站双母线线路间隔图

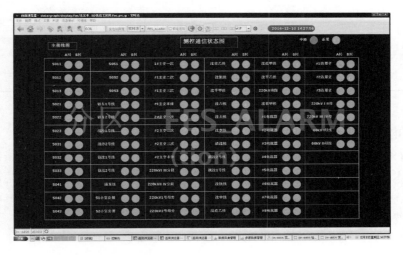

图 1-11 远程浏览变电站测控通信状态图

1.5 在线检测信息

输变电设备状态监测系统主要由监测装置、综合监测单元和站端监测单元组成，实现状态监测状态数据的采集、传输、后台处理及存储转发功能。在线监测装置是指通常安装在被监测设备上或附近，用以自动采集、处理和发送被监测设备状态信息的监测装置（含传感器）。监测装置能通过现场总线、以太网、无线等通信方式与综合监测单元或直接与站端监测单元通信。接入状态监测系统的监测类型如表 1-7 所示。

表 1-7   监　测　类　型

序号	设　备　名　称	监　测　类　型
1		局部放电
2		油中溶解气体
3	变压器/电抗器	微水
4		铁芯接地电流
5		顶层油温
6	电容型设备	绝缘监测
7	金属氧化物避雷器	绝缘监测
8		局部放电
9	断路器/GIS	SF_6 气体压力
10		SF_6 气体水分
11		导线覆冰监测
12		导线温度监测
13		微风振动监测
14	架空线路	微气象监测
15		现场污秽度监测
16		导线弧垂监测
17	杆塔	杆塔倾斜监测
18	电缆	电缆护层电流监测

1.5.1　变电设备状态监测数据

变电设备状态监测标准化数据类型包括：变压器状态监测类数据、断路器及高压组合电器（GIS）状态监测类数据、容性设备状态监测类数据和金属氧化物避雷器状态监测类数据。

1.5.1.1　变压器/电抗器状态监测

1. 油中溶解气体监测

油中溶解气体监测接入的具体状态信息包括：氢气（H_2）、一氧化碳（CO）、甲烷（CH_4）、乙烯（C_2H_4）、乙炔（C_2H_2）、乙烷（C_2H_6）、二氧化碳（CO_2）、氧气（O_2）、氮气（N_2）总烃。

2. 油中水分监测

油中水分监测接入的具体状态信息包括：水分。

3. 局部放电监测

局部放电监测接入的具体状态信息包括：放电量（pC）、放电位置、脉冲个数和放电波形。

4. 铁芯接地电流监测

铁芯接地电流监测接入的具体状态信息包括：铁芯全电流。

5. 顶层油温监测

顶层油温监测接入的具体状态信息包括：顶层油温、绕组温度。

1.5.1.2　断路器/GIS 状态监测

1. 局部放电监测

局部放电监测接入的具体状态信息包括：放电量（pC）、放电位置、脉冲个数和放电波形。

2. SF₆气体压力监测

SF₆气体压力监测接入的具体状态信息包括：气室编号、温度、绝对压力、密度和压力（20℃）。

3. SF₆气体水分监测

SF₆气体水分监测接入的具体状态信息包括：气室编号、温度、水分。

1.5.1.3　容性设备状态监测

容性设备绝缘监测接入的具体状态信息包括：电容量、介质损耗因数、三相不平衡电流、三相不平衡电压、全电流、系统电压。

1.5.1.4　金属氧化物避雷器状态监测

金属氧化物避雷器绝缘监测接入的具体状态信息包括：系统电压、全电流、阻性电流、计数器动作次数最后一次动作时间。

1.5.2　输电状态监测数据

输电线路状态监测标准化数据类型包括：气象环境监测类数据、导线监测类数据、杆塔监测类数据和杆塔附件监测类数据。

1.5.2.1　气象环境监测数据

1. 微气象环境监测

微气象环境监测接入的具体状态信息包括：风速、风向、最大风速、极大风速、标准风速、气温、湿度、气压、降雨量、降水强度、光辐射强度。

2. 现场污秽度监测

现场污秽度监测接入的具体状态信息包括：绝缘子盐密（ESDD）、灰密、日最高温度、日最低温度、日最大湿度、日最小湿度。

3. 覆冰监测

覆冰监测接入的具体状态信息包括：等值覆冰厚度、综合悬挂载荷、不均衡张力差、绝缘子串风偏角、绝缘子串倾斜角。其中综合悬挂载荷、不均衡张力差、绝缘子串风偏角和绝缘子串倾斜角等建议各网省公司根据自身需要决定是否监测，系统的通信协议和数据库设计考虑预留。

1.5.2.2　导线监测数据

1. 导线弧垂监测

导线弧垂监测接入的具体状态信息包括：导线弧垂、导线对地距离。

2. 导线温度监测

导线温度监测接入的具体状态信息包括：线温1、线温2。

51

3. 导线微风振动监测

导线微风振动监测接入的具体状态信息包括：微风振动幅值、微风振动频率。

1.5.2.3 杆塔倾斜监测

杆塔倾斜监测接入的具体状态信息包括：倾斜度、顺线倾斜角、横向倾斜角、顺线倾斜度、横向倾斜度。

1.5.2.4 电缆护层监测数据

护层接地电流监测接入的状态信息包括：监测相别、接地电流、位置。

1.5.3 输变电设备状态监测典型遥信、遥测信息

输变电设备状态监测典型告警信息表（遥信）如表 1-8 所示。输变电设备状态监测典型告警信息表如表 1-9 所示。

表 1-8 输变电设备状态监测典型告警信息表（遥信）

序号	设备名称	信号类型	信 息 描 述	信息分类
1	变压器（电抗器）类	油中溶解气体	××气体绝对值告警	异常
2			××气体绝对值越限	告知
3			××气体相对产气速率告警	异常
4			××气体相对产气速率越限	告知
5			××气体绝对产气速率告警	异常
6			××气体绝对产气速率越限	告知
7		油中微水监测	水分告警	异常
8			水分越限	告知
9		局部放电监测	放电量告警	异常
10			放电量越限	告知
11		铁芯接地电流监测	全电流告警	异常
12			全电流越限	告知
13		顶部油温监测	顶层油温告警	异常
14			顶层油温越限	告知
15		套管绝缘监测装置	末屏断相告警	异常
16			介质损耗因数告警	异常
17			介质损耗因数越限	告知
18			相对介质损耗因数（初值差）	异常
19			相对介质损耗因数（初值差）	告知
20			电容量相对变化率（初值差）	异常
21			电容量相对变化率（初值差）	告知
22	电流互感器	电容设备绝缘监测装置	末屏断相告警	异常
23			介质损耗因数告警	异常
24			介质损耗因数越限	告知
25			相对介质损耗因数（初值差）告警	异常
26			相对介质损耗因数（初值差）越限	告知
27			电容量相对变化率（初值差）告警	告知
28			电容量相对变化率（初值差）越限	告知

续表

序号	设备名称	信号类型	信　息　描　述	信息分类
29	电压互感器	电容设备绝缘监测装置	末屏断相告警	异常
30			介质损耗因数告警	异常
31			介质损耗因数越限	告知
32			相对介质损耗因数（初值差）告警	异常
33			相对介质损耗因数（初值差）越限	告知
34			电容量相对变化率（初值差）告警	告知
35			电容量相对变化率（初值差）越限	告知
36	耦合电容器	电容设备绝缘监测装置	介质损耗因数告警	异常
37			介质损耗因数越限	告知
38			相对介质损耗因数（初值差）告警	异常
39			相对介质损耗因数（初值差）越限	告知
40			电容量相对变化率（初值差）告警	告知
41			电容量相对变化率（初值差）越限	告知
42	断路器（GIS）	SF_6 气体压力及水分监测	SF_6 气体压力告警	
43			SF_6 气体压力越限	
44			水分告警	异常
45			水分越限	告知
46	金属氧化物避雷器	金属氧化物避雷器泄漏电流监测装置	阻性电流告警	告知
47			阻性电流越限	告知
48			全电流告警	告知
49			全电流越限	告知
50	架空线路	导线覆冰厚度监测	等值覆冰厚度告警	异常
51			等值覆冰厚度越限	告知
52			综合悬挂载荷告警	异常
53			综合悬挂载荷越限	告知
54			不均衡张力差告警	异常
55			不均衡张力差越限	告知
56		导线温度监测	导线温度告警	异常
57			导线温度越限	告知
58		微风振动监测	微风振动告警	异常
59			微风振动越限	告知
60		现场污秽度监测	盐密告警	异常
61			盐密越限	告知
62			灰密告警	异常
63			灰密越限	告知
64		导线弧垂监测	导线弧垂告警	异常
65			导线弧垂越限	告知
66			对地距离告警	异常
67			对地距离越限	告知
68	杆塔	杆塔倾斜监测	杆塔倾斜度告警	异常
69			杆塔倾斜度越限	告知
70			杆塔横担歪斜倾斜度告警	异常
71			杆塔横担歪斜倾斜度越限	告知
72	电缆	电缆护层电流监测	电缆护层电流告警	异常
73			电缆护层电流越限	告知

表 1-9   **输变电设备状态监测典型告警信息表（遥测）**

序号	设备名称	信号类型	遥测名	单位
1	变压器（电抗器）类	油中溶解气体	氢气绝对值	μL/L
2			氢气绝对产气速率	mL/天
3			氢气相对产气速率	％/月
4			一氧化碳绝对值	μL/L
5			二氧化碳绝对值	μL/L
6			甲烷绝对值	μL/L
7			乙烯绝对值	μL/L
8			乙炔绝对值	μL/L
9			乙炔绝对产气速率	mL/天
10			乙炔相对产气速率	％/月
11			乙烷绝对值	μL/L
12			总烃绝对值	μL/L
13			乙炔绝对产气速率	mL/天
14			乙炔相对产气速率	％/月
15		套管绝缘监测装置	末屏电流	mA
16			电容量相对变化率	％
17	电流互感器	电容设备绝缘监测装置	末屏电流	mA
18			电容量相对变化率	％
19	电压互感器	电容设备绝缘监测装置	末屏电流	mA
20			电容量相对变化率	％
21	金属氧化物避雷器	金属氧化物避雷器泄漏电流监测装置	阻性电流	μA
22			全电流	μA
23	架空线路	线路微气象站	风速	m/s
24			风向	°
25			气温	℃
26			湿度	％RH
27			气压	kPa
28			光辐射强度	W/m²
29			降雨量	mm/天
30		杆塔倾斜监测	杆塔倾斜度	‰
31			杆塔横担歪斜倾斜度	‰
32	电缆	电缆护层电流监测	护层电流/运行电流	％

第 2 章

变压器信息原理及故障分析

变压器是厂站内最重要要的电气设备之一，它将电压从一个等级转换到需要的另几个不同等级，便于电能的传输和使用。变压器信息较多，包括遥信、遥测和控制。厂站变压器常用遥信信息如表 2-1 所示，常用遥测信息如表 2-2 所示，常用控制信息如表 2-3 所示。

表 2-1 　　　　　　　　　　变 压 器 遥 信 信 息 表

序号	信号名称	序号	信号名称
1	绕组温度高.告警	11	有载轻瓦斯.动作
2	绕组温度高.跳闸	12	风机.投入
3	本体油温高.告警	13	风机电源消失.告警
4	本体油温高.跳闸	14	加热器.投入
5	压力释放.告警	15	加热器电源消失.告警
6	本体油位异常.告警	16	有载机构电源消失.告警
7	有载油位异常.告警	17	有载机构闭锁.告警
8	本体重瓦斯.动作	18	变压器室交流电源消失.告警
9	本体轻瓦斯.动作	19	变压器室直流电源消失.告警
10	有载重瓦斯.动作	20	挡位 $1\sim n$

表 2-2　　变压器遥测信息表

序号	信号名称
1	绕组温度
2	本体温度
3	挡位

表 2-3　　变压器控制信息表

序号	信号名称
1	升压变压器挡位
2	降压变压器挡位
3	急停变压器挡位

2.1 原 理 分 析

变压器的类型较多，可以按照电压等级进行分类，包括 500、220、110、66kV 等，也可以依照变压器安装环境进行分类，包括室内、室外等，如图 2-1 和图 2-2 所示，分别是 220kV 室外变压器和 66kV 室内变压器。

| 图 2-1 220kV 室外变压器 | 图 2-2 66kV 室内变压器 |

变压器信息按照采集过程和用途不同，可以分为温度遥信信息、温度遥测信息、瓦斯信息、油位信息、交直流异常信息、挡位遥信信息、挡位遥测信息、挡位控制、辅助设备信息等（电量、在线检测和保护信息单独解析，这里不做分析）。

2.1.1 温度遥信信息

温度遥信信息的采集方式有两种，第一种由变压器现场温度表产生，通过硬接点方式接入自动化系统；第二种方式由通过遥测限值方式产生，与现场上送的遥测值紧密相关。在实际应用中要求采用第一种方式，第二种方式只是在第一种方式无法实现的情况下使用。第一种方式信息采集传输如图 2-3 所示，现场温度表外形如图 2-4 所示；第二种方式是依托软件，设置主站或者后台限制参数产生，这里不做深入解析。

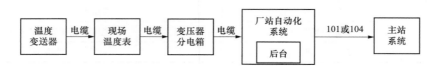

图 2-3 变压器温度遥信信息采集传送原理图

图 2-4 变压器现场温度表外形

对应的关系如表 2-4 所示。

2.1.2 温度遥测信息

变压器温度遥测信息直接由采集温度变送器产生，目前常用的变压器温度变送器主要有 Cu50 和 Pt100 两种，外形上没有什么区别，如图 2-5 所示。变压器温度遥测信息的采集传输原理如图 2-6 所示。

在变压器温度遥测信息的采集过程中，Cu50 和 Pt100 的属性非常重要，Cu50 和 Pt100 为电阻式温度变送器，电阻值和温度值

图 2-5 变压器温度变送器　　　　图 2-6 变压器温度遥测信息采集传送原理图

表 2-4　　　　　　　　　　　　Cu50 和 Pt100 的电阻温度关系表

温度值（℃）	−20	−10	0	10	20	30	40	50
Cu50 电阻值	49.706	47.854	50	52.144	54.285	56.426	58.565	60.27
Pt100 电阻值	92.16	96.09	100	103.90	107.79	111.67	115.54	119.40
温度值（℃）	60	70	80	90	100	110	120	130
Cu50 电阻值	62.842	64.981	67.120	69.259	71.400	73.542	75.686	77.833
Pt100 电阻值	123.24	127.08	130.90	134.71	138.51	142.29	146.07	149.83

2.1.3　瓦斯信息

　　变压器瓦斯信息由变压器瓦斯继电器产生，变压器瓦斯继电器分为本体和有载两种，其安装原理和外观基本相同。变压器本体瓦斯继电器安装位置如图 2-7 所示，瓦斯继电器如图 2-8 所示。瓦斯信息采集后，传送至变压器分电箱，再通过硬接点方式接入厂站自动化系统，具体采集方式如图 2-9 所示。部分变电站通过保护动作采集瓦斯信息，瓦斯信息不直接从瓦斯继电器采集，采集过程如图 2-10 所示。

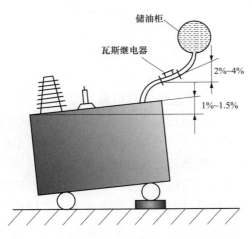

图 2-7　变压器本体瓦斯继电器安装位置图

图 2-8　变压器瓦斯继电器

图 2-9 变压器瓦斯信息采集传送原理图（一）

图 2-10 变压器瓦斯信息采集传送原理图（二）

2.1.4 油位信息

变压器的油位信息由油位表产生，可以监视油位过高或油位过低，目前变压器油位信息只有"油位异常"信号，采集传送原理如图 2-11 所示。

图 2-11 变压器油位信息采集传送原理图

2.1.5 压力信息

变压器的压力信息由压力释放阀启动而产生，目前变压器压力信号只有"压力释放"一个，采集传送原理如图 2-12 所示。

图 2-12 变压器压力信息采集传送原理图

图 2-13 带辅助接点交直流空气断路器

2.1.6 交直流异常信息

变压器现场交直流信息一般都是空气断路器辅助接点产生，如图 2-13 所示。正常情况下空气断路器处于合位，辅助接点断开，交直流失电遥信信号处于"0"，当空气断路器跳闸时，辅助接点闭合，交直流失电遥信信号处于动作状态，即"1"。变压器现场的交直流异常信息主要包括变压器总直流、总交流（调压机构电动机电源异常信息不算，此信息直接从调压分电箱送出，不经过变压器分电箱，这种信息在下面专门介绍）等。信息采集传输原理如图 2-14 所示。

图 2-14　变压器交直流信息采集传送原理图

2.1.7　挡位信息

变压器挡位信息都从变压器调压分电箱（也称有载调压控制箱）采集，变压器调压分电箱一般安装在变压器本体上，如图 2-15 所示。挡位信息可以是一个挡一个遥信，也可以是用 BCD 码、二进制码等方式表示。变压器挡位几个挡位至十几个挡位不等，截至目前变压器挡位最多三十个。本书以目前最常见十八个挡位的变压器为例，位置信息若是一个挡一个遥信，要特别注意中间挡位，即 9a、9b、9c，9a 和 9c 是不停的，只有 9b 是可停的，在 9 挡信息处理时，需将 9a、9b、9c 三个位置信息短接，输出 9 挡，这里的短接排除了厂站部分软件误判断滑挡现象的缺陷，如图 2-16 所示。BCD 码表示信息时，一般是 6 个遥信信息号，因为十位不能超过 3 个，所以十位 2 个，个位 4 个。用二进制码表示时只有 5 个遥信信号，表示范围 0～31。挡位信息采集传输原理如图 2-17 所示。

图 2-15　变压器调压分电箱

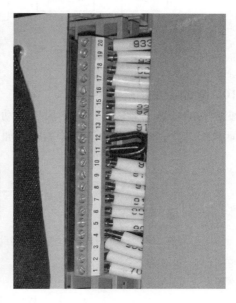

图 2-16　变压器挡位信号端子接线图

图 2-17　变压器挡位信息采集传送原理图

2.1.8 调压机构遥信信息

调压机构遥信的信息较多，包括机构电源消失、调压机构滑挡、挡位升到最高闭锁、挡位降到最低闭锁、电机故障、远方就地等，信息采集传输原理如图 2-18 所示。

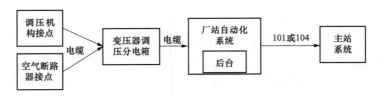

图 2-18 变压器调压机构遥信信息采集传送原理图

2.1.9 挡位控制

挡位控制可以通过遥控或者遥调方式实现，不管何种方式，都是实现挡位的升、降、停，挡位控制原理如图 2-19 所示。

图 2-19 变压器挡位控制原理图

2.1.10 辅助设备信息

变压器的辅助信息较多，包括风机启动、风机故障、加热器故障、加热器启动、排水水泵启动等，这些信息的采集传输原理如图 2-20 所示。

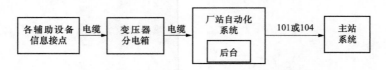

图 2-20 变压器辅助信息采集传送原理图

2.2 故 障 实 例

本章的故障实例从介绍变压器自动化信息现场采集开始，到厂站自动化系统接收信息为止，包括中间的信息传输。因厂站自动化系统的故障单独分章解析，这里不做介绍。

实例 1　因变压器温度变送器故障，导致变压器温度信息异常，这种异常可能包括变压器温度遥测信息不变、跳变、过高、过低等，也导致了相应的遥信信息动作，遥测遥信信息间相互存在紧密联系，如温度遥测信息跳变时，变压器遥信温度高信号频报。

▶ 故障现象：

主站、后台、变压器现场温度表和厂站自动化系统信息接入设备（厂站自动化系统接入设备可以是 RTU 站的遥测单元，也可以是综自站或数字站的变压器测控单元，还可以是智能站变压器智能终端，下文不再解释）出现了相同遥测信息故障现象，温度遥测值可能出现不变、跳变、过高、过低等。

▶ 故障处理步骤和方法：

（1）根据故障现象——主站、后台、厂站自动化系统信息接入设备、现场温度表都存在同样的问题，初步判断变压器温度变送器故障。

（2）在变压器分电箱处测量电阻，确定电阻值与实际温度是否存在偏差，确定存在偏差。

（3）因变压器在运行中，应申请停电处理。

（4）停电后，经过检查发现温度变送器故障，更换变送器，故障消除。

（5）厂站和主站依照检验规范，对此温度遥测信息进行联合故障检验，确认合格后，故障处理结束。

实例 2　因温度变送器至变压器分电箱遥测电缆故障，导致变压器温度遥测信息异常。这种遥测信息故障，可能导致遥测信息的不准（偏高或偏低）、不变或跳变，现场温度表送出的遥信信息没有异常。

▶ 故障现象：

主站、后台和厂站自动化系统信息接入设备出现了相同遥测信息故障现象，现场温度表指示正常，并未错误触发相应的温度遥信信息。

▶ 故障处理步骤和方法：

（1）根据故障现象——主站、后台、厂站自动化系统信息接入设备都存在同样的问题，但变压器现场温度表指示正常，可以判断温度变送器正常。

（2）检查厂站自动化系统信息接入设备端子排，未发现故障。在厂站自动化系统信息接入设备端子排上，断开温度遥测电缆接线。加入标准电阻源，主站、后台和厂站自动化系统信息接入设备都能正确显示加入电阻值对应的温度值。最后恢复电缆接线。

（3）检查变压器分电箱端子排，未发现故障，断开分电箱端子排现场端温度遥测电缆，加入标准电阻源，主站、后台和厂站自动化系统信息接入设备都能正确显示加入电阻值对应的温度值，恢复所有接线。初步判断温度变送器至变压器分电箱遥测电缆或连接故障。

（4）变压器在运行中，应申请停电处理。

61

（5）停电后，经过检查发现温度变送器至变压器分电箱遥测电缆存在故障，更换电缆，故障消除。

（6）厂站和主站依照检验规范，对此温度遥测信息进行联合故障检验，确认合格后，故障处理结束。

实例 3 因温度变送器至变压器现场温度表电缆故障，导致变压器温度遥信信息异常。这种故障发生时，可能会出现变压器遥信信息闪报、漏报、频报和误报现象。

▶ 故障现象：

主站、后台和厂站自动化系统信息接入设备出现了相同遥信信息，同时变压器现场温度表也反映了同样的故障现象。主站和后台显示的变压器温度遥测信息正常。

▶ 故障处理步骤和方法：

（1）根据故障现象——主站、后台、变压器现场温度表、厂站自动化系统信息接入设备都存在同样的问题，遥测正常，可以初步判断变压器现场温度表及其输入存在问题。

（2）在变压器分电箱端子排处，对温度遥信信息接入端短路或断开信号线，主站、后台和厂站自动化系统信息接入设备都能正确显示遥信变化，恢复所有接线。

（3）在温度表处测量变送器输入的电阻值，发现电阻值与实际温度存在偏差。可以判定为输入信息故障。

（4）因变压器在运行中，应申请停电处理。

（5）停电后，经过检查发现温度变送器至变压器现场温度表电缆存在故障，更换电缆，故障消除。

（6）厂站和主站依照检验规范，对此温度遥信信息进行联合故障检验，确认合格后，故障处理结束。

实例 4 因变压器现场温度表故障，导致变压器温度遥信信息异常。这种故障发生时，变压器温度遥测信息正常，只是遥信信息异常，可能会出现闪报、漏报、频报和误报现象。

▶ 故障现象：

主站、后台和厂站自动化系统信息接入设备出现了相同遥信，温度遥测信息正常。变压器现场温度表可能出现不同现象，可能有同样故障现象，也可能没有，或者表针停止不动了。

▶ 故障处理步骤和方法：

（1）依照故障现象——主站、后台、厂站自动化系统信息接入设备都存在同样的遥信问题，遥测正常，可以初步判断变送器温度正常。

（2）检查变压器分电箱端子排，未发现故障，打开变压器分电箱端子排现场端温度遥信电缆接线，短接或断开公共端和信号端，观查主站、后台和厂站自动化系统信息接入设备是否能正确反映，发现能正确反映，恢复所有接线。

（3）在温度表处测量变送器输入的电阻值，发现电阻值对应温度与实际温度相符，温度表显示却存在问题，更换温度表，故障消除。如果无法在变压器运行时更换，需要停电更换。

（4）厂站和主站依照检验规范，对此温度遥信信息进行联合故障检验，确认合格后，故障处理结束。

实例 5 **因变压器现场温度表至变压器分电箱电缆故障，导致变压器温度遥信信息异常。这种故障发生时，变压器遥测信息正常，只是遥信信息异常，可能会闪报、漏报、频报和误报现象。**

▶ **故障现象：**

主站、后台和厂站自动化系统信息接入设备出现了相同遥信信息，遥测信息正常。变压器现场温度表正常显示，没有出现遥信反映的问题。

▶ **故障处理步骤和方法：**

（1）根据故障现象——主站、后台、厂站自动化系统信息接入设备都存在同样的问题，遥测正常，遥信故障，可以初步判断现场温度表和温度变送器都是正常的。

（2）在变压器分电箱端子排处打开现场端电缆接线，短接或断开公共端和信号端，观查主站、后台和厂站自动化系统信息接入设备是否能正确反映，发现能正确反映。恢复所有接线。

（3）在现场温度表处测量变送器输入的电阻值，发现电阻值对应温度与实际温度相符，且现场温度表正确显示。检查温度表的遥信输出，发现其输出和分电箱接收到的信息不符，可以判定为变压器现场温度表至变压器分电箱电缆存在故障。

（4）更换变压器现场温度表至变压器分电箱电缆，故障已消除。

（5）厂站和主站依照检验规范，对此温度遥信信息进行联合故障检验，确认合格后，故障处理结束。

实例 6 **因变压器瓦斯继电器故障，导致变压器瓦斯信息异常。**

▶ **故障现象：**

主站、后台和厂站自动化系统信息接入设备出现了相同遥信信息，变压器实际未发生瓦斯动作，变压器瓦斯继电器故障会导致保护信息同时动作，主站和后台会同时出现保护瓦斯信息动作。

▶ **故障处理步骤和方法：**

（1）根据故障现象——主站、后台、厂站自动化系统信息接入设备都存在同样的问题，而且保护瓦斯信息动作，所以可以直接确定瓦斯信息真的动作，但变压器实际瓦斯实际未动作，所以可以初步判断为变压器瓦斯继电器故障。

（2）在变压器分电箱处检查变压器瓦斯信息的输出，发现信息处于动作状态。有部分变压器的瓦斯信息从保护屏转发，而瓦斯继电器至保护屏中间没有断开点，这样只能检查保护屏的瓦斯信息输入，同样发现信息处于动作状态。

（3）对变压器进行停电，检查瓦斯继电器信息输出端子，发现信息同样处于动作状态，实际变压器瓦斯未动作，可以判定为瓦斯继电器故障。

（4）更换瓦斯继电器，故障消除。

（5）厂站和主站依照检验规范，对此瓦斯遥信信息进行联合故障检验，确认合格后，故障处理结束。

实例 7　变压器瓦斯继电器至变压器分电箱电缆故障，导致变压器瓦斯信息异常。这种故障发生时，可能会出现变压器瓦斯信息闪报、漏报、频报和误报现象。

▶ **故障现象：**

主站、后台和厂站自动化系统信息接入设备出现了相同遥信信息，变压器实际未发生瓦斯动作，保护瓦斯信息未动作。

▶ **故障处理步骤和方法：**

（1）根据故障现象——主站、后台、厂站自动化系统信息接入设备都存在同样的问题，而且保护瓦斯信息未动作，可以初步判断瓦斯继电器正常。

（2）在变压器分电箱端子排处打开现场端电缆接线，短接断开公共端和信号端，观查主站、后台和厂站自动化系统信息接入设备是否能正确反映，发现能正确反映。恢复接线后，如测量分电箱瓦斯信息的输入端，信息处于异常状态，就可以判定变压器瓦斯继电器至变压器分电箱电缆出现故障。

（3）对变压器进行停电，更换变压器瓦斯继电器至变压器分电箱电缆，故障消除。

（4）厂站和主站依照检验规范，对此瓦斯遥信信息进行联合故障检验，确认合格后，故障处理结束。

实例 8　因变压器油位表或油位表至变压器分电箱电缆故障，导致变压器油位信息异常。这种故障发生时，可能会出现变压器油位信息闪报、漏报、频报和误报现象。

▶ **故障现象：**

主站、后台和厂站自动化系统信息接入设备出现了相同遥信信息，但变压器实际未发生油位异常。

▶ **故障处理步骤和方法：**

（1）根据故障现象——主站、后台、厂站自动化系统信息接入设备都接到了同样的信息，但变压器实际未发生油位异常，可以初步判断是现场实际输入信息存在异常。

（2）在变压器分电箱端子排处打开现场端电缆接线，短接断开公共端和信号端，观察主站、后台和厂站自动化系统信息接入设备是否能正确反映，发现能正确反映，可以判定为变压器油位表或油位表至变压器分电箱电缆故障。

（3）对变压器进行停电，检查变压器油位表或油位表至变压器分电箱电缆，确定故障部位，维修更换设备或电缆，故障消除。

（4）厂站和主站依照检验规范，对此油位信息进行联合故障检验，确认合格后，故障处理结束。

实例 9　**因变压器压力释放阀或压力释放阀至变压器分电箱电缆故障，导致变压器油位信息异常。这种故障发生时，可能会出现变压器压力信息闪报、漏报、频报和误报现象。**

▶ **故障现象：**

主站、后台和厂站自动化系统信息接入设备出现了相同遥信信息，但变压器实际未发生压力释放。

▶ **故障处理步骤和方法：**

（1）根据故障现象——主站、后台、厂站自动化系统信息接入设备都接到了同样的信息，但变压器实际未发生压力释放，可以初步判断有变压器压力释放异常信息输入。

（2）在变压器分电箱端子排处打开现场端电缆接线，短接断开公共端和信号端，观察主站、后台和厂站自动化系统信息接入设备是否能正确反映，发现能正确反映，可以判定为变压器压力释放阀或压力释放阀至变压器分电箱电缆故障。

（3）对变压器进行停电，检查压力释放阀或压力释放阀至变压器分电箱电缆，确定故障部位，维修更换设备或电缆，故障消除。

（4）厂站和主站依照检验规范，对此压力释放信息进行联合故障检验，确认合格后，故障处理结束。

实例 10　**因交直流辅助接点或辅助接点至变压器分电箱电缆故障，导致变压器现场交直流信息异常。这种故障发生时，可能会出现变压器现场交直流信息闪报、漏报、频报和误报现象。**

▶ **故障现象：**

主站、后台和厂站自动化系统信息接入设备出现了相同遥信信息，但变压器现场交直流未出现异常。

▶ **故障处理步骤和方法：**

（1）根据故障现象——主站、后台、厂站自动化系统信息接入设备都接到了同样的信息，但变压器现场交直流未出现异常，可以初步判定有异常的交直流信息输入自动化系统。

（2）在变压器分电箱端子排处打开现场端电缆接线，短接断开公共端和信号端，观察主站、后台和厂站自动化系统信息接入设备是否能正确反映，发现能正确反映。可以判定为交直流辅助接点或辅助接点至变压器分电箱电缆故障。

（3）对交直流辅助接点或辅助接点至变压器分电箱电缆进行检查，确定故障部位，维修更换交直流辅助接点或辅助接点至变压器分电箱电缆，故障消除。

（4）厂站和主站依照检验规范，对此交直流信息进行联合故障检验，确认合格后，故障处理结束。

实例 11 因变压器挡位接点或接点至变压器调压分电箱电缆故障，导致变压器挡位信息异常。这种故障发生时，可能会出现变压器挡位信息闪变、不变、频报和误报现象。

▶ 故障现象：

主站、后台变压器挡位遥测信息不正常（闪变、不变、错误），同时后台与厂站自动化系统信息接入设备挡位遥信信息与变压器实际挡位不相符，现场变压器实际挡位正常。

▶ 故障处理步骤和方法：

（1）根据故障现象，可以初步判断有异常挡位信息输入自动化系统。

（2）在变压器调压分电箱端子排处打开挡位遥信现场端电缆接线，在端子排上短接断开公共端和信号端，观察主站、后台和厂站自动化系统信息接入设备遥信遥测是否能正确反映，发现能正确反映，可以判定为变压器挡位接点或接点至变压器调压分电箱电缆故障，恢复所有接线。

（3）检查变压器挡位接点或接点至变压器调压分电箱电缆，确定故障点，维修更换接点或电缆，故障消除。

（4）厂站和主站依照检验规范，对此变压器挡位信息进行联合故障检验，确认合格后，故障处理结束。

实例 12 因调压机构遥信接点或接点至变压器调压分电箱电缆故障，导致变压器调压机构遥信信息异常。这种故障发生时，可能会出现变压器调压机构遥信信息闪报、不报、频报和误报现象。

▶ 故障现象：

主站、后台和厂站自动化系统信息接入设备全部报调压机构故障遥信信息，但实际调压机构正常，未发生故障。

▶ 故障处理步骤和方法：

（1）根据故障现象，初步判断有变压器调压机构异常遥信信息接入自动化系统。

（2）在变压器调压分电箱端子排处打开调压机构遥信现场端电缆接线，在端子排上短接断开公共端和信号端，观察主站、后台和厂站自动化系统信息接入设备遥信是否能正确反映，发现能正确反映，可以判定为调压机构遥信接点或接点至变压器调压分电箱电缆故障。

（3）检查调压机构遥信接点和接点至变压器调压分电箱电缆，确定故障部位，维修更换调压机构遥信接点或接点至变压器调压分电箱电缆，故障消除。

（4）厂站和主站依照检验规范，对此变压器调压机构遥信信息进行联合故障检验，确认合格后，故障处理结束。

实例 13　因调压机构故障，导致变压器挡位控制失败。

▶ 故障现象：

主站、后台和厂站自动化系统信息接入设备都接收到了调压机构故障信息，且调压机构实际存在故障，无法正常调节。

▶ 故障处理步骤和方法：

（1）对变压器挡位进行遥控，并在变压器调压分电箱处测量遥控开出点，开出点正常动作，变压器机构无法动作。

（2）将现场调压远方就地把手打至接地，进行现场调节，不能正确调节。

（3）停机构交直流电源，打开调压机构进行故障排查，确定故障部位，更换或者维修，完成后恢复机构交直流电源。

（4）将现场调压远方就地把手打至接地，进行现场调节，确定能正确调节。

（5）厂站和主站依照检验规范，对此变压器调压控制进行联合故障检验，确认合格后，故障处理结束。

实例 14　因变压器调压机构至变压器调压分电箱控制电缆或连接故障，导致变压器
　　　　　 挡位控制失败。

▶ 故障现象：

主站、后台和厂站自动化系统信息接入设备都未接收到调压机构故障信息，但无法正常调压。

▶ 故障处理步骤和方法：

（1）对变压器挡位进行遥控，并在变压器调压分电箱处测量遥控开出点，开出点正常动作，变压器机构无法动作。

（2）将现场调压远方就地把手打至接地，进行现场调节，能正确调节，确定机构正常。判定为变压器调压机构至变压器调压分电箱控制电缆或连接存在故障。

（3）处理更换变压器调压机构至变压器调压分电箱控制电缆或连接，故障消除。

（4）厂站和主站依照检验规范，对此变压器调压控制进行联合故障检验，确认合格后，故障处理结束。

实例 15　因变压器辅助设备信息接点或接点至变压器分电箱端子排电缆故障，导致
　　　　　 变压器辅助设备遥信信息异常。这种故障发生时，可能会出现变压器辅助
　　　　　 设备遥信信息闪报、不报、频报和误报现象。

▶ 故障现象：

主站和后台发现变压器辅助设备遥信信息动作，但实际这些辅助设备未动作，遥信信息与实际情况不相符。

▶ 故障处理步骤和方法：

（1）在变压器分电箱端子排处打开辅助设备遥信信息现场端电缆接线，在端子排上

短接断开公共端和信号端，观察主站、后台和厂站自动化系统信息接入设备遥信是否能正确反映，发现能正确反映，可以判定为变压器辅助设备信息接点或接点至变压器分电箱端子排电缆故障。

（2）如变压器辅助设备及其连接电缆与带电部位距离较远，没有触电危险时，用万用表逐级排查，发现变压器辅助设备信息接点或接点至变压器分电箱端子排电缆故障，更换设备或电缆，故障消除。若变压器辅助设备及其连接电缆与带电部位距离较近，有触电危险，要求停电进行处理，故障消除

（3）厂站和主站依照检验规范，对此变压器辅助设备信息进行联合故障检验，确认合格后，故障处理结束。

实例 16 因变压器调压分电箱端子排故障，包括端子排左右不通、电缆连接松动、误接、未接等情况，导致变压器调压分电箱相关信息出现故障，主要体现在挡位控制、挡位遥信、调压机构遥信信息等。

▶ **故障现象：**

主站、后台和厂站自动化系统信息接入设备都收到了变压器调压分电箱相关遥测遥信异常信息，但实际现场未出现异常，实时信息与现场实际不符。

▶ **故障处理步骤和方法：**

（1）检查厂站自动化系统信息接入设备，发现存在同样异常信息。检查自动化系统信息接入设备端子排，未发现问题，断开其端子排电缆端接线，通过短接断开公共端和信息点，查看主站、后台和厂站自动化系统信息接入设备是否可以正确反映，结构能正确反映，说明厂站自动化系统不存在问题，恢复所有接线。

（2）打开变压器调压分电箱，检查端子排接线，发现变压器调压分电箱端子排接线存在故障，经过处理故障消除。

（3）厂站和主站依照检验规范，对此变压器相关故障信息进行联合故障检验，确认合格后，故障处理结束。

实例 17 因变压器分电箱端子排接线故障，导致变压器分电箱相关信息异常。变压器分电箱采集的遥测、遥信信息都可能会出现异常现象，但相互间应该没有联系。

▶ **故障现象：**

主站、后台和厂站自动化系统信息接入设备都收到了变压器分电箱相关遥测异常信息或遥信信息报警，但实际现场未出现同样异常现象，实时信息与现场实际不符。

▶ **故障处理步骤和方法：**

（1）检查厂站自动化系统信息接入设备，发现存在同样异常信息。检查自动化系统信息接入设备端子排，未发现问题，断开其端子排电缆端接线，温度信息通过标准电阻箱输入，遥信信息通过短接断开公共端和信息点，查看主站、后台和厂站自动化系统信

息接入设备是否可以正确反映，结构能正确反映，说明厂站自动化系统不存在问题，恢复所有接线。

（2）打开变压器分电箱，检查端子排接线，发现变压器分电箱端子排接线存在故障，经过处理故障消除。

（3）厂站和主站依照检验规范，对此变压器相关故障信息进行联合故障检验，确认合格后，故障处理结束。

实例 18 因变压器分电箱至厂站自动化系统接入设备的电缆故障，导致变压器分电箱采集的信息异常。变压器分电箱采集的遥测、遥信信息都可能会出现异常现象，但相互间应该没有联系。分电箱连接的厂站自动化系统接入设备可以是 RTU 站的遥测单元，也可以是综自站或数字站的变压器测控单元，还可以是智能站变压器智能终端。

▶ 故障现象：

主站、后台和厂站自动化系统信息接入设备都收到了变压器遥测异常信息或遥信信息报警，但实际现场未出现同样异常现象，实时信息与现场实际不符。

▶ 故障处理步骤和方法：

（1）检查厂站自动化系统信息接入设备，发现存在同样异常信息。检查自动化系统信息接入设备端子排，未发现问题，断开其端子排电缆端接线，温度信息通过标准电阻箱输入，遥信信息通过短接断开公共端和信息点，查看主站、后台和厂站自动化系统信息接入设备是否可以正确反映，结果能正确反映，说明厂站自动化系统不存在问题，恢复所有接线。

（2）打开变压器分电箱，检查端子排接线，未发现问题。断开其端子排电缆端接线，温度信息通过标准电阻箱输入，遥信信息通过短接断开公共端和信息点，查看主站、后台和厂站自动化系统信息接入设备是否可以正确反映，结果不能正确反映，说明变压器分电箱至厂站自动化系统接入设备的电缆存在故障。

（3）通过更换电缆或者使用备用电缆芯解决存在的电缆故障。解决完成后，恢复所有接线。

（4）厂站和主站依照检验规范，对此变压器相关故障信息进行联合故障检验，确认合格后，故障处理结束。

实例 19 因变压器调压分电箱至厂站自动化系统接入设备的电缆故障，导致变压器调压分电箱采集的信息异常，调压功能失效。变压器调压分电箱采集的信息都可能会出现异常现象，但相互间应该没有联系。

▶ 故障现象：

主站、后台和厂站自动化系统信息接入设备都收到了变压器调压分电箱相关的遥测异常信息或遥信信息报警，但实际现场未出现同样异常现象，实时信息与现场实际不符。

► **故障处理步骤和方法：**

（1）检查厂站自动化系统信息接入设备，发现存在同样异常。检查自动化系统信息接入设备端子排，未发现问题，断开其端子排电缆端接线，通过短接断开公共端和信息点检查遥信信息，通过实际挡位调节用万用表测量出口通断的方式检查控制回路，发现都没有问题，恢复所有接线。

（2）打开变压器调压分电箱，检查端子排接线，未发现问题。断开其端子排电缆端接线，遥信信息通过短接断开公共端和信息点，查看主站、后台和厂站自动化系统信息接入设备是否可以正确反映遥信信息，结果不能正确反映。控制信息通过实际挡位调节，用万用表测量出口通断的方式，检查控制回路，发现不能正确反映，说明变压器调压分电箱至厂站自动化系统接入设备电缆故障。

（3）通过更换电缆或者使用备用电缆芯解决存在的故障。

（4）厂站和主站依照检验规范，对此变压器相关故障信息进行联合故障检验，确认合格后，故障处理结束。

实例 20 变压器信息的厂站自动化系统接入设备端子排故障，导致变压器相关信息异常。遥测、遥信、控制信息都可能会出现异常现象，但相互间应该没有联系。

► **故障现象：**

主站、后台和厂站自动化系统信息接入设备都收到了变压器遥测异常信息或遥信信息报警，但实际现场未出现同样异常现象，实时信息与现场实际不符。

► **故障处理步骤和方法：**

（1）检查厂站自动化系统信息接入设备，发现存在同样异常信息。检查其端子排接线，发现存在问题，经过处理故障消除。

（2）厂站和主站依照检验规范，对此变压器相关故障信息进行联合故障检验，确认合格后，故障处理结束。

2.3 练 习

1. 在厂站自动化系统正常的情况下，调度监控员发现某变压器温度遥测过低，且不变化。要求运行人员检查现场，发现现场温度表正常，请分析可能存在的故障点有哪些？

2. 在厂站自动化系统正常的情况下，运行人员在现场巡视中发现变压器压力释放，但主站和后台都未报警，分析可能存在的故障点有哪些？

3. 在厂站自动化系统正常的情况下，变压器实际瓦斯未动作，但保护动作跳开了变压器高、中、低压侧断路器，此时主站、后台都有哪些信息？

4. 在厂站自动化系统正常的情况下，变压器调压机构无法正常调压，可能存在的故障点有哪些?

5. 在厂站自动化系统正常的情况下,变压器挡位实际为 13 挡,但主站和后台都显示 1,本变压器挡位采用 BCD 码将遥信转为遥测,请分析故障原因。

6. 在厂站自动化系统正常的情况下,变压器温度过高,主站、后台遥测正确显示,但遥信信息未报,可能出现的故障点有哪些?

第 **3** 章

发电机信息原理及故障分析

发电机是发电厂的核心设备，它将不同形态的能量转化成电能，通过电网传递到千家万户。电能是不能储存的，因此，对于有功和无功的控制使用是电力系统最重要的，虽然信息量少，但控制程序复杂，包括遥信、遥测、遥调。发电机遥信信息如表 3-1 所示，遥测信息如表 3-2 所示，遥调信息如表 3-3 所示。

表 3-1   发 电 机 遥 信 信 息 表

序号	信号名称	序号	信号名称
1	AGC 投入	3	AVC 投入远方
2	AVC 投入就地		

表 3-2   发 电 机 遥 测 信 息 表

序号	信号名称	序号	信号名称
1	发电机有功功率	8	发电机线圈排气温度
2	发电机无功功率	9	发电机铁芯温度
3	发电机视在功率	10	发电机氢气纯度
4	发电机电流	11	发电机氢气压力
5	发电机电压	12	发电机氢气露点
6	发电机励磁电流	13	发电机转速
7	发电机励磁电压		

表 3-3   发 电 机 调 节 信 息 表

序号	信号名称	序号	信号名称
1	AGC	2	AVC

3.1　原　理　分　析

发电机的种类就常用的可以按原动力分有：汽轮发电机、水轮发电机、风力发电机、核动力发电机以及柴油发电机等，按励磁又分无刷励磁、永磁式及普通交流发电机等，按容量分有 100、200、300、600、1000MW 等，如图 3-1～图 3-3 所示。

图 3-1 风力发电机   图 3-2 水轮发电机   图 3-3 汽轮发电机

发电机信息依照采集过程和用途不同，可以分为 AGC 遥信信息、AGC 遥调信息、AVC 遥信信息、AVC 遥调信息、发电机遥测信息（电量、在线检测和保护信息单独解析，这里不做分析）。

3.1.1 AGC 信息

随着电网规模的不断扩大，由调度人员凭运行经验调整发电出力与全网负荷平衡，保持电网频率为额定值并控制网际联络线潮流的劳动强度大大提高，调节难度也大大增加。由计算机系统辅助人工调节保证电网安全稳定、经济运行已成为现代大电网发展的主要趋势。自动发电控制（Automatic Generation Control，AGC）正是实现这一目标的重要手段。

发电机有功自动控制 AGC 信息是实现 AGC 功能的有效手段，发电机 AGC 信息分为 AGC 投入遥信信息和 AGC 遥调负荷信息两种。其中 AGC 遥信信息是机组控制方式继电器发出的硬接点方式接入自动化系统，如图 3-4 所示（显示为 AGC 控制方式）。

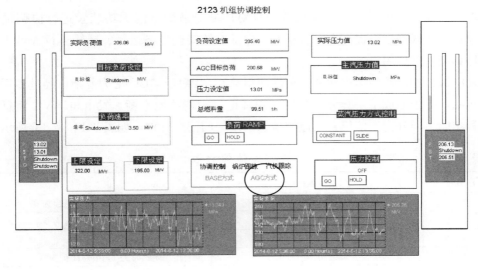

图 3-4 机组控制方式

当机组控制方式为 AGC 方式时，DCS 硬接点闭合将"AGC 投入"遥信量通过电缆传送到远动后台信息采集系统，远动系统经过处理后通过 101/104 通道传送省调自动化系统，如图 3-5 所示。

发电机遥调负荷信息是由主站系统下发到发电机 AGC 负荷指令，对于 AGC 的控制策略、控制周期、控制模式等在这里不做解析，其信息动态采集传送原理如图 3-6 所示。

图 3-5 AGC 遥信信息采集传送原理

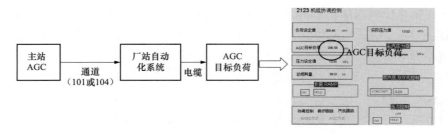

图 3-6 AGC 遥调信息传送原理

其中 AGC 主站下发到自动化系统的是负荷指令，自动化系统接收后转变成 4～20mA 的模拟量传送到 DCS，DCS 再将其转化为负荷传给机组负荷控制系统。

3.1.2 AVC 信息

自动电压控制（Automatic Var-Voltage Control，AVC）系统对全网无功电压状态进行集中监视和分析计算，从全局的角度对广域分散的电网无功装置进行协调优化控制，这对于降低网损、提高电压合格率、保证系统安全经济运行、减轻运行人员工作强度等均具有积极作用。

发电机无功电源的多样性和复杂性使得 AVC 相对于 AGC 更为复杂，经过多年的探索和研究，终于形成了一套分层分区控制理论，实现就地平衡。发电机 AVC 信息根据类型和功能不同分为遥信信息、遥测信息以及遥调信息三种，如表 3-4～表 3-6 所示。

表 3-4 AVC 遥信信息表

序号	信号名称	说 明
1	AVC 投入退出信号	上传 AVC 功能投入为 1，退出为 0
2	AVC 远方就地信号	上传 AVC 投远方为 1，就地为 0
3	机组 AVC 投入退出信号	上传投入为 1，退出为 0
4	增磁闭锁信号	上传当闭锁时为 1，解除闭锁为 0
5	减磁闭锁信号	上传当闭锁时为 1，解除闭锁为 0
6	机组异常保护	为 1 时闭锁 AVC，解除闭锁为 0
7	AVR 故障或保护动作	为 1 时闭锁 AVC，解除闭锁为 0
8	下位机故障	为 1 时闭锁 AVC，解除闭锁为 0
9	禁止上调	为 1 时闭锁 AVC 增励，解除闭锁为 0
10	禁止下调	为 1 时闭锁 AVC 减励，解除闭锁为 0

序号	信号名称	说　明
11	机端电压越上限	为1时闭锁 AVC 增励，解除闭锁为0
12	机端电压越下限	为1时闭锁 AVC 减励，解除闭锁为0
13	无功上限	为1时闭锁 AVC 增励，解除闭锁为0
14	无功下限	为1时闭锁 AVC 减励，解除闭锁为0
15	机组厂用电上限	为1时闭锁 AVC 增励，解除闭锁为0
16	机组厂用电下限	为1时闭锁 AVC 减励，解除闭锁为0
17	总上限闭锁信号	为1时闭锁 AVC 增励，解除闭锁为0
18	总下限闭锁信号	为1时闭锁 AVC 减励，解除闭锁为0

表 3-5　　　　　　　　　　　　　AVC 遥 测 信 息 表

序号	信号名称	说　明
1	机组无功上限	上传设定值 200000kvar
2	机组无功下限	上传设定值 20000kvar
3	220kV 计划电压返回值	上传目前母线电压＋电压增量指令
4	机组系统频率	采自 RTU
5	机组线电压（AB BC CA）	采自 RTU
6	机组相电流（A B C）	采自 RTU
7	系统无功功率	采自 RTU
8	系统有功功率	采自 RTU
9	厂用电 AB 线电压	采自 6kV TV

表 3-6　　　　　　　　　　　　　AVC 遥 调 信 息 表

序号	信号名称	说　明
1	母线组电压增量指令	母线电压调控指令
2	母线组主母线设定命令	当前主母线编号
3	母线组无功调节闭锁标志位	闭锁无功调节
4	母线组电压目标指令	母线电压设定值
5	母线组电压参考指令	母线电压参考值
6	母线组无功增量	无功调整指令

其传输原理如图 3-7 所示。

如图 3-7 所示，AVC 装置通过脉冲信号最终实现对发电机的增磁和减磁操作，其脉冲以"等间隔变宽"方式变化无功功率的调节速度，当然所谓的"等间隔"也是可以从人—机接口进行改变的，也就是说调节脉冲之间的时间间隔 t_n 也是可以改变的。在一个调节过程中 FWT（无功功率调节器）可以根据调度中心下发的无功功率目标值 QM 与实发值 QS 之间的差值 ΔQ 大小，决定第一个调节脉冲的宽度 ΔT_1，当 ΔQ 大时，ΔT_1 就大，反之则小。随着调节过程的进行，ΔQ 会逐渐变小，调节脉冲的宽度 ΔT 也逐渐变小，也就是说

$$\Delta T_1 \geqslant \Delta T_2 \geqslant \Delta T_3 \geqslant \Delta T_4 \cdots$$

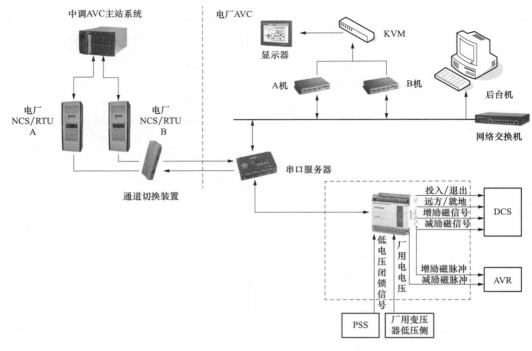

图 3-7 AVC 子站结构图

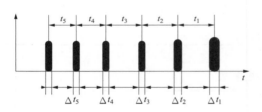

图 3-8 脉冲时间间隔及幅度

T 与 ΔQ 之间的变化关系也可以从人—机接口进行确定（图 3-8 中 $t_1 = t_2 = t_3 = \cdots$）。

在实际应用中，以某电厂机组为例，在一次调整无功的趋势如图 3-9 所示。

从图 3-9 可以看到调整脉冲的宽度情况及时间间隔等，在实际应用中经过数据的积累如图 3-10 所示。

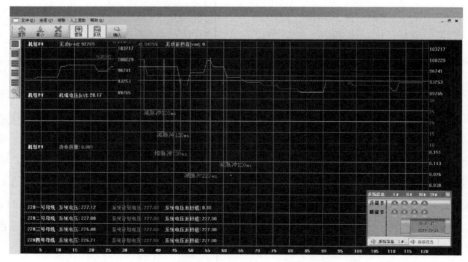

图 3-9 某电厂 4 号机无功调整实例

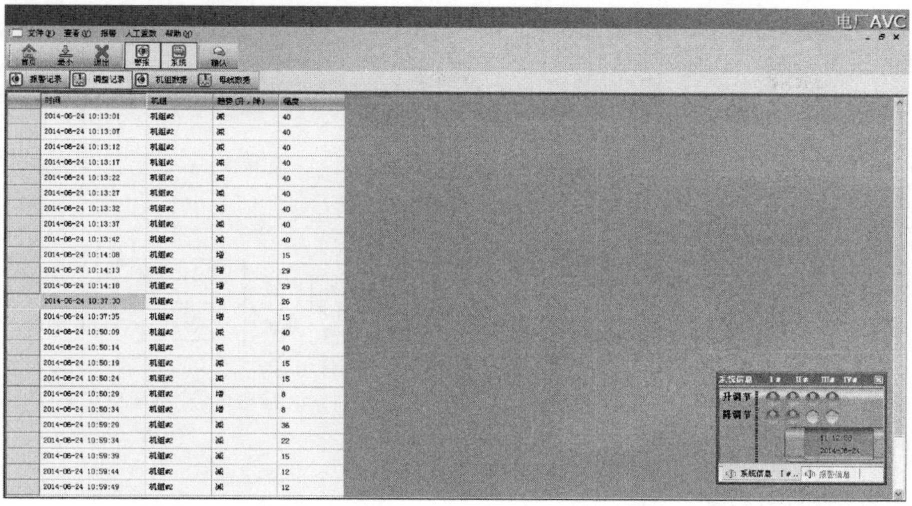

图 3-10　某电厂 2 号机脉冲宽度及间隔

　　有的时候一次调整需要多个脉冲，且脉冲宽度按由大到小的规律（如 2014-06-24 10：59 29/34/39/44/49）连续 5 个减脉冲，时间间隔为 5s，脉冲宽度减弱 360ms→220ms→150ms→120ms（幅度×10，单位 ms）。有的时候可能是等幅的脉冲（如 2014-06-24 10：13 01/07/12/17/22/27/32/37/42）连续 9 个等幅（400ms）脉冲。

3.1.3　发电机电气量信息

　　发电机电气量信息主要包括电流、电压、有功、无功、频率、功率因数等。发电机电气量信息有两种采集方式，一是直采式，通过如图 3-11 所示的交流采样装置将发电机电流、电压接入进来，通过模/数转换后直接计算出功率等，其传送原理图如图 3-12 所示，二是分别采自各自变送器，这种方式目前已不再采用。

图 3-11　发电机电气量交流采样装置

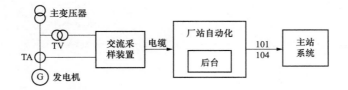

图 3-12　发电机电气量信息传送原理

3.1.4　发电机励磁信息

　　发电机励磁系统可分为自并励系统和他励系统，主要信息包括励磁电流和励磁电压，但有的机组采用无刷励磁方式的时候，不能测得发电机转子的励磁电流，只能通过测得的交流副励磁机的励磁电流、励磁电压，其原理如图 3-13 所示，励磁电压、励磁电流通过变送器采集，其传送原理如图 3-14 所示。

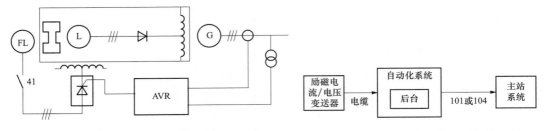

图 3-13　发电机无刷励磁系统原理　　　图 3-14　励磁电流/电压信息采集传送原理

3.1.5　发电机温度信息

发电机温度信息由温度变送器产生，分遥测信息和遥信信息，其中遥信信息是通过遥测限值方式产生，如图 3-15 所示，其中定子铁芯温度 7 个，线圈排气温度 6 个，励磁机温度 3 个，氢冷器温度 2 个。温度变速器分别采用热电偶和热电阻两种方式，其中定子铁芯温度是热电偶，其他都是热电阻。

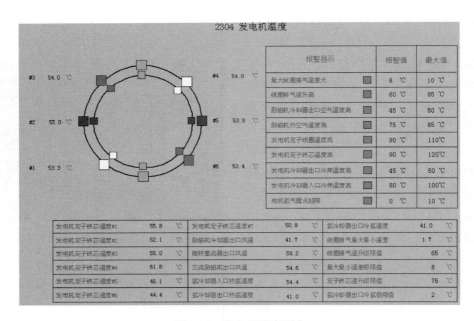

图 3-15　发电机温度测点

热电偶是电势输出型的感温元件，能把温度信号转变成点信号，便于远传和实现多点切换，其原理如图 3-16 所示，热电偶是通过把两根不同的导体或半导体线状材料的一端焊接或铰接起来而形成的，这两根导体或半导体就称为热电极。焊接或铰接的一端置于被测温度处，称为热电偶的热端（或称测量端、工作端），另一端连接到测量仪表称作冷端（或称参比端、自由端）。当热端温度为 t，冷端温度为 t_0，且 $t \neq t_0$ 时，在冷端

就会产生热电势 e_{AB}。热电偶分 S 型、B 型、K
型、T 型、E 型、J 型、R 型，用于发电机的是 T
型，由铜—铜镍（康铜）构成，偶丝直径一般为
$0.2 \sim 1.6mm$，适用于 $-200 \sim 400℃$ 范围内测温，
其主要特性是测温准确度高、稳定性好、低温时
灵敏度高、价格低廉，其外形如图 3-17 所示，温
度对应毫伏如表 3-7 所示。

图 3-16 热电偶原理

图 3-17 热电偶外形

表 3-7   T 型 热 电 偶 参 考 表

DEG. C	0	1	2	3	4	5	6	7	8	9	10	DEG. C
0	0.00	0.039	0.078	0.117	0.156	0.195	0.234	0.273	0.312	0.351	0.391	0
10	0.391	0.430	0.470	0.510	0.549	0.589	0.629	0.669	0.709	0.749	0.789	10
20	0.789	0.830	0.870	0.911	0.951	0.992	1.032	1.073	1.114	1.155	1.196	20
30	1.196	1.237	1.279	1.320	1.361	1.403	1.444	1.486	1.528	1.569	1.611	30
40	1.611	1.653	1.695	1.738	1.780	1.822	1.865	1.907	1.950	1.992	2.035	40
50	2.035	2.078	2.121	2.164	2.207	2.250	2.294	2.337	2.380	2.424	2.467	50
60	2.467	2.511	2.555	2.599	2.643	2.687	2.731	2.775	2.819	2.864	2.908	60
70	2.908	2.953	2.997	3.042	3.087	3.131	3.176	3.221	3.266	3.312	3.357	70
80	3.357	3.402	3.447	3.493	3.538	3.584	3.630	3.676	3.721	3.767	3.813	80
90	3.813	3.839	3.906	3.952	3.998	4.044	4.091	4.137	4.184	4.231	4.277	90
100	4.277	4.324	4.371	4.418	4.465	4.512	4.559	4.607	4.654	4.701	4.749	100
110	4.749	4.796	4.844	4.891	4.939	4.987	5.035	5.083	5.131	5.179	5.227	110
120	5.227	5.275	5.324	5.372	5.420	5.469	5.517	5.566	5.615	5.663	5.712	120
130	5.712	5.761	5.810	5.859	5.908	5.957	6.007	6.056	6.103	6.155	6.204	130
140	6.204	6.254	6.303	6.353	6.403	6.452	6.502	6.552	6.602	6.652	6.702	140
150	6.702	6.753	6.803	6.853	6.903	6.954	7.004	7.055	7.106	6.156	7.207	150
160	7.207	7.258	7.309	7.360	7.411	7.462	7.513	7.564	7.615	7.666	7.718	160
170	7.718	7.769	7.821	7.872	7.924	7.975	8.027	8.079	8.131	8.183	8.235	170
180	8.235	8.287	8.339	8.391	8.443	8.495	8.548	8.600	8.652	8.705	8.757	180

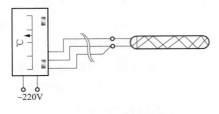

图 3-18 热电阻原理

热电阻的外形与热电偶相同，但其原理如
图 3-18 所示，目前常用的热电阻材料有铂、
铜、镍等金属丝及半导体热敏电阻。根据 IEC
规定，铂电阻有 Pt10 与 Pt100 两种分号。发
电机使用的是 Pt100 其电阻值对应温度如表 3-8
所示。

表 3-8　　　　　　　　　　　　　　Pt100 热 电 阻 温 度 参 考 表

工作端温度（℃）	热电阻值（Ω）	工作端温度（℃）	热电阻值（Ω）	工作端温度（℃）	热电阻值（Ω）
−200	17.28	80	131.37	370	238.83
−190	21.65	90	118.24	380	242.36
−180	25.98	100	139.10	390	245.88
−170	30.29	110	142.95	400	249.38
−160	34.56	120	146.78	410	252.88
−150	38.80	130	150.60	420	256.36
−140	43.20	140	154.41	430	259.83
−130	47.21	150	158.21	440	263.29
−120	51.38	160	162.00	450	266.74
−110	55.52	170	165.78	460	270.18
−100	59.65	180	169.54	470	273.60
−90	63.75	190	173.29	480	277.01
−80	67.84	200	177.03	490	280.41
−70	71.91	210	180.76	500	283.80
−60	75.96	220	184.48	510	287.18
−50	80.00	230	188.18	520	290.55
−40	84.03	240	191.88	530	293.91
−30	88.04	250	195.56	540	297.25
−20	92.04	260	199.23	550	300.58
−10	96.03	270	202.89	560	303.90
−0	100.00	280	206.53	570	307.21
0	100.00	290	210.17	580	310.50
10	103.96	300	213.79	590	313.79
20	107.91	310	217.40	600	317.06
30	111.85	320	221.00	610	320.32
40	115.78	330	224.59	620	323.57
50	119.70	340	228.17	630	326.80
60	123.60	350	231.73	640	330.03
70	127.49	360	218.29	650	333.25

温度变送器采集传送原理如图 3-19 所示。

图 3-19　发电机温度遥测信息采集传送原理

3.1.6　发电机氢气信息

　　发电机氢气信息有遥信信息和遥测信息。遥信信息有氢气纯度高、氢气纯度低、氢气压力高、氢气压力低，分别取自氢气监控系统的报警模块，如图 3-20 所示。发电机氢气遥测信息有氢气压力、氢气纯度、氢气露点，其中氢气纯度是由氢气压力及氢气纯度鼓风机差压经过分配器模块（见图 3-21）、信号转换器模块（见图 3-22）转换成氢气纯度信号，发电机氢气遥信、遥测信号传送原理如图 3-23 所示。发电机氢气报警模块设定值如表 3-9 所示。

图 3-20　发电机氢气报警模块

图 3-21　发电机氢气分配器模块

图 3-22　氢气信号转换器模块

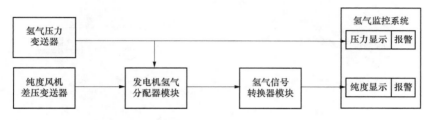
图 3-23　发电机氢气遥信、遥测信号传送原理

表 3-9		发电机氢气报警模块设定值			
作用	模块	报警继电器	报警水平	报警设定值	报警复位值
氢气纯度高	DCA-1	下 X3	101.6%	4.73 以下	4.57 以上
氢气纯度低	DCA-1	上 X1	90%	5.71 以上	5.55 以下
氢气压力高	DCA-2	上 X1	448.2KPa	9.60 以上	9.44 以下
氢气压力低	DCA-2	下 X3	406.8KPa	8.64 以下	8.80 以上

　　发电机氢气露点由露点仪（见图 3-24）对发电机的湿度进行监测，露点仪安装位置在氢气干燥器入口处，主要监视发电机高压区氢气的露点，露点仪具有露点 4～20mA 遥测量，遥信越限报警在 DCS 中设置，限值为 5℃～-25℃，高报警说明氢气湿度大，低报警说明湿度小但温度低对电子设备会产生影响。氢气露点传送原理如图 3-25 所示。

图 3-24　发电机氢气露点仪

图 3-25　发电机氢气露点遥信、遥测信号传送原理

3.1.7 发电机转速信息

发电机转速信息有模拟量信息和脉冲量信息两种。其中,模拟量信息通过电量采集装置采集,前文已经讲述,这里就不再重复;另外就是通过键相脉冲采集装置(见图 3-26)进行采集,其原理如图 3-27 所示。键相脉冲采集装置发出方波到脉冲接收装置,可以作为发电机的速度信息,也可以应用到其他方面。图 3-28 所示是键相脉冲在发电机功角测量中的应用,其传送原理如图 3-29 所示。

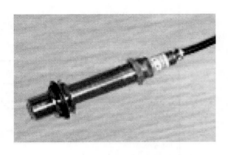

图 3-26 键相脉冲采集装置

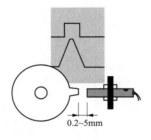

图 3-27 脉冲原理

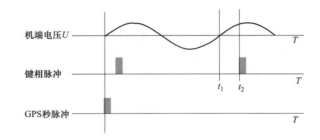

图 3-28 键相脉冲在发电机功角测量中的应用

图 3-29 发电机转速脉冲传送原理

3.2 故障实例

实例 1 在 AGC 应用过程中因使用 UF4 规约,导致每次只能激活一台机组的 AGC 功能,其他机组无法接收到 AGC 指令。

▶ 故障现象:

某电厂有 4 台 350MW 机组投入 AGC,在调试过程中,每次只有一台机组能收到

AGC 指令，其他三台机组不能接收到 AGC 指令，严重影响 AGC 功能的使用。

▶ **故障处理步骤和方法：**

（1）检查各项记录，确定事故真实已发生。

（2）查询通信报文，对比主站侧与子站侧通信信息，确定事故属于哪一类。

（3）通过通信信息比对及进行程序分析，发现 UF4 规约不能满足要求。

（4）针对 101 通道和 104 通道应使用不同的规约，101 通道为专用通道，应使用 1012M 规约，而 104 通道为网络通道，应使用网络规约。

（5）分别升级规约，下载配置。

（6）启用新的规约，重新进行 AGC 调试，AGC 功能投入正常，故障消除。

实例 2　在使用 **101 2M** 规约中由于子站回复主站激活 AGC 功能过程中不规范，导致机组接收不到 AGC 指令，出现多点被考核的情况。

▶ **故障现象：**

2010 年 6 月，某电厂 4 台机组出现多台机组对 AGC 指令不跟的情况，导致无法将 AGC 功能正常投入，经常切手动升负荷或减负荷。

▶ **故障处理步骤和方法：**

（1）查询各项记录，确认事故真实存在。

（2）调取通信报文截屏，根据报文截屏确认指令运行情况。

（3）2010 年 6 月 10 日场截取报文如下：

1）省调下 AGC 激活指令：68 0B 0B 68 53 01 30 01 06 01 01 62 F5 09 00 ED 16

2）电厂上短帧确认指令：10 20 01 21 16

3）省调下 AGC 激活指令：68 0B 0B 68 53 01 30 01 06 01 03 62 3C 0B 00 38 16

4）电厂上短帧确认指令：10 20 01 21 16

5）省调下 AGC 激活指令：68 0B 0B 68 73 01 30 01 06 01 04 62 13 0A 00 2F 16

6）电厂上短帧确认指令：10 20 01 21 16

7）省调下上传确认指令：10 5A 01 5B 16

8）电厂上遥调镜像指令：68 0B 0B 68 08 01 30 01 07 01 04 62 13 0A 00 C5 16

（4）从以上整个过程来看，只有最后一台机组被主站确认并激活，因此电厂收到 AGC 激活指令后不应上短帧确认指令，应直接上遥调镜像指令。

（5）根据上述分析，应对电厂侧规约进行修改升级，对于主站的激活指令，应依次进行回答。

（6）报文应如下格式：

1）省调下 AGC 激活指令：68 0B 0B 68 53 01 30 01 06 01 01 62 F5 09 00 ED 16

2）电厂上短帧确认指令：10 20 01 21 16

3）省调下召唤数据指令：10 7A 01 7B 16

4）电厂上遥调镜像指令：68 0B 0B 68 08 01 30 01 07 01 04 62 13 0A 00 C5 16

5）省调下 AGC 确认指令：10 5A 01 5B 16

(7) 规约升级后，进行模拟试验，确定能正确接收指令，故障消除。

实例 3 **因电源切换导致主机离线，远动数据不能上传。**

▶ 故障现象：

由于机组检修在切换电源时造成远动电源发生切换，电源切换后主机未能恢复运行，导致远动数据无法上传，AGC、AVC 全部离线。

▶ 故障处理步骤和方法：

(1) 检查各项记录，确定事故真实已发生。

(2) 检查主机各项指示灯，各项指示灯均不正常，电源指示灯不亮。

(3) 检查电源电压，确认电池输入输出电压，检查结果输入 110V 电压正常，输出只有 23V，正常应输出 48V，确认电池故障。

(4) 找到备用电池，进行更换，更换电池要注意电源（输入/输出）极性。

(5) 电池更换完成后，重启系统，确认主机工作正常，故障消除。

实例 4 **因 ACU 交流采样板地址配置不合理，系统发生扰动，导致 ACU 交流采样部分离线，无法正常上传数据，造成 AGC 多点考核。**

▶ 故障现象：

当系统发生故障时，造成厂用电系统扰动，ACU 交流采样装置报警，导致部分数据采样失败，上传数据部分失真，相关机组 AGC 功能失效。

▶ 故障处理步骤和方法：

(1) 检查各项记录，确定事故真实已发生。

(2) 检查交流采样板，定位故障位置及类型。

(3) 进一步检查交流采样板内部配置及报警情况，并记录相关配置及参数。

(4) 比较系统中此类事故的常规处理方案，启动处理程序。

(5) 在保证系统安全稳定运行的前提下，更换备件、更改配置。

(6) 进行重新启动，模拟试验，故障消除。

实例 5 **因推主机运行中突然出现死机，导致远动上传数据失败，AVC、AGC 功能离线，受到多点考核。**

▶ 故障现象：

RTU 主机运行过程中，XMT RCV 指示灯熄灭，主站数据不能刷新，AGC 负荷指令变成直线，导致受到多点考核，将 AVC 切就地控制，AGC 退出。

▶ 故障处理步骤和方法：

(1) 检查各项记录，确定事故真实已发生。

(2) 检查 RTU 主机运行状态，确定 XMT（发送指令）、RCV（接收指令）指示灯不亮。

（3）比较系统中此类事故常规处理方案，启动处理程序。

（4）重新启动主机，观察各项指示正常。

（5）在保证系统安全稳定运行的前提下，进行模拟试验，故障消除。

实例 6　由于 AGC 负荷指令低于 DCS 设置的下限值，导致 DCS 不执行 AGC 负荷指令，造成调度考核。

▶ **故障现象：**

远动收到调度 AGC 指令低于 AGC 负荷下限（210MW），导致远动输出的模拟量毫安数低于 4mA（当低限 210MW 时是 4mA），造成 DCS 对低于 4mA 的 AGC 指令不支持，进而造成发电机负荷不受 AGC 控制，受到调度多点考核。

▶ **故障处理步骤和方法：**

（1）检查各项记录，确定事故真实已发生。

（2）查询历史曲线及即时通信报文记录，确认调度下发 AGC 负荷与 AGC 目标负荷存在差异。

（3）从 RTU 主站确认 AGC 负荷指令。

（4）从 DCS 系统确认 AGC 负荷下限。

（5）按照规定调整负荷下限，重新下装配置。

（6）在保证系统安全稳定运行的前提下，进行模拟试验，完成 AGC 负荷下限变更，故障消除。

实例 7　由于遥信板故障，为了尽快恢复遥信量的上传，临时将遥信板上信号转接到其他遥信板上，在接线并重新下装配置后，出现两条线路信号反串的情况。

▶ **故障现象：**

当某条线路停电检修时，上传到主站的数据显示的确是另一条线路停电，导致遥信量和遥测量不对应的情况。

▶ **故障处理步骤和方法：**

（1）检查各项记录，确定事故真实发生。

（2）检查各条线路遥信数据及遥测数据，确定发生异常情况的两条线路。

（3）查询系统线路运行状况，确认各条线路的实际运行状况。

（4）查询 RTU 事故检修记录确认发生故障遥信板的情况。

（5）检查线路遥信量配置情况，对照实际线路接入遥信板的情况，定位故障信息。

（6）根据故障信息，比较常规处理方案，启动处理程序，对照配置修改遥信量接入位置。

（7）在保证系统安全稳定运行的前提下，进行模拟试验，故障消除。

实例8 由于主站端误将某机组 AGC 指令退出，导致该机组 AGC 目标负荷跟随机组负荷，而机组控制方式投 AGC 控制方式，致使机组负荷、AGC 目标负荷呈直线状态。

▶ **故障现象：**

某机组负荷在某一时段呈直线状态。

▶ **故障处理步骤和方法：**

（1）调取 AGC 目标负荷曲线及机组负荷曲线，确定时间点。

（2）联系检查主站确定该机组 AGC 状态及负荷指令情况。

（3）主站确定该机组 AGC 处于退出状态。

（4）根据 AGC 策略方案，当 AGC 处于退出状态时，AGC 指令将跟踪机组实际负荷，确定造成 AGC 目标负荷及机组负荷呈直线的原因就是 AGC 退出造成。

（5）在主站侧将该机组 AGC 投入。

（6）在保证系统安全稳定运行的前提下，进行模拟试验，确认 AGC 指令正常，故障消除。

86

实例9 由于发电机内部热电偶导线断线，导致铁芯温度变坏点，无法实时监控发电机铁芯的温度。

▶ **故障现象：**

运行中应实时监视发电机铁芯温度，出现铁芯温度变坏点，无法对铁芯温度进行监控。

▶ **故障处理步骤和方法：**

（1）检查各项记录，以及历史告警，确定故障温度点的位置，电缆路径。

图 3-30　热电偶断线　　　　图 3-31　热电偶断线修复

（2）根据相关要求确定此情况下，综合分析应采取处理方案及步骤。

（3）按照拟定的方案和步骤，确定故障发生的具体位置。

（4）通过分段检查回路的方法，确定故障发生的位置在发电机内部。

（5）采取定时现场读表的方法，弥补不能实时监控铁芯温度的不足。

（6）利用机组检修期间进行进一步处理，故障消除。

实例 10 由于热电偶短路，导致发电机线圈温度异常。

▶ **故障现象：**

发电机铁芯温度正常运行时，温度为 40～70℃，忽然发现有一个测点温度为 27℃，而且经过观察，24h 保持在 24～28℃范围内。

▶ **故障处理步骤和方法：**

（1）检查各项记录，以及历史告警，确定故障温度点的位置、电缆路径。

（2）根据相关要求确定此情况下，综合分析应采取处理方案及步骤。

（3）按照拟定的方案和步骤，确定故障发生的具体位置。

（4）通过分段检查回路的方法，确定故障发生的位置在发电机外部短路，反映故障点的环境温度。

（5）采取分段检查的方法找到故障点。

（6）对故障点进行绝缘处理，故障消除。

实例 11 由于端子排进水，造成端子排内温度信号互相干扰，导致发电机多点温度异常。

▶ **故障现象：**

发电机铁芯、线圈温度忽然出现有多个测点温度发生较大的异常波动，但其他测点温度测点却没有发生波动，比较稳定。

▶ **故障处理步骤和方法：**

（1）检查各项记录，以及历史告警，确定故障温度点的位置，电缆路径。

（2）根据相关要求确定此情况下，综合分析应采取处理方案及步骤。

（3）按照拟定的方案和步骤，确定故障发生的具体位置。

（4）通过分段检查回路的方法，确定故障发生的位置在发电机外部某端子排。

（5）对故障端子排采取进一步检查，发现了有外部不明水源浸入端子排内。

（6）对故障点进行绝缘处理，故障消除。

实例 12 由于设定电压过高，造成计划电压偏高，导致发电机过励限制频繁动作。

▶ **故障现象：**

某发电机过励限制经常动作，经过多天的观察，该报警通常集中在某一时段内出现频繁，造成发电机报警窗被占用，影响运行机组的正常运行。

87

▶ **故障处理步骤和方法：**

（1）检查各项记录，以及历史告警，确定故障所属设备范围。

（2）根据相关要求确定此情况下，综合分析应采取处理方案及步骤。

（3）按照拟定的方案和步骤，确定故障发生的具体位置。

（4）报警虽然是 AVR 装置发出，但经过分析，AVR 报警设置符合规程和设计要求。

（5）从 AVC 母线电压设定上和报警时段完成的母线电压曲线在某一特定时段，致使发电机机组发出较多的无功，是造成报警的根本原因。

（6）调整母线电压设定曲线（当然是在调度曲线范围内），故障消除。

3.3 练 习

1. 某发电机正常运行时，发现有一线圈温度测点变坏点，又经过一段时间，该点温度值恢复正常，又过一段时间又变坏点，请说明发生原因。

2. 某电厂 AGC 下限负荷为 200MW，在某一时段内机组运行负荷为 180MW，可是 AGC 目标负荷仍然是 200MW，请说明为什么？

3. 当机组正常运行时，AVC 装置经常发出报警，在特定的时间段会出现"无功调节达到低限值"报警，请说明是否影响 AVC 运行，对机组正常运行有无影响？

第4章

断路器和隔离开关信息原理及故障分析

高压断路器、隔离开关、接地开关是变电站一次设备中主要电力控制设备。高压断路器必须与隔离开关串联使用，由断路器接通和分断电流，由隔离开关隔断电源。当系统正常运行时它能够切断和接通电路和各种电气设备的空载、负载电流；当系统发生故障时，它能够配合继电保护系统，及时迅速地切断故障电流，可以防止事故范围的扩散。接地开关是在设备需要停电检修时，在隔离开关断开且经验电，确认无电后以后，合上接地开关，其主要作用是对线路进行放电及防止误送电于检修线路中，保证检修人员的安全。断路器的遥信信息名称不同，但所代表的意义基本相同。本章中在讲述断路器遥信信息时，不能全部进行说明，只介绍典型通用部分。电压等级在10kV及以上变电站的高压断路器，按照灭弧介质和灭弧方式，高压断路器可分为少油断路器、多油断路器、真空断路器、六氟化硫断路器等。

4.1 断路器类型

4.1.1 真空断路器

真空断路器即利用真空的高介质强度来灭弧的断路器。触头在真空中开端、接通，在真空条件下灭弧。真空断路器优点：真空断路器具有触头开距小、燃弧时间短、触头在开断故障电流时烧伤经微等特点，因此真空断路器所需的操作能量小、动作快。它同时还具有体积小、重量轻、维护工作量小，能防火、防爆，操作噪声小的优点。真空断路器广泛应用于10kV及以下电压等级。图4-1所示为户外真空断路器，图4-2所示为户内小车真空断路器。其遥信信息量少，典型信息如表4-1所示。

图 4-1　户外真空断路器

图 4-2　户内小车真空断路器

表 4-1   真 空 断 路 器 遥 信 表

序号	信号名称	序号	信号名称
1	××线××断路器合位·位置	5	××线断路器弹簧未储能
2	××线小车工作位置	6	××线断路器储能电源消失
3	××线小车试验位置	7	××线断路器交流电源消失
4	××线开关接地开关	8	××线断路器远方控制

注 2点、3点、4点信息是指小车断路器。

图 4-3 敞开式六氟化硫断路器

4.1.2 六氟化硫断路器

六氟化硫断路器是利用六氟化硫气体作绝缘介质和灭弧介质的断路器。六氟化硫气体是无色、无味、无毒，不可燃的惰性气体，具有很高的抗电强度和良好的灭弧性能，介电强度远远超过传统的绝缘气体。图 4-3 所示为敞开式六氟化硫断路器，遥信典型信息见表 4-2 所示。

表 4-2   敞开式六氟化硫断路器遥信

序号	信号名称	序号	信号名称
1	××线××断路器合位	9	××线××断路器跳合闸回路闭锁
2	××线 DS1 隔离开关合位	10	××线××断路器弹簧未储能
3	××线 DS2 隔离开关合位	11	××线××断路器储能回路故障
4	××线 DS3 隔离开关合位	12	××线××断路器储能电动机电源消失
5	××线 ES1 接地开关	13	××线××断路器机构控制电源消失
6	××线 ES2 接地开关	14	××线××断路器端子箱、机构箱交流电源断路器脱扣
7	××线 FES 接地开关	15	断路器机构就地控制
8	××线××断路器 SF_6 气压低告警		

注 隔离开关和接地开关的数量根据一次设备接线方式不同而变化。

4.1.3 油断路器

油断路器是以变压器油为灭弧介质，根据油断路器的用油量，分为多油断路器和少油断路器。多油断路器的三相分别放在三个油箱里时为单箱式结构；三相都放在一个油箱里时为共箱式结构。多油断路器用油量很大，如 220kV 三相多油断路器总重 88t，油重就达 48t。目前已很少生产，逐渐被空气断路器、六氟化硫断路器、真空断路器等代替。少油断路器多是三相分别放在三个油箱里。具有体积小、重量轻、油量少优点。

10kV 油断路器油量仅 10kg。

当油断路器的动触头和静触头互相分离时产生电弧，电弧的高温使其附近的绝缘油蒸发汽化和发生热分解，形成灭弧能力很强的气体和气泡（压力达几个大气压至十几个大气压），使电弧很快熄灭。油断路器中包括固定的和活动的触头，也就是说能产生电弧的部分，都浸在盛有绝缘油的油箱里。

油断路器在逐步淘汰，现在使用的油断路器已经很少。在这里对油断路器的遥信信息不做讲述。

4.1.4　GIS、HGIS 组合电器

GIS 是气体绝缘金属封闭组合电器。它将一座变电站一次设备，包括断路器、隔离开关、接地开关、电压互感器、电流互感器、避雷器、母线、电缆终端、进出线套管等，经优化设计有机地组合成一个整体。GIS 的优点在于占地面积小、可靠性高、安全性强、维护工作量很小，其主要部件的维修间隔不小于 20 年，如图 4-4 和图 4-5 所示，其典型遥信信息如表 4-3 和表 4-4 所示。

图 4-4　GIS 组合电器局部图

图 4-5　GIS 组合电器全景图

表 4-3　　　　　　　　　GIS、HGIS 断路器遥信表（66kV 设备）

序号	信号名称	序号	信号名称
1	××线××断路器合位	10	××线××断路器气压低闭锁
2	××线 DS1 隔离开关合位	11	××线××断路器弹簧未储能
3	××线 DS2 隔离开关合位	12	××线××断路器电动机过流过时故障报警
4	××线 DS3 隔离开关合位	13	××线 DS，FES，ES 电动机过流报警
5	××线 ES1 接地开关	14	自动开关分闸报警
6	××线 ES2 接地开关	15	进线侧停电状态
7	××线 FES 接地开关	16	××线××断路器交流电源开关脱扣
8	××线××断路器气室低气压告警	17	断路器机构就地控制
9	××线××断路器其他气室低气压告警		

表 4-4　　　　　　　　**GIS、HGIS 断路器遥信表（220kV 设备）**

序号	信号名称	序号	信号名称
1	××线××断路器合位	12	××线××断路器电动机过流过时故障报警
2	××线 DS1 隔离开关合位	13	××线 DS，FES，ES 电动机过流报警
3	××线 DS2 隔离开关合位	14	自动开关分闸报警
4	××线 DS3 隔离开关合位	15	进线侧停电状态
5	××线 ES1 接地开关	16	××线××断路器机构三相不一致
6	××线 ES2 接地开关	17	××线××断路器加热器故障
7	××线 FES 接地开关	18	××线××断路器汇控柜电气连锁解除
8	××线××断路器气室低气压告警	19	××线××断路器汇控柜直流电源消失
9	××线××断路器其他气室低气压告警	20	××线××断路器汇控柜交流电源消失
10	××线××断路器气压低闭锁	21	断路器机构就地控制
11	××线××断路器弹簧未储能		

4.2　原　理　分　析

92

　　断路器信息依照采集过程和用途不同可以分为三部分：弹簧操动机构、电气控制系统、气体系统。其中断路器 SF_6 压力降低告警、开关 SF_6 压力降低闭锁告警、断路器弹簧未储能告警，断路器电动机过流、过时报警，油泵打压超时等遥信信息为断路器的基本信息，非常重要，一旦上述信息发生，需要进行及时处理，防止断路器在遇到电网故障时不能及时动作，造成事故扩大。

4.2.1　断路器、隔离开关分合闸位置信息

　　断路器、隔离开关的位置信息由它们的辅助接点提供，普遍采用常开接点（最好不用这种老方式分类接点，建议采用正接点和反接点方式），当它们在分闸位置时，其辅助接点分开，当合闸时，辅助接点闭合，通过辅助接点的分、合，为测控装置遥信开入回路提供了不同电位。此时，测控装置根据该点的电位情况，判断出断路器和隔离开关的实际位置。图 4-6 和图 4-7 分别为断路器和隔

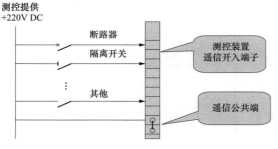

图 4-6　断路器和隔离开关遥信信息采集简图

离开关遥信信息采集简图、断路器和隔离开关遥信信息采集传送原理图。

图 4-7　断路器和隔离开关遥信信息采集传送原理图

4.2.2　SF₆ 压力降低告警及闭锁遥信信息

六氟化硫气体下降到第一报警值（0.45MPa）时，密度继电器动作，YJ3-4 触点闭合，发出六氟化硫气压低告警信号。六氟化硫气体下降到第二报警值（0.4MPa）时，密度继电器动作，YJ1-2 触点闭合，发出压力低闭锁信号时，表明气体压力降低比较多，说明有严重漏气现象，把断路器的分合闸回路断开，实现分、合闸闭锁。图 4-8 所示为 SF₆ 密度控制器，图 4-9 和图 4-10 所示为遥信信息采集及传送原理。

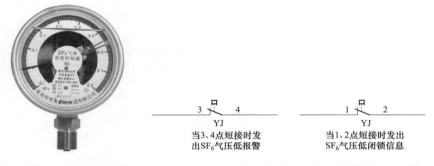

图 4-8　SF₆ 密度控制器　　　图 4-9　SF₆ 气压低告警及闭锁遥信采集图

YJ—SF₆ 密度控制器

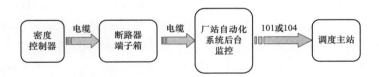

图 4-10　SF₆ 气压低告警及闭锁遥信信息采集

4.2.3　弹簧未储能遥信信息

当弹簧未储能或弹簧能量释放后，储能行程开关 CK 接点闭合，发出弹簧未储能信息。当储能行程开关 CK 接点闭合后，接通储能电动机回路，启动电动机运转，对合闸弹簧储能，储能到位后，储能行程开关 CK 接点断开，电动机失电，储能电动机失电停机，弹簧未储能信息复归，如图 4-11 和图 4-12 所示。

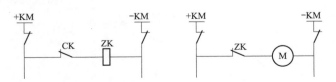

图 4-11　弹簧储能回路原理图

CK—储能行程开关；ZK—储能中间继电器；M—储能电动机

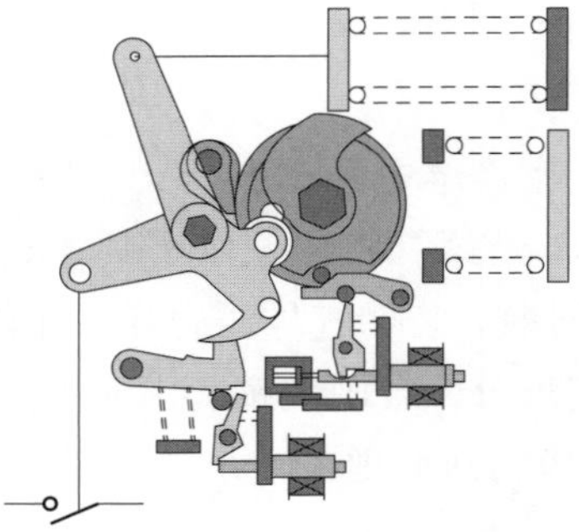

图 4-12　断路器弹簧储能机构

合闸信号使合闸线圈带电，并释放合闸弹簧储能保持掣子，合闸弹簧储能保持掣子逆时针方向旋转，释放棘轮上的轴销 B。合闸弹簧力使棘轮带动凸轮轴以逆时针方向旋转，使主拐臂以顺时针旋转，断路器完成合闸。并同时压缩分闸弹簧，使分闸弹簧储能。当主拐臂转到行程末端时，分闸触发器和合闸保持掣子将轴销 A 锁住，开关保持在合闸位置。弹簧未储能信息的采集传输原理如图 4-13 所示。

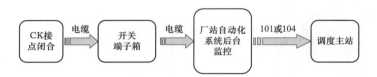

图 4-13　弹簧储能信息采集传送原理图

4.2.4　断路器电动机过流，过时告警信息

如图 4-14 所示，当电动机启动打压时，KM1 接触器动作，KM1 的动合触点 83-84 闭合，当电动机运转时间过长时，KT1 时间继电器动作，电动机内部时间继电器延时闭合触点一般整定（18±2）s。KT1 动作后，KM2 接触器也动作，KM2 接触器的 71-72 动合触点断开。通过控制回路，切断电动机电源，电动机停转，起到了过时保护作用。当电机出现过负荷发热，电机内部热敏继电器动作，RJ98-97 触点闭合，KM2 接触器也动作，KM2 接触器的 71-72 动合触点断开。通过控制回路，切断电动机电源，电动机停转，起到了过时保护作用。实际工程中，往往在设计过程中把"过时、过流"接点并在一起，同时发出过流（即过热）过时故障报警信号。

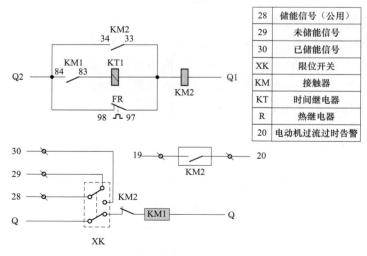

28	储能信号（公用）
29	未储能信号
30	已储能信号
XK	限位开关
KM	接触器
KT	时间继电器
R	热继电器
20	电动机过流过时告警

图 4-14　断路器电动机回路原理图

电动机过流、过时告警信息采集是通过其时间继电器一组触点的闭合及热继电器的一组触点，传送至开关端子箱，通过电缆接入厂站自动化系统。具体采集方式如图 4-15 所示。

图 4-15　"过流、过时告警"信息采集传送原理图

4.2.5　储能电动机电源消失遥信信息

电动机电源是由空气断路器控制的，一般用带辅助接点空气断路器，如图 4-16 所示。当回路发生短路或过流等异常时，空气断路器跳闸，其辅助接点闭合，如图 4-17 所示，801-875 接点闭合，发出电动机电源告警信号。

图 4-16　空气断路器辅助接点

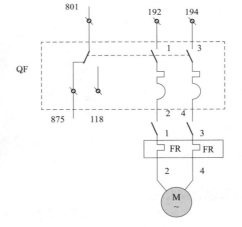

图 4-17　储能电动机电源消失遥信信息原理

符号	名称
801	电源消失（公用）
875	电源消失信号
QF	空气断路器
M	储能电动机
FR	热继电器

4.2.6　储能回路故障遥信信息

储能回路故障信号一般是在老的设计回路中出现，它与 4.2.4 条的过流过时故障告警信号原理相同。

4.2.7　机构控制电源消失、机构箱直流电源消失

机构控制电源、机构箱直流电源消失两个信号是设计上的不同命名，一般是指直流部分，主要用于开关分合闸控制回路，机构控制电源消失信号，通过空气断路器辅助接点采集，见图 4-18 虚线框。

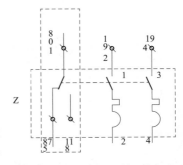

图 4-18　机构控制电源、机构箱直流电源消失遥信信息原理

4.2.8　机构箱交流电源消失遥信信息

机构箱交流电源一般是为断路器机构内加热回路、电动机及一些在线测量设备等回路提供电源，机构箱交流电源消失信号是通过空气断路器的辅助接点动作产生的，如图 4-19 所示。

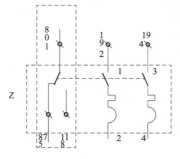

图 4-19　机构箱交流电源消失遥信信息原理

4.2.9　断路器三相不一致遥信信息

断路器三相不一致即断路器的 A、B、C 三相未同时处于分位或同时处于合位，有一相的分合位置和其他两相不一致。如图 4-20 所示，当三相不一致时，167-171 导通，KT 继电器动作，KT 动合触点闭合，KL 继电器动作，去驱动跳闸回路，断路器跳闸。另外，断路器三相不一致动作时，直接在操动机构箱那里闭锁合闸。

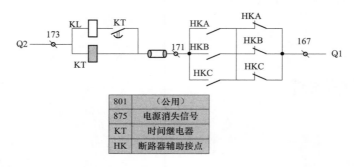

801	（公用）
875	电源消失信号
KT	时间继电器
HK	断路器辅助接点

图 4-20　断路器三相不一致信息原理

4.2.10　进线侧停电状态遥信信息

进线侧停电状态信号，一般用于 GIS、HGIS 设备，它是由带电状态显示仪辅助接点提供，当采集到进线侧有电压时，其常闭接点断开，发出进线侧停电状态信号，如图 4-21 所示。

图 4-21　遥测信息采集传送原理图

4.2.11　断路器、隔离开关遥控信息

遥控功能一般是由监控中心或后台监控发出的遥控命令，测控装置执行断路器或隔离开关分闸或合闸出口。遥控出口电路简图如图 4-22 所示。不同厂家的遥控回路有所不

同，有分合闸共用一个压板出口，有的是分合闸分别有出口。图4-23所示是分合闸分别
有出口的回路图。

断路器、隔离开关的遥控回路串入远方就地切换控制把手，在进行遥控时，一定要
检查断路器、隔离开关的机构侧远方就地切换控制把手及测控装置的远方就地切换控制
把手位置是否在"远控位置"，此点往往很容易被忽略。

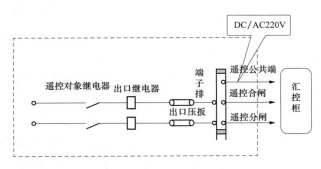

图4-22   遥控原理回路图

图4-23   断路器、隔离开关控制原理图

4.3 故 障 实 例

本章的故障实例从介绍断路器、隔离开关自动化信息现场采集开始，到厂站自动化
系统接受信息为止，不包括中间的信息传输，因厂站自动化系统的故障单独分章解析，
这里不作介绍。

实例1 **因断路器汇控柜至厂站自动化系统接入设备的电缆故障，导致断路器汇控
柜采集的信息异常。**

▶**故障现象：**

主站、后台和厂站自动化系统信息接入设备都收到了隔离开关变位信息报警，但实
际现场未出现同样异常现象，实时信息与现场实际不符。

▶**故障处理步骤和方法：**

（1）检查厂站自动化系统信息接入设备，发现存在同样的异常信息。检查自动化系
统信息接入设备端子排，未发现问题，断开其端子排电缆端接线，遥信信息通过短接断
开公共端和信息点，查看主站、后台和厂站自动化系统信息接入设备是否可以正确反

映。结果能正确反映，说明厂站自动化系统不存在问题，恢复所有接线。

（2）打开断路器汇控柜，检查端子排接线，未发现问题。断开其端子排电缆端接线，遥信信息通过短接、断开公共端和信息点，查看主站、后台和厂站自动化系统信息接入设备是否可以正确反映。结果不能正确反映，说明断路器汇控柜至厂站自动化系统接入设备的电缆存在故障。

（3）通过对汇控柜至自动化设备之间的电缆检查，发现电缆中相应的电缆芯线绝缘不够，致使在发生直流接地时，相应发出隔离开关变位信号。更换电缆或者使用备用电缆芯解决存在的电缆故障。解决完成后，恢复所有接线。

（4）厂站和主站依照检验规范，对此断路器相关故障信息进行联合故障检验，确认合格后，故障处理结束。

实例 2 **主站、后台和厂站自动化系统信息接入设备都收到了隔离开关变位信息报警，但实际现场未出现同样异常现象，实时信息与现场实际不符。**

　▶ **故障处理步骤和方法：**

（1）检查厂站自动化系统信息接入设备，发现存在同样异常信息。检查自动化系统信息接入设备端子排，未发现问题，断开其端子排电缆端接线，遥信信息通过短接、断开公共端和信息点，查看主站、后台和厂站自动化系统信息接入设备是否可以正确反映，结果能正确反映，说明厂站自动化系统不存在问题，恢复所有接线。

（2）打开断路器汇控柜，检查端子排接线，发现接线端子有锈蚀现象，用万用表测量回路不通，拆除端子接线，对电缆芯线用砂纸打磨光滑后恢复接线，再用万用表测量，回路导通。查看主站、后台和厂站自动化系统信息接入设备都能正确反映。

（3）厂站和主站依照检验规范，对此断路器相关故障信息进行联合故障检验，确认合格后，故障处理结束。

实例 3 **因 SF_6 密度控制器故障，导致 SF_6 气体气压低告警信号发生。**

　▶ **故障现象：**

主站、后台和厂站自动化系统信息接入设备都收到了六氟化硫气压低告警信息，但现场实际未出现同样异常现象，实时信息与现场实际不符。

　▶ **故障处理步骤和方法：**

（1）检查厂站自动化系统信息接入设备，发现存在同样异常信息。检查自动化系统信息接入设备端子排，未发现问题，断开其端子排电缆端接线，遥信信息通过短接断开公共端和信息点，查看主站、后台和厂站自动化系统信息接入设备是否可以正确反映，结果能正确反映，说明厂站自动化系统不存在问题，恢复所有接线。

（2）打开断路器汇控柜，检查端子排接线，未发现问题。断开其端子排电缆端接线，遥信信息通过短接、断开公共端和信息点，查看主站、后台和厂站自动化系统信息接入设备是否可以正确反映。结果能正确反映，说明断路器汇控柜至厂站自动化系统接入设备的电缆无故障。

（3）通知变电检修一次人员，配合检查，通过对断路器气压低告警回路检查，发现是气压低告警回路接点有问题，修复后恢复正常。

（4）厂站和主站依照检验规范，对此断路器相关故障信息进行联合故障检验，确认合格后，故障处理结束。

实例 4 因断路器汇控柜电源空气断路器故障，导致发生机构箱直流电源消失信号告警发生。

▶ **故障现象：**

主站、后台和厂站自动化系统信息接入设备都收到了机构箱直流电源消失告警信息，但现场实际未出现同样异常现象，实时信息与现场实际不符。

▶ **故障处理步骤和方法：**

（1）检查厂站自动化系统信息接入设备，发现存在同样异常信息。检查自动化系统信息接入设备端子排，未发现问题，断开其端子排电缆端接线，遥信信息通过短接、断开公共端和信息点，查看主站、后台和厂站自动化系统信息接入设备是否可以正确反映。结果能正确反映，说明厂站自动化系统不存在问题，恢复所有接线。

（2）打开断路器汇控柜，检查端子排接线，未发现问题。断开其端子排电缆端接线，遥信信息通过短接、断开公共端和信息点，查看主站、后台和厂站自动化系统信息接入设备是否可以正确反映。结果能正确反映，说明断路器汇控柜至厂站自动化系统接入设备的电缆无故障。

（3）检查汇控柜电源空气断路器，通过对空气断路器辅助接点测量，发现空气断路器辅助接点处于短接状态，进一步检查确认是空气断路器辅助接点闭合后，不断开，有可能接点黏连，更换空气断路器后恢复正常。

（4）厂站和主站依照检验规范，对此断路器相关故障信息进行联合故障检验，确认合格后，故障处理结束。

实例 5 因储能回路故障，导致弹簧未储能信号告警发生。

▶ **故障现象：**

主站、后台和厂站自动化系统信息接入设备都收到了弹簧未储能告警信息，但现场实际未出现同样异常现象，实时信息与现场实际不符。

▶ **故障处理步骤和方法：**

（1）检查厂站自动化系统信息接入设备，发现存在同样异常信息。检查自动化系统信息接入设备端子排，未发现问题，断开其端子排电缆端接线，遥信信息通过短接、断开公共端和信息点，查看主站、后台和厂站自动化系统信息接入设备是否可以正确反映。结果能正确反映，说明厂站自动化系统不存在问题，恢复所有接线。

（2）打开断路器汇控柜，检查端子排接线，未发现问题。断开其端子排电缆端接线，遥信信息通过短接、断开公共端和信息点，查看主站、后台和厂站自动化系统信息接入设备是否可以正确反映。结果能正确反映，说明断路器汇控柜至厂站自动化系统接

99

入设备的电缆无故障。

（3）通知变电检修一次人员，配合检查，发现储能控制回路的限位开关坏了，致使接点不变化。更换限位开关后恢复正常。

（4）厂站和主站依照检验规范，对此断路器相关故障信息进行联合故障检验，确认合格后，故障处理结束。

实例6 因测控装置遥信回路故障，导致电动机电源消失信号告警发生。

▶ **故障现象：**

主站、后台和厂站自动化系统信息接入设备都收到了电动机电源消失信号，但现场实际未出现同样异常现象，实时信息与现场实际不符。

▶ **故障处理步骤和方法：**

（1）检查厂站自动化系统信息接入设备，发现存在同样异常信息。检查自动化系统信息接入设备端子排，断开其端子排电缆端接线，该信号仍然存在。说明故障不在外回路，而是测控装置有问题。

（2）装置复位后，信号恢复，重新接上线后（用万用表测量此线无正电位），信号又发生了。进一步判断为遥信采样板有问题。从工作简化考虑，此遥信点不用了，改用备用遥信点。

（3）与主站联系，新增遥信点，做遥信变位对试，主站、厂站都正确。

实例7 因开关汇控柜至测控装置端子之间的电缆故障，导致该间隔不能正确遥控。

▶ **故障现象：**

主站和厂站都不能对断路器进行遥控分、合闸操作。

▶ **可能存在的错误：**

当遥控拒动时，首先检查遥控压板是否投入，远方/就地开关是否在远方位置（远方/就地把手包括断路器操动机构箱的远方/就地开关和测控屏上的远方/就地开关）。其次用万用表测量遥控开出回路端子排，检查做遥控时是否有电位变化。如以上都正确，则需要检查测控装置至开关汇控柜之间的电缆，其连接可能有下面几种错误：

（1）测控装置至开关汇控柜之间的电缆有错误。分闸和合闸线接反，即分闸线接到了测控装置的合闸位置，合闸线接到了测控装置的分闸位置。

（2）遥控公共端没有正确接到测控装置指定位置，或者从汇控柜引出的遥控公共端没有正电位（+220V DC）。

▶ **故障处理步骤：**

（1）用万用表测量遥控公共端的+220V DC电位是否正确，如果+220VDC电位存在，说明遥控公共端正确。注：组合电器隔离开关操作回路是直流电源，常规隔离开关操作电源是交流电源。在用万用表测量时确定好万用表的量程。

（2）当断路器在合闸位置，要进行遥控分闸时，可以用短路线一端接公共端，一端短接分闸线，此过程要快速完成。看断路器是否变位，如果断路器不动作，则再短接合闸线，如果断路器变位了，则说明分、合闸线接反了，把分、合闸线重新接正确就可以了。如果断路器还不变位，说明从断路器汇控柜引出线有问题，通知相关专业人员继续往下查。

（3）如果用短接线直接短接开关分、合闸线时，开关动作正确，则需要检查测控装置输出是否正确，可以用万用表测量装置遥控输出接点（公共端和分、合闸端子）之间是否可靠导通，如果在发出遥控执行令时，万用表能瞬间测量到导通，说明装置输出没问题，如果没有瞬间导通，说明装置输出有问题，继续往上查。

（4）遥控回路问题也包括压板接触是否可靠，远方/就地转换开关是否转换到位等。

实例8 **开关端子箱或汇控柜引出电缆至测控装置之间的电缆故障，导致断路器遥信信息异常。这种故障发生时，可能会出现断路器遥信信息闪报、漏报、频报和误报现象。**

▶ **故障现象：**

上送到主站和当地监控的遥信信息出现错误。

▶ **故障处理步骤和方法：**

遥信信息异常，大体有以下几种原因：一是公共端没有连接；二是接线顺序错误；三是信息定义错误；四是遥信电缆接触不好或者断线。

遥信故障表现形式有以下几种：

（1）以隔离开关状态为例。隔离开关实际位置在合位，监控系统显示分位，并且做遥信分合试验时，监控不变位。故障可能是：遥信公共端连接错误、电缆芯线错误、辅助接点有问题等。

（2）隔离开关实际位置在分位，监控系统显示合位，并且做遥信分合试验时，监控不变位。故障可能是：电缆芯线错误、辅助接点有问题等。

（3）隔离开关实际位置在分位，监控系统显示合位，并且做遥信分合试验时，监控相应跟随变位。故障可能是：辅助接点接到常闭了。

另外，为了提高断路器的分合闸位置显示的正确性，还往往采用双接点遥信的处理方法。所谓双接点遥信，就是将断路器的合闸、跳闸接点同时接到自动化系统中，以10、01表示合闸、跳闸，以11、00表示断路器故障。由于接点继电器的机械特性等原因，断路器变位时接点有抖动，并且两个接点不可能同时发生变化。目前一般变电站自动化系统处理双接点遥信有两种方法：第一种是延时报警法，收到双接点遥信变化后，延迟一定的时间后，再去判别断路器是否故障或是否变位，缺点是延迟时间难确定，也影响了响应速度；第二种是直接判别法，到双接点遥信变化后，根据双接点遥信的实际变化，进行分析、判别，缺点是会将接点的抖动过程误认为断路器故障或断路器变位。

4.4 练 习

1. 在厂站自动化系统正常的情况下，调度监控员发现某弹簧未储能信号发生，且长

101

时间没有恢复。要求运行人员检查现场，发现现场断路器储能正常，请分析可能存在的故障点有哪些？

2. 主站、后台和厂站自动化系统正常的情况下，调度监控员发现某变电站一个间隔的机构箱电源消失信号频发，分析可能存在的故障点有哪些？

3. 主站、后台和厂站自动化系统正常的情况下，调度监控员对某条线路进行遥控时，断路器没有动作，运行人员到现场检查，就地操作时断路器动作正常，分析可能存在的故障点有哪些？

4. 主站、后台和厂站自动化系统正常的情况下，变电站一间隔弹簧未储能信号发生，运行人员到现场检查，断路器储能正常，请分析可能存在的问题是什么？

5. 主站、后台和厂站自动化系统正常的情况下，某变电站户外端子箱"有载调压油位低"信号其接线端子与外壳有短接，当发生变电站直流接地的时候，监控系统会有什么信号发生？

6. 主站、后台和厂站自动化系统正常的情况下，变电站发出"六氟化硫气体压力低"信号，运行人员到现场检查六氟化硫气体压力正常，请描述如何分析、处理此问题？

7. 在厂站自动化系统正常的情况下，变电站10kV一段上某条线路发生了单相接地故障，监控系统相电压显示出相应变化，$3U_o$也相应变化，而没有报出系统接地信号，分析可能存在的问题是什么？

8. 主站、后台和厂站自动化系统正常的情况下，某一间隔断路器位置显示故障状态，分析回路可能存在的问题。

第5章

互感器信息原理及故障分析

互感器又称为仪用变压器，是电流互感器和电压互感器的统称，电力系统为了在传输电能量的时候尽量降低线路上的损耗，往往采用交流高电压、大电流回路把电送给用户，这样对电流电压的测量带来了不便，互感器的作用就是将高电压或者大电流按照一定的比例变换成标准低电压（额定 100V）或小电流（额定 5A 或 1A），以便实现测量仪表、保护设备以及自动控制设备可以很方便地采集到一次电气设备的电流、电压。同时互感器还将高压系统与其他设备隔离开，保障了人身和设备的安全。

5.1 电 压 互 感 器

电压互感器（简称 TV）的分类方式有很多，按照用途分，互感器可以分为测量用互感器和保护用互感器；按照绝缘介质分，有干式、浇注绝缘、油浸式和气体绝缘式互感器；按照装置种类分户内型和户外型电压互感器；按照结构形式分，有单相和三相电压互感器；按照绕组数目可分为双绕组和三绕组电压互感器。电压互感器按照信息类型，可分为遥测信息、遥信信息。图 5-1 和图 5-2 分别是 6kV 室内电压互感器和 220kV 室外电压互感器。

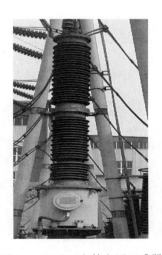

图 5-1 6kV 室内电压互感器　　图 5-2 220kV 室外电压互感器

电压互感器按照信息类型，可分为遥信信息、遥测信息，分别如表 5-1 和表 5-2 所示。

表 5-1　　　　　　　　　　　　　电压互感器遥信信息表

序号	信号名称	序号	信号名称
1	低气压报警	3	线路、母线接地告警
2	气压低闭锁		

表 5-2　　　　　　　　　　　　　电压互感器遥测信息表

序号	信号名称	序号	信号名称
1	A 相电压	5	BC 线电压
2	B 相电压	6	CA 线电压
3	C 相电压	7	零序电压
4	AB 线电压		

电压互感器就是一个带铁芯的变压器。它主要由一、二次绕组、铁芯和绝缘组成。当一次绕组侧有一个电压 U_1 时，在铁芯中产生一个磁通 ϕ，根据电磁感应定律，在二次绕组中就产生一个二次电压 U_2，通过改变绕组的匝数，可以产生不同的一次、二次电压比，这就组成了不同变比的电压互感器。电压互感器的类型虽然很多种，但是其工作原理基本相同，在这里就不重复讲述了。

5.1.1　压力信息

压力遥信信息不是所有的电压互感器都有的，在各种类型电压互感器中只有气体绝缘式电压互感器才有压力信息。压力信息由安装在电压互感器上的密度继电器指针下降到报警值时，接通电接点的一对接点，从而产生"低气压报警"信号，当压力继续下降达到闭锁值时，另一对接点接通产生"低气压闭锁"信号，其采集传送原理如图 5-3 所示。

图 5-3　电压互感器压力信息采集传送原理图

5.1.2　电压信息

将一台单相电压互感器一次绕组并入所测线路中，就可以直接测量出某一相对地电压即相电压，采用三台单相式或一台三相式电压互感器构成 YNyn 或 YNy 的接线形式，广泛应用于 3～220kV 系统中，其二次绕组主要用于测量线电压和相电压。YN yn 接线原理图如图 5-4 所示。

用两个单相电压互感器接成不完全星形，也称 Vv 接线，用来测量三相电路中各相间电压，但是不能测量对地电压，广泛应用于 20kV 以下中性点不接地或者经消弧线圈接地的电网中。其原理图如图 5-5 所示。

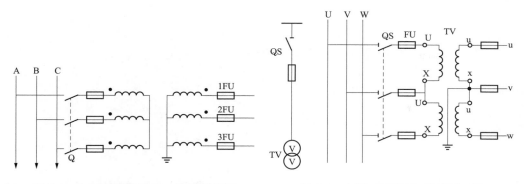

图 5-4 电压互感器 YN yn 接线原理图　　　图 5-5 电压互感器 Vv 接线原理图

电压遥测信息是电压互感器二次侧引出线接至端子箱，其采集原理如图 5-6 所示。

图 5-6 电压互感器电压信息采集传送原理图（一）

105

5.1.3 线路、母线接地告警信息

在 35kV 以下线路中常使用三相五柱式电压互感器，除一次侧和主二次侧外，还有辅助二次绕组，将三相的辅助二次绕组接成开口三角形方式，将开口三角形的两个引出端与接地保护继电器的电压线圈相连，正常运行时，三相电压对称，第三线圈上的三相感应电动势为零。一旦发生单相接地时，中性点出现位移，开口三角形的端子间就会出现零序电压使继电器动作，从而对电力系统起保护作用，其采集原理如图 5-7 所示。

图 5-7 电压互感器电压信息采集传送原理图（二）

5.1.4 零序电压

将电压互感器二次绕组接成开口三角形方式，开口三角形的两个引出端之间的电压就是零序电压，正常运行时，三相电压对称，零序电压为零，当单相或者两相接地时，开口三角形的端子间就会产生零序电压，开口三角形接法如图 5-8 所示，其采集传送原理如图 5-9 所示。

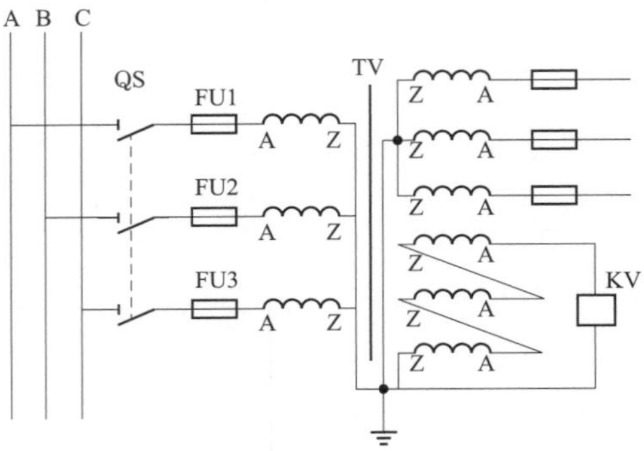

图 5-8 开口三角形接法

图 5-9 电压互感器电压信息采集传送原理图（三）

5.2 电流互感器

在发电、输变电、配电盒用电的线路中电流大小相差悬殊，从几安培到几万安培的都有，为了便于测量，用电流互感器将其转换为统一的电流值，另外线路上的电压一般都比较高，如果直接对线路进行电流的测量其危险系数比较大，电路互感器又起到了电气隔离的作用。电流互感器的分类和电压互感器基本上一致，在这里就不重复介绍相同的部分了。其中一种分类方法，电流互感器以安装方式分类可分为贯穿式、支柱式、套管式和母线式电流互感器。图 5-10 和图 5-11 分别为气体绝缘式电流互感器和干式电流互感器。

图 5-10 气体绝缘式电流互感器

图 5-11 干式电流互感器

另外，电流互感器按照信息类型，可分为电流遥测信息、遥信信息两种，表 5-3 所示为电流互感器遥信信息表，表 5-4 所示为电流互感器遥测信息表。

表 5-3   电流互感器遥信信息表

序号	信号名称	序号	信号名称
1	低气压报警	2	气压低闭锁

表 5-4   电流互感器遥测信息表

序号	信号名称	序号	信号名称
1	A 相电流	3	C 相电流
2	B 相电流	4	零序电流

电流互感器是依据电磁感应原理，由闭合铁芯和绕组组成。它的一次绕组匝数很少，串在需要测量电流的回路中，二次绕组匝数比较多，串在测量仪表和保护回路中，电流互感器在工作时它的二次回路始终是闭合的，因串联绕组的阻抗很小，电流互感器的工作状态接近短路状态。

5.2.1 电流信息

电流互感器的接线方式一般分为单相、三相星形、两相不完全星形和两相电流差接法四种，其中中间两种接法比较常用，在这里主要介绍其接线原理。

1. 三相完全星形接法

三相电流互感器能够及时准确地了解三相负载的变化情况，多用在变压器差动保护接线中，只有三相完全星形接法可在中性点直接接地系统中用于电能表的电流采集。其接线原理图如图 5-12 所示。

2. 两相不完全星形接法

两相不完全星形接法是在实际工作中用的最多的一种接线方式，因为它节省了一台电流互感器，用 A、C 相的合成电流形成反相的 B 相电流。这种接法能够反映出相间短路，但是不能完全反映单相接地短路，所有不能作为单相接地保护，可以用于中性点不接地系统或经消弧线圈接地系统作为相间短路保护。其接线原理图如图 5-13 所示，采集传送原理图如图 5-14 所示。

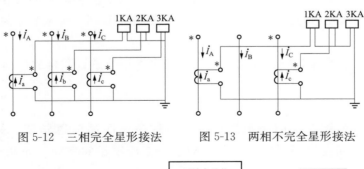

图 5-12 三相完全星形接法   图 5-13 两相不完全星形接法

图 5-14 电流互感器电压信息采集传送原理

107

5.2.2　压力信息

　　压力信息不是所有的电流互感器都有的，在电流互感器分类中只有气体绝缘式电流互感器才有压力信息。压力信息由安装在电流互感器上的密度继电器指针下降到报警值时，接通一对电触点，从而产生"低气压报警"信号，当压力继续下降达到闭锁值时，另一对触点接通产生"低气压闭锁"信号，其采集传送原理如图 5-15 所示。

图 5-15　电流互感器压力信息采集传送原理

5.3　故　障　实　例

实例 1　电压互感器二次熔丝熔断，导致电压遥测信息异常。这种故障发生时，可能会出现对应母线、发电机—变压器组的有功、无功和电压值降低或为零。

　　▶ **故障现象：**

　　主站、后台和厂站自动化系统信息接入设备遥测值同时降低或者为零，但母线或者发电机—变压器组实际电压值未发生改变。

　　▶ **故障处理步骤和方法：**

　　（1）根据故障现象——主站、后台、厂站自动化系统信息接入设备都接收到了同样的信息，但是实际测量的母线、发电机—变压器组的电压值没有发生改变，可以初步判断有电压互感器遥测值异常输入。

　　（2）用万用表在厂站自动化系统接入设备接线处测量电压互感器 TV 端子排，看TV 值是否正常，如果有缺相，则说明故障发生在电压互感器以及 TV 二次回路电缆上。

　　（3）查看电压互感器二次回路熔断器，发现熔断器熔断，确定故障原因，更换熔断器，故障消除。

　　（4）厂站和主站依照检验规范，对 TV 二次电压值进行联合故障检验，确认合格后，故障处理结束。

实例 2　电压互感器二次回路电缆故障，导致电压遥测信息异常。这种故障发生时，可能会出现对应母线、发电机—变压器组的有功、无功和电压值降低或为零。

　　▶ **故障现象：**

　　主站、后台和厂站自动化系统信息接入设备遥测值同时降低或者为零，但母线或者发电机—变压器组实际电压值未发生改变。

▶ **故障处理步骤和方法：**

（1）根据故障现象——主站、后台、厂站自动化系统信息接入设备都接收到了同样的信息，但是实际测量的母线、发电机—变压器组的电压值没有发生改变，可以初步判断有电压互感器遥测值异常输入。

（2）用万用表在厂站自动化系统接入设备接线处测量电压互感器 TV 端子排，看 TV 值是否正常，如果有缺相，则说明故障发生在电压互感器以及 TV 二次回路电缆上。

（3）查看电压互感器二次回路熔断器，熔断器无损坏，用万用表测量熔断器下端电压值显示正常，可以判断为电压互感器二次回路电缆故障。

（4）将电压互感器二次回路熔断器取下，确定二次回路电缆故障部位，维修更换电缆，故障排除。

（5）厂站和主站依照检验规范，对 TV 二次电压值进行联合故障检验，确认合格后，故障处理结束。

实例3 电压互感器二次回路至分电箱电缆故障，导致电压遥测信息异常。这种故障发生时，可能会出现对应母线、发电机—变压器组的有功、无功和电压值降低或为零。

▶ **故障现象：**

主站、后台和厂站自动化系统信息接入设备遥测值同时降低或者为零，但母线或者发电机—变压器组实际电压值未发生改变。

▶ **故障处理步骤和方法：**

（1）根据故障现象——主站、后台、厂站自动化系统信息接入设备都接收到了同样的信息，但是实际测量的母线、发电机—变压器组的电压值没有发生改变，可以初步判断有电压互感器遥测值异常输入。

（2）用万用表在厂站自动化系统接入设备接线处测量电压互感器 TV 端子排，看 TV 值是否正常，如果有缺相，则说明故障发生在电压互感器以及 TV 二次回路电缆上。

（3）查看电压互感器二次回路熔断器，熔断器无损坏，用万用表测量熔断器下端电压值显示正常，而分电箱端子排上端电压值显示不正常，可以判断为电压互感器二次回路至分电箱电缆故障。

（4）将电压互感器二次回路熔断器取下，确定二次回路至分电箱电缆故障部位，维修更换电缆，故障排除。

（5）厂站和主站依照检验规范，对 TV 二次电压值进行联合故障检验，确认合格后，故障处理结束。

实例4 电压互感器分电箱端子排接线松动或掉落，导致电压遥测信息异常。这种故障发生时，可能会出现对应母线、发电机—变压器组的有功、无功和电压值降低或为零。

▶ **故障现象：**

主站、后台和厂站自动化系统信息接入设备遥测值同时降低或者为零，但母线或者发电机—变压器组实际电压值未发生改变。

▶ **故障处理步骤和方法：**

（1）根据故障现象——主站、后台、厂站自动化系统信息接入设备都接收到了同样的信息，但是实际测量的母线、发电机—变压器组的电压值没有发生改变，可以初步判断有电压互感器遥测值异常输入。

（2）用万用表在厂站自动化系统接入设备接线处测量电压互感器 TV 端子排，看 TV 值是否正常，如果有缺相，则说明故障发生在电压互感器以及 TV 二次回路上。

（3）查看电压互感器二次回路熔断器，熔断器无损坏，用万用表测量熔断器下端电压值显示正常，分电箱端子排上端电压值显示正常，而分电箱端子排下端电压值显示异常，可以判断为电压互感器分电箱端子排松动或掉落故障。

（4）将电压互感器二次回路熔断器取下，将分电箱端子排所有端子进行紧固处理，故障排除。

（5）厂站和主站依照检验规范，对 TV 二次电压值进行联合故障检验，确认合格后，故障处理结束。

110

实例 5 电压互感器一次侧熔断器熔断，导致电压遥测信息异常。这种故障发生时，可能会出现对应母线、发电机—变压器组的有功、无功和电压值降低或为零。

▶ **故障现象：**

主站、后台和厂站自动化系统信息接入设备遥测值同时降低或者为零，但母线或者发电机—变压器组实际电压值未发生改变。

▶ **故障处理步骤和方法：**

（1）根据故障现象——主站、后台、厂站自动化系统信息接入设备都接收到了同样的信息，但是实际测量的母线、发电机—变压器组的电压值没有发生改变，可以初步判断有电压互感器遥测值异常输入。

（2）用万用表在厂站自动化系统接入设备接线处测量电压互感器 TV 端子排，看 TV 值是否正常，如果有缺相，则说明故障发生在电压互感器以及 TV 二次回路上。

（3）查看电压互感器二次回路熔断器，熔断器无损坏，查看电压互感器一次回路熔断器，发现熔断器熔断，确定故障原因。

（4）将电压互感器停电，更换一次回路熔断器，故障消除。

（5）厂站和主站依照检验规范，对 TV 二次电压值进行联合故障检验，确认合格后，故障处理结束。

实例 6 电压互感器密度继电器或密度继电器至电压互感器端子箱电缆故障，导致电压互感器气体压力信息异常。这种故障发生时，可能会出现电压互感器压力信息闪报、漏报、频报和误报现象。

▶ **故障现象：**

主站、后台和厂站自动化系统信息接入设备接收到的电压互感器气体压力低报警，但电压互感器实际压力表表计值未发生改变。

　▸ 故障处理步骤和方法：

（1）根据故障现象——主站、后台、厂站自动化系统信息接入设备都接收到了同样的气体压力低报警信息，但实际电压互感器未发生气压低报警或者闭锁报警，可初步判断有电压互感器压力异常信息产生。

（2）在电压互感器端子箱处打开现场端电缆接线，短接、断开公共端和信息端，观察主站、后台和厂站自动化系统信息接入设备时候能正确反映报警信息，发现能正确反映，可以判断为电压互感器密度继电器或者密度继电器至电压互感器端子箱电缆故障。

（3）对电压互感器进行停电，检查密度继电器或密度继电器至电压互感器端子箱电缆，确定故障部位，维修更换设备或者电缆，故障消除。

（4）厂站和主站依照检验规范，对气体压力低报警和闭锁报警进行联合故障检验，确认合格后，故障处理结束。

实例 7　中性点有效接地系统，电压互感器高压绕组端接地接触不良时，可能会出现电压互感器投运时电压值波动大、不稳定，电压表指针不稳定等现象。

　▸ 故障现象：

主站、后台和厂站自动化系统信息接入设备电压值波动大、不稳定，但母线或者发电机—变压器组实际电压值未发生改变。

　▸ 故障处理步骤和方法：

（1）根据故障现象——主站、后台、厂站自动化系统信息接入设备同时出现电压值波动比较大的现象。

（2）在电压互感器端子箱内测量二次电压值，发现故障现象依然存在，可以初步确定故障为电压互感器自身原因所产生。

（3）对电压互感器进行停电，检查互感器一次、二次绕组绝缘与接地状态，确定故障原因，及时更换或维修，确保故障消除。

（4）厂站和主站依照检验规范，对电压互感器二次电压值进行联合故障检验，确认合格后，故障处理结束。

实例 8　单相电流互感器二次侧至端子箱电缆多点短路或对地短路，导致电流互感器二次侧电流值异常，厂站自动化系统接入设备、后台以及调度主站端接收到的遥测值异常。

　▸ 故障现象：

主站、后台和厂站自动化系统信息接入设备接收到的此相电流值比其他两相电流值小，有功、无功功率表也出现同样故障现象。

　▸ 故障处理步骤和方法：

（1）根据故障现象——主站、后台、厂站自动化系统信息接入设备和现场表计都产生同样的遥测值异常，可初步判断为电流互感器二次回路发生接地或短路故障的可能性比较大。

（2）在电流互感器端子箱测量二次电流值，发现电流值大小与现场表计以及厂站自动化系统信息接入设备显示遥测值一致，可判断为电流互感器本体或者电流互感器二次侧电缆故障。

（3）对电流互感器进行停电，将电流互感器二次侧电缆与电流互感器断开，测量二次侧电缆绝缘，发现电缆对地短路或多点短路，确定故障部位，维修或更换电缆，故障消除。

（4）厂站和主站依照检验规范，对电流互感器二次侧电流值进行联合故障检验，确认合格后，故障处理结束。

实例 9　**单相电流互感器二次绕组多点短路或对地短路，导致电流互感器二次电流值异常，厂站自动化系统接入设备、后台以及调度主站端接收到的遥测值异常。**

▶ **故障现象：**

主站、后台和厂站自动化系统信息接入设备接收到的此相电流值比其他两相电流值小，有功、无功功率表也出现同样故障现象。

▶ **故障处理步骤和方法：**

（1）根据故障现象——主站、后台、厂站自动化系统信息接入设备和现场表计都产生同样的遥测值，可初步判断为电流互感器二次回路发生接地或短路故障可能性比较大。

（2）在电流互感器端子箱测量二次电流值，发现电流值大小与现场表计以及厂站自动化系统信息接入设备显示遥测值一致，可判断为电流互感器本体或者电流互感器二次侧电缆故障。

（3）对电流互感器进行停电，将电流互感器二次侧电缆与电流互感器断开，测量二次绕组和电缆绝缘，发现二次电缆多点短路并对地短路，确定故障部位，维修或更换电缆，故障消除。

（4）厂站和主站依照检验规范，对电流互感器二次电流值进行联合故障检验，确认合格后，故障处理结束。

实例 10　**电流互感器密度继电器或密度继电器至电流互感器端子箱电缆故障，导致电流互感器气体压力信息异常。这种故障发生时，可能会出现电流互感器压力信息闪报、漏报、频报和误报现象。**

▶ **故障现象：**

主站、后台和厂站自动化系统信息接入设备接收到的电流互感器气体压力低报警，但电流互感器实际压力表表计值未发生改变。

▶ **故障处理步骤和方法：**

（1）根据故障现象——主站、后台、厂站自动化系统信息接入设备都接收到了同样的气体压力低报警信息，但实际电流互感器未发生气压低报警或者闭锁报警，可初步判断有电流互感器压力异常信息产生。

（2）在电流互感器端子箱处打开现场端电缆接线，短接、断开公共端和信息端，观察主站、后台和厂站自动化系统信息接入设备时候能正确反映报警信息，发现能正确反映，可以判断为电流互感器密度继电器或者密度继电器至电流互感器端子箱电缆故障。

（3）对电流互感器进行停电，检查密度继电器或密度继电器至电流互感器端子箱电缆，确定故障部位，维修更换设备或者电缆，故障消除。

（4）厂站和主站依照检验规范，对气体压力低报警和闭锁报警进行联合故障检验，确认合格后，故障处理结束。

实例 11 电流互感器二次绕组或电流互感器二次绕组至端子箱电缆有两点接地故障，导致电流互感器电流遥测值异常。这种故障发生时，可能会出现电流互感器电流值信息误报现象。

▶ **故障现象：**

主站、后台和厂站自动化系统信息接入设备接收到的电流互感器电流值异常，某相电流值不及其他两相电流值的 0.5 倍。

▶ **故障处理步骤和方法：**

（1）根据故障现象——主站、后台、厂站自动化系统信息接入设备都接收到了同样的单相电流值偏低的异常遥测值，将厂站自动化系统信息接入设备端子排各相电流值短接，断开端子排至接入设备的二次回路接线，用电流源给接入设备加标准电流值，接入设备可以正确显示电流值，可确认接入装置完好，故障发生在电流互感器二次绕组以及二次回路电缆上。

（2）在电流互感器端子箱靠近电流互感器一侧三相电流端子短接，断开端子排至设备电缆进行绝缘测试，可以确定故障位置。

（3）故障位置在电缆上时，查找接地点，维修或更换电缆，排除故障；故障位置在电流互感器二次绕组上时，对电流互感器进行停电，查找接地点，维修或更换，故障消除。

（4）厂站和主站依照检验规范，对气体压力低报警和闭锁报警进行联合故障检验，确认合格后，故障处理结束。

实例 12 电流互感器二次端子箱接线半开路状态（接触不良），这种故障发生时，可能会出现厂站自动化系统信息接入设备、主站和后台显示的三相电流值不一致，有功、无功功率值降低等现象。

▶ **故障现象：**

主站、后台和厂站自动化系统信息接入设备接收到的二次电流值降低或者为零，现场计量表计转速缓慢或不转，功率表指示降低。

▶ **故障处理步骤和方法：**

（1）根据故障现象——主站、后台、厂站自动化系统信息接入设备三相电流值显示异常，现场有功、无功功率表显示不正常，可初步判断为电流互感器二次回路中有接触不良问题。

（2）在厂站自动化系统信息接入设备盘柜内查看 TA 端子接线是否松动、紧固好，发现故障现象没有消除。

（3）在电流互感器二次端子箱处查看 TA 端子接线是否松动、紧固好。发现故障现象消除，电流值恢复正常，故障消除。

（4）厂站和主站依照检验规范，对电流互感器二次电流值进行联合故障检验，确认合格后，故障处理结束。

5.4 练 习

1. 在厂站自动化系统正常的情况下，主变压器零序过压动作跳闸，主站显示母线 ABC 三相电压均正常，分析可能存在的故障点有哪些？

2. 在厂站自动化系统正常的情况下，运行人员在现场巡视中发现 GIS 系统室电压互感器 SF_6 气压低告警，但主站和后台都未报警，分析可能存在的故障点有哪些？

3. 在厂站自动化系统正常的情况下，主站和后台显示 ABC 三相电压值有缺相，现场实际电压值无故障，分析可能存在的故障点有哪些？

4. 在厂站自动化系统正常的情况下，主站和后台显示 ABC 三相电压值正常，现场有功、无功功率以及计量表计显示缺相，分析可能存在的故障有哪些？

5. 在厂站自动化系统正常的情况下，主站和后台显示三相电流值正常，现场有功、无功功率值异常，计量表计电流值降低或为零，分析可能存在的故障点有哪些？

6. 在厂站自动化系统正常的情况下，运行人员在现场巡视中发现 GIS 系统室电流互感器 SF_6 气压低告警，但主站和后台都未报警，分析可能存在的故障点有哪些？

7. 在厂站自动化系统正常的情况下，主站和后台显示三相电流值都为零，现场计量表计电流值同样为零，分析可能存在的故障点有哪些？

第 **6** 章
电抗器信息原理及故障分析

电抗器也叫电感器,一个导体通电时就会在其所占据的一定空间范围产生磁场,所以所有能载流的电导体都有一般意义上的感性。然而通电长直导体的电感较小,所产生的磁场不强,因此实际的电抗器是导线绕成螺线管形式,称空心电抗器;有时为了让这只螺线管具有更大的电感,便在螺线管中插入铁芯,称铁芯电抗器。电抗分为感抗和容抗,比较科学的分类是感抗器(电感器)和容抗器(电容器),统称为电抗器,然而由于过去先有了电感器,并且被称为电抗器,所以现在人们所说的电容器就是容抗器,而电抗器专指电感器。电力系统中所采取的电抗器,常见的有串联电抗器和并联电抗器。串联电抗器主要用来限制短路电流,也有在滤波器中与电容器串联或并联用来限制电网中的高次谐波。并联电抗器用来吸收电网中的容性无功,如 500kV 电网中的高压电抗器、500kV 变电站中的低压电抗器,都是用来吸收线路充电电容无功;220kV、110kV、35kV、10kV 电网中的电抗器是用来吸收电缆线路的充电容性无功。可以通过调整并联电抗器的投退数量,来调整运行电压。超高压并联电抗器有改善电力系统无功功率有关运行状况的多种功能,电力网中所采用的电抗器,实质上是一个无导磁材料的空心线圈。它可以根据需要布置为垂直、水平和品字形三种装配形式。在电力系统发生短路时,会产生数值很大的短路电流。如果不加以限制,要保持电气设备的动态稳定和热稳定是非常困难的。因此,为了满足某些断路器遮断容量的要求,常在出线断路器处串联电抗器增大短路阻抗,限制短路电流。因为采用了电抗器,在发生短路时,电抗器上的电压降较大,所以也起到了维持母线电压水平的作用,使母线上的电压波动较小,保证了非故障线路上的用户电气设备运行的稳定性。图 6-1 为 500kV 单相、油浸、自冷、气隙铁芯式结构的并联电抗器。

图 6-1　500kV 单相、油浸、自冷、气隙铁芯式结构的并联电抗器

电抗器信息主要包括遥信、遥测。厂站电抗器常用遥信信息如表 6-1 所示,常用遥测信息如表 6-2 所示。

表 6-1 电抗器遥信信息

序号	信号名称	序号	信号名称
1	电抗器绕组温度高．告警	5	电抗器压力释放．告警
2	电抗器绕组温度高．跳闸	6	电抗器本体油位异常．告警
3	电抗器本体油温高．告警	7	电抗器本体重瓦斯．动作
4	电抗器本体油温高．跳闸	8	电抗器本体轻瓦斯．动作

表 6-2 电抗器遥测信息

序号	信号名称	序号	信号名称
1	电抗器绕组温度	2	电抗器本体温度

6.1 原 理 分 析

电力系统中所采取的电抗器主要分为串联电抗器和并联电抗器，按照电压等级可分为 500、220、110、35、10kV 等。本书主要以 500kV 单相、油浸、自冷、气隙铁芯式结构的并联电抗器为例来展开介绍。

6.1.1 电抗器瓦斯信息

气体继电器是油浸式电抗器的主要保护装置，电抗器瓦斯信息由气体继电器发出。因电抗器内部故障而使油分解产生气体或造成油流冲动时，使气体继电器的触点动作，以接通指定的控制回路，并及时发出信号或自动切除电抗器。其外形图和结构示意图如图 6-2 所示。

工作原理：

（1）气体继电器在电抗器正常运行时其内部充满电抗器油，当电抗器内部出现轻微故障时，电抗器油由于分解而产生的气体通过连管进入继电器上部的气室内，迫使上浮子（和上浮子连一起的永久磁铁）下降，当下降到整定位置时，接通干簧继电器触头，发出报警信号。

（2）当电抗器内部发生严重故障引起电抗器油快速流动时，固定在下浮子侧面的挡板即向流动方向移动，使下浮子下沉到整定位置，和下浮子连在一起永久磁铁接通干簧继电器触头，发出跳闸信号。

当气体继电器发出报警信号后，可在配套的取气装置的取气口采气分析。

瓦斯信息采集后，传送至电抗器分电箱，再通过硬接点方式接入厂站自动化系统。具体采集方式如图 6-3 所示。

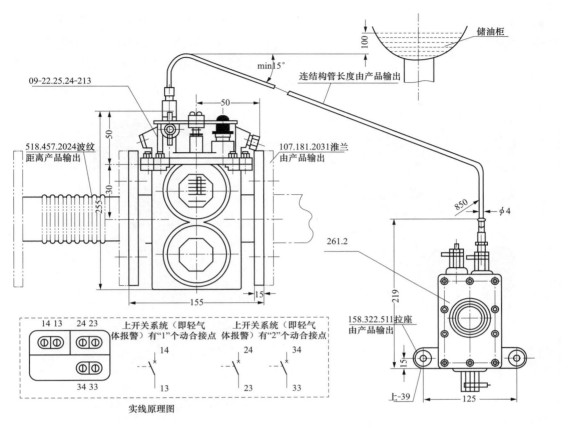

图 6-2　气体继电器外形和结构示意图

注：上开关系统（即轻瓦斯报警）有"1个动合接点"；挡板整定油流速为：1.0m/s；
　　下开关系统（即重瓦斯跳闸）有"2个动合接点"；ZG1.2 为该气体继电器配套的
　　取气装置气体继电器本体与取气装置连接的示意图。

图 6-3　气体继电器动作信息采集传送原理图

6.1.2　速动油压信息

速动油压继电器是一种油箱内部压力变化速度作为测量信号源的压力保护继电器，当油箱内部电抗器油在单位时间内压力升高速度达到整定限值时，速动油压继电器将迅速动作控制回路及时发出信号，保护电抗器油箱的安全。其外形图和结构示意图如图 6-4 所示。

工作原理：速动油压继电器的下部和电抗器油连通，其内有一个检测波纹管。继电器的内部有一个密封的硅油管路系统。在硅油管路系统中，有两个控制波纹管，其中一个控制波纹管的管路中有一个控制小孔。当电抗器油的压力变化时，使检测波纹管变形，这一作用传递到控制波纹管，如果油压是缓慢变化的，则两个控制波纹管相同变化，速动油压继电器的开关不动作；当电抗器油的压力突然变化时，检测波纹管变形，一个控制波纹管发生变形，另一个控制波纹管因控制小孔的作用不发生变形，传动连杆移动，使电气开关发出信号，切断电抗器的电源。

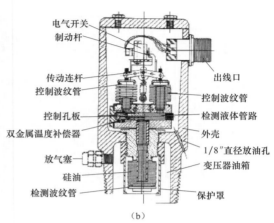

（a）　　　　　　　　　　　　　　（b）

图 6-4　速动油压继电器外形图和结构示意图

（a）外形图；（b）结构示意图

速动油压信息采集后，传送至电抗器分电箱，再通过硬接点方式接入厂站自动化系统。具体采集方式如图 6-5 所示。

图 6-5　速动油压继电器动作信息采集传送原理图（一）

6.1.3　压力信息

电抗器油箱过压信息通过压力释放阀辅助触点获取。压力释放阀是用来保护油浸式电抗器等电气设备过压力保护的安全装置，可以避免油箱变形或爆裂。其外形如图 6-6 所示。

图 6-6　压力释放阀外形图

当油浸式电抗器内部发生事故时，油箱内的油被气化，产生大量气体，使油箱内部压力急剧升高。此压力如不及时释放，将造成油箱变形或爆裂。安装压力释放阀就是当油箱内压力升高到压力释放阀的开启压力时，压力释放阀在 2ms 内迅速开启，使油箱内的压力很快降低。

当压力降低到压力释放阀的关闭压力值时，压力释放阀又可靠关闭，使油箱内永远保持正压，有效地防止外部空气、水气及其他杂质进入油箱；在压力释放阀开启同时，有一颜色鲜明的标志杆向上动作且明显伸出顶盖，表示压力释放阀已动作过。在压力释放阀关闭时，标志杆仍滞留在开启后的位置上，然后必须由手动才能复位。

压力释放阀的主要结构型式是外弹簧式，主要由弹簧、阀座、阀壳体（罩）等零部件组成。

电抗器油箱过压信息通过压力释放阀辅助触点获取，信息采集后，传送至电抗器分电箱，再通过硬接点方式接入厂站自动化系统。具体采集方式如图 6-7 所示。

图 6-7　速动油压继电器动作信息采集传送原理图（二）

6.1.4　电抗器温度信息

电抗器温度遥测信息可通过多种方式获得，典型方式为直接采集温度变送器信息。下面介绍一下 MESSKO 复合温度传感器模块 ZT-F2。其示意图如图 6-8 所示。

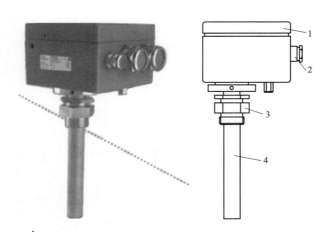

图 6-8　Messko 温度控制器示意图

1—上盖；2—电缆封套；3—固定螺母；4—传感器潜管

产品说明：

ZT-F2 电抗器温度传感器只能结合 TRASY2 系列指针式温度计一同使用。它是根据热像原理来显示电抗器的绕组温度。

绕组温度采用间接测量的方法获得：绕组和电抗器油之间的温度梯度取决于电抗器

运行过程中通过绕组的电流。TA 的二次电流与电抗器绕组中的电流成正比。TA 的二级电流通过 ZT-F2 电抗器的加热电阻器后，绕组温度计的显示曲线将随着实测油温的升高而升高（每个电抗器的负载不同，则显示绕组的温度也不相同）。

ZT-F2 电抗器可以根据预先设定好的绕组和电抗器冷却剂的梯度曲线来模拟绕组的温度，并在指针式温度计上显示出来。ZT-F2 电抗器同时集成了该温度计的温度封套。

ZT-F2 电抗器测得的绕组温度值，也可传送到远方监视设备或 SCADA 系统中。它可以输出两种形式的远方信号：Pt100 信号或 4~20mA 电流信号。

Pt100 电阻温度对照信息如表 2-1 所示。

电抗器温度遥测信息通过温度变送器输出至电抗器分电箱，再上传至厂站自动化系统，通过 101 或 104 通道上传至主站系统。

电抗器温度遥信—温度过限信息由电抗器温度表发出，通过硬接线输出至电抗器分电箱，再上传至厂站自动化系统，通过 101 或 104 通道上传至主站系统。

电抗器温度遥测、遥信信息的采集传输原理如图 6-9 所示。

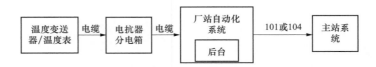

图 6-9　温度变送器温度表信息采集传送原理

6.1.5　油位信息

高、低油位遥信信息通常通过油位表指针磁触点信息获取。图 6-10 所示为储油柜、油位表实物图。

图 6-10　储油柜、油位表实物图

工作原理：

储油柜内使用了一个油位指示器。该油位指示器有一个专门系统，以便通到油面上，并配备有磁触点，以探测最低和最高位置的油位。

说明：

油位指示器对储油柜中的油位进行监视。它由以下两部分组成：

（1）储油柜内部分：包括浮子、托架和磁体。

（2）储油柜外部分：包括外壳、指针、刻度盘和磁体。

两部分由防漏圆盘隔开。

运行：

储油柜油位计的浮子漂浮在柜体内胶囊下面的油面上，它随着油面的变化而升降并带动摆杆上下摆动，摆杆通过齿轮副带动油位计的主动磁钢转动，主动磁钢带动油位计的被动磁钢转动，被动磁钢又带动指针转动，指示储油柜的油位并带动接点磁钢转动。当达到最高油位或最低油位时接点磁钢使干簧接点接通发出油位报警信号。为了保证油位计的密封性能，在主动磁钢和被动磁钢之间设置了一个与油位计壳体铸成一体的隔板，主动磁钢和被动磁钢通过磁力传递力矩。

油位计接线图如图 6-11 所示，其结构如图 6-12 所示。图 6-13 所示为油位计辅助触点动作信息采集传送原理图。

储油柜油位计

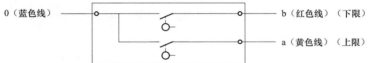

图 6-11　油位计接线图

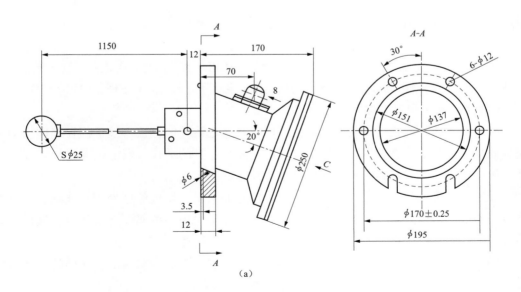

（a）

图 6-12　油位计结构图（一）

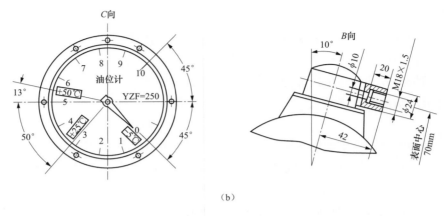

图 6-12　油位计结构图（二）

图 6-13　油位计辅助触点动作信息采集传送原理图

6.2　故　障　实　例

本章的故障实例从电抗器自动化信息现场采集开始，到厂站自动化系统接受信息止，且包括中间的信息传输。厂站自动化系统的故障单独分章解析，在这里不做介绍。

实例 1　**电抗器气体继电器故障动作，电抗器瓦斯信息异常。**

▶ **故障现象：**

主站、后台和厂站自动化系统信息接入设备存在相同遥信信息，电抗器实际未发生瓦斯故障，电抗器气体继电器故障导致保护信息动作，主站和后台会同时出现保护瓦斯动作信息。

▶ **故障处理步骤和方法：**

（1）根据故障现象——主站、后台、厂站自动化系统信息接入设备都存在同样的问题，而且保护瓦斯信息动作，可以直接确定瓦斯信息真的动作，但电抗器瓦斯实际未动作，所以可以初步判断为电抗器气体继电器故障。

（2）在电抗器分电箱处检查电抗器瓦斯信息的输出，发现信息处于动作状态。有部分电抗器的瓦斯信息从保护屏转发，而气体继电器至保护屏中间没有断开点，这样只能检查保护屏的瓦斯信息输入，同样发现信息处于动作状态。

（3）对电抗器进行停电，检查气体继电器信息输出端子，发现信息同样处于动作状态，实际电抗器瓦斯未动作，可以判定为气体继电器故障。

（4）更换气体继电器，故障消除。

（5）厂站和主站依照检验规范，对此瓦斯遥信信息进行联合故障检验，确认合格后，故障处理结束。

实例 2　电抗器气体继电器至电抗器分电箱电缆故障，导致电抗器瓦斯信息异常。

▶ 故障现象：

主站、后台和厂站自动化系统信息接入设备出现了相同遥信信息，电抗器实际未发生瓦斯动作，保护瓦斯信息未动作。

▶ 故障处理步骤和方法：

（1）根据故障现象——主站、后台、厂站自动化系统信息接入设备都存在同样的问题，而且保护瓦斯信息未动作，可以初步判断气体继电器正常。

（2）在电抗器分电箱端子排处打开现场端电缆接线，短接、断开公共端和信号端，观察主站、后台和厂站自动化系统信息接入设备是否能正确反映，发现能正确反映。恢复接线后，如测量分电箱瓦斯信息的输入端，信息处于异常状态，就可以判定电抗器气体继电器至电抗器分电箱电缆出现故障。

（3）对电抗器进行停电，更换电抗器气体继电器至电抗器分电箱电缆，故障消除。

（4）厂站和主站依照检验规范，对此瓦斯遥信信息进行联合故障检验，确认合格后，故障处理结束。

实例 3　气体继电器通过电缆接至分电箱端子排时出现虚接、接触不良等情况导致气体继电器动作信号无法正常上传至主站、后台和厂站自动化系统。

▶ 故障现象：

主站、后台和厂站自动化系统信息接入设备未出现气体继电器动作信息，电抗器实际已发生瓦斯动作，保护瓦斯信息正确动作。

▶ 故障处理步骤和方法：

（1）根据故障现象——主站、后台、厂站自动化系统信息接入设备都未出现报警信息，而且保护瓦斯信息已动作，可以初步判断为传输电缆故障或接线故障。

（2）在电抗器分电箱端子排处打开现场端电缆接线，短接、断开公共端和信号端，观察主站、后台和厂站自动化系统信息接入设备是否能正确反映，发现能正确反映。恢复接线后，发现故障信息已上传至主站、后台、厂站自动化系统信息接入设备。说明该故障是由于电缆接至分电箱端子排时出现虚接、接触不良等情况导致信号无法正确上传。

（3）在气体继电器处多次模拟分合操作，观察信号是否可以正确上传。

（4）厂站和主站依照检验规范，对此瓦斯遥信信息进行联合故障检验，确认合格后，故障处理结束。

实例 4　气体继电器通过电缆接至分电箱端子排时，端子排出现短接情况导致主站、后台和厂站自动化系统气体继电器动作信息异常。

▶ 故障现象：

主站、后台和厂站自动化系统信息接入设备出现气体继电器动作信息，电抗器实际未发生瓦斯动作，保护瓦斯信息未动作。

▶ **故障处理步骤和方法：**

（1）根据故障现象——主站、后台、厂站自动化系统信息接入设备都出现报警信息，而且保护瓦斯信息未动作，可以初步判断为传输电缆故障或接线故障。

（2）在电抗器分电箱端子排处打开现场端电缆接线，短接、断开公共端和信号端，观察主站、后台和厂站自动化系统信息接入设备是否能正确反映，发现无法正确反映。解开端子排内侧至厂站自动化系统后台的电缆接线，短接、断开公共端和信号端，观察主站、后台和厂站自动化系统信息接入设备是否能正确反应，发现可以正确反应。由此可断定为端子排故障导致信号短接。更换端子排，恢复接线。

（3）在气体继电器处多次模拟分合操作，观察信号是否可以正确上传。

（4）厂站和主站依照检验规范，对此瓦斯遥信信息进行联合故障检验，确认合格后，故障处理结束。

实例 5 **电抗器速动油压继电器故障动作，电抗器速动油压信息异常。**

▶ **故障现象：**

主站、后台和厂站自动化系统信息接入设备存在相同遥信信息，电抗器未达到油压速动保护定值，速动油压继电器故障导致保护信息动作，主站和后台会同时出现速动油压信息。

▶ **故障处理步骤和方法：**

（1）根据故障现象——主站、后台、厂站自动化系统信息接入设备都存在同样的问题，而且速动油压信息动作，可以直接确定速动油压保护真的动作，但电抗器实际未达到速动油压动作值，所以可以初步判断为速动油压继电器故障。

（2）在电抗器分电箱处检查电抗器速动油压保护的输出，发现信息处于动作状态。有部分电抗器的速动油压信息从保护屏转发，而速动油压继电器至保护屏中间没有断点，这样只能检查保护屏的速动油压信息输入，同样发现信息处于动作状态。

（3）对电抗器进行停电，检查速动油压继电器信息输出端子，发现信息同样处于动作状态，电抗器实际未达到速动油压动作值，可以判定为速动油压继电器故障。

（4）更换速动油压继电器，故障消除。

（5）厂站和主站依照检验规范，对此速动油压遥信信息进行联合故障检验，确认合格后，故障处理结束。

实例 6 **电抗器速动油压继电器至电抗器分电箱电缆故障，导致速动油压信息异常。**

▶ **故障现象：**

主站、后台和厂站自动化系统信息接入设备出现了相同遥信信息，电抗器实际未达到速动油压动作限值，保护速动油压信息未动作。

▶ **故障处理步骤和方法：**

（1）根据故障现象——主站、后台、厂站自动化系统信息接入设备都存在同样的问题，而且速动油压保护未动作，可以初步判速动油压继电器正常。

（2）在电抗器分电箱端子排处打开现场端电缆接线，短接、断开公共端和信号端，观察主站、后台和厂站自动化系统信息接入设备是否能正确反映，发现能正确反映。恢复接线后，如测量分电箱速动油压保护信息的输入端，信息处于异常状态，就可以判定电抗器速动油压继电器至电抗器分电箱电缆出现故障。

（3）对电抗器进行停电，更换电抗器速动油压继电器至电抗器分电箱电缆，故障消除。

（4）厂站和主站依照检验规范，对此速动油压遥信信息进行联合故障检验，确认合格后，故障处理结束。

实例7　因电抗器压力释放阀或压力释放阀至电抗器分电箱电缆故障，导致电抗器压力信息异常。这种故障发生时，可能会出现电抗器压力信息闪报、漏报、频报和误报现象。

▶ **故障现象：**

主站、后台和厂站自动化系统信息接入设备出现了相同遥信信息，但电抗器实际未发生压力释放。

▶ **故障处理步骤和方法：**

（1）根据故障现象——主站、后台、厂站自动化系统信息接入设备都接到了同样的信息，但电抗器实际未发生压力释放，可以初步判断有电抗器压力释放异常信息输入。

（2）在电抗器分电箱端子排处打开现场端电缆接线，短接、断开公共端和信号端，观察主站、后台和厂站自动化系统信息接入设备是否能正确反映，发现能正确反映，可以判定为电抗器压力释放阀或压力释放阀至电抗器分电箱电缆故障。

（3）对电抗器进行停电，检查压力释放阀或压力释放阀至电抗器分电箱电缆，确定故障部位，维修更换设备或电缆，故障消除。

（4）厂站和主站依照检验规范，对此压力释放信息进行联合故障检验，确认合格后，故障处理结束。

实例8　因电抗器分电箱端子排故障，导致电抗器压力故障信息无法正确上传。

▶ **故障现象：**

主站、后台和厂站自动化系统信息接入设备均未出现电抗器压力故障信息，但电抗器实际已发生压力释放。

▶ **故障处理步骤和方法：**

（1）根据故障现象——主站、后台、厂站自动化系统信息接入设备都未出现压力故障信息，但电抗器实际已发生压力释放，可以初步判断信号传输过程中有断开点。

（2）在电抗器分电箱端子排处打开现场端电缆接线，短接、断开公共端和信号端，观察主站、后台和厂站自动化系统信息接入设备是否能正确反映，发现无法正确反映。解开端子排内部接线，重复上述操作，发现主站、后台和厂站自动化系统信息接入设备可以正确反映。因此可判定为电抗器分电箱端子排故障导致信号无法正确上传。

（3）更换端子排后恢复接线，就地模拟电抗器压力释放阀动作信息，确定主站、后台、厂站自动化系统信息接入设备可正确反映其动作信息。

（4）厂站和主站依照检验规范，对此压力释放信息进行联合故障检验，确认合格后，故障处理结束。

实例 9 因电抗器温度变送器故障，导致电抗器温度信息异常，这种异常可能包括电抗器温度遥测信息不变、跳变、过高、过低等，也导致了相应的遥信信息动作，遥信、遥测信息间相互存在紧密联系，比如温度遥测信息跳变时，电抗器遥信温度高信号频报。

▶ **故障现象：**

主站、后台、电抗器现场温度表和厂站自动化系统信息接入设备出现了相同遥测信息故障现象，温度遥测值可能出现不变、跳变、过高、过低等。

▶ **故障处理步骤和方法：**

（1）根据故障现象——主站、后台、厂站自动化系统信息接入设备、现场温度表都存在同样的问题，初步判断电抗器温度变送器故障。

（2）在电抗器分电箱处测量电阻，确定电阻值与实际温度是否存在偏差，确定存在偏差。

（3）因电抗器在运行中，应申请停电处理。

（4）停电后，经过检查发现温度变送器故障，更换变送器，故障消除。

（5）厂站和主站依照检验规范，对此温度遥测信息进行联合故障检验，确认合格后，故障处理结束。

实例 10 因温度变送器至电抗器分电箱遥测电缆故障，导致电抗器温度遥测信息异常。这种遥测信息故障，可能导致遥测信息的不准（偏高或偏低）、不变或跳变，现场温度表送出的遥信信息没有异常。

▶ **故障现象：**

主站、后台和厂站自动化系统信息接入设备出现了相同遥测信息故障现象，现场温度表指示正常，并未错误触发相应的温度遥信信息。

▶ **故障处理步骤和方法：**

（1）根据故障现象——主站、后台、厂站自动化系统信息接入设备都存在同样的问题，但电抗器现场温度表指示正常，可以判断温度变送器正常。

（2）检查厂站自动化系统信息接入设备端子排，未发现故障。在厂站自动化系统信息接入设备端子排上，断开温度遥测电缆接线。加入标准电阻源，主站、后台和厂站自动化系统信息接入设备都能正确显示加入电阻值对应的温度值。最后恢复电缆接线。

（3）检查电抗器分电箱端子排，未发现故障，断开分电箱端子排现场端温度遥测电缆，加入标准电阻源，主站、后台和厂站自动化系统信息接入设备都能正确显示加入电阻值对应的温度值，恢复所有接线。初步判断温度变送器至电抗器分电箱遥测电缆或连接故障。

（4）因电抗器在运行中，应申请停电处理。

（5）停电后，经过检查发现温度变送器至电抗器分电箱遥测电缆存在故障，更换电缆，故障消除。

（6）厂站和主站依照检验规范，对此温度遥测信息进行联合故障检验，确认合格后，故障处理结束。

实例 11 因温度变送器至电抗器现场温度表电缆故障，导致电抗器温度遥信信息异常。这种故障发生时，可能会出现电抗器遥信信息闪报、漏报、频报和误报现象。

▶ **故障现象：**

主站、后台和厂站自动化系统信息接入设备出现了相同遥信信息，同时电抗器现场温度表也反映了相同的故障现象。主站和后台显示的电抗器温度遥测信息正常。

▶ **故障处理步骤和方法：**

（1）根据故障现象——主站、后台、电抗器现场温度表、厂站自动化系统信息接入设备都存在同样的问题，遥测正常，可以初步判断电抗器现场温度表及其输入存在问题。

（2）在电抗器分电箱端子排处，对温度遥信信息接入端短路或断开信号线，主站、后台和厂站自动化系统信息接入设备都能正确显示遥信变化，恢复所有接线。

（3）在温度表处测量变送器输入的电阻值，发现电阻值与实际温度存在偏差。可以判定为输入信息故障。

（4）因电抗器在运行中，应申请停电处理。

（5）停电后，经过检查发现温度变送器至电抗器现场温度表电缆存在故障，更换电缆，故障消除。

（6）厂站和主站依照检验规范，对此温度遥信信息进行联合故障检验，确认合格后，故障处理结束。

实例 12 因电抗器现场温度表故障，导致电抗器温度遥信信息异常。这种故障发生时，电抗器温度遥测信息正常，只是遥信信息异常，可能会出现闪报、漏报、频报和误报现象。

▶ **故障现象：**

主站、后台和厂站自动化系统信息接入设备出现了相同遥信，温度遥测信息正常。电抗器现场温度表可能出现不同现象，可能有相同故障现象，也可能没有，或者表针停止不动了。

▶ **故障处理步骤和方法：**

（1）依照故障现象——主站、后台、厂站自动化系统信息接入设备都存在同样的遥信问题，遥测正常，可以初步判断温度变送器正常。

（2）检查电抗器分电箱端子排，未发现故障，打开电抗器分电箱端子排现场端温度遥信电缆接线，短接、断开公共端和信号端，观察主站、后台和厂站自动化系统信息接入设备是否能正确反映，发现能正确反映，恢复所有接线。

（3）在温度表处测量变送器输入的电阻值，发现电阻值与实际温度相符，温度表显示却存在问题，更换温度表，故障消除。如果无法在电抗器运行时候更换，需要停电更换。

（4）厂站和主站依照检验规范，对此温度遥信信息进行联合故障检验，确认合格后，故障处理结束。

实例 13 因电抗器现场温度表至电抗器分电箱电缆故障，导致电抗器温度遥信信息异常。这种故障发生时，电抗器遥测信息正常，只是遥信信息异常，可能会闪报、漏报、频报和误报现象。

▶ **故障现象：**

主站、后台和厂站自动化系统信息接入设备出现了相同遥信信息，遥测信息正常。电抗器现场温度表正常显示，没有出现遥信反映的问题。

▶ **故障处理步骤和方法：**

（1）根据故障现象——主站、后台、厂站自动化系统信息接入设备都存在同样的问题，遥测正常，遥信故障，可以初步判断现场温度表和温度变送器都是正常的。

（2）在电抗器分电箱端子排处打开现场端电缆接线，短接、断开公共端和信号端，观察主站、后台和厂站自动化系统信息接入设备是否能正确反映，发现能正确反映，恢复所有接线。

（3）在现场温度表处测量变送器输入的电阻值，发现电阻值与实际温度相符，且现场温度表正确显示。检查温度表的遥信输出，发现其输出和分电箱接收到的信息不符，可以判定为电抗器现场温度表至电抗器分电箱电缆存在故障。

（4）更换电抗器现场温度表至电抗器分电箱电缆，故障已消除。

（5）厂站和主站依照检验规范，对此温度遥信信息进行联合故障检验，确认合格后，故障处理结束。

实例 14 因电抗器油位表或油位表至电抗器分电箱电缆故障，导致电抗器油位信息异常。这种故障发生时，可能会出现电抗器油位信息闪报、漏报、频报和误报现象。

▶ **故障现象：**

主站、后台和厂站自动化系统信息接入设备出现了相同遥信信息，但电抗器实际未发生油位异常。

▶ **故障处理步骤和方法：**

（1）根据故障现象——主站、后台、厂站自动化系统信息接入设备都接到了同样的信息，但电抗器实际未发生油位异常，可以初步判断是现场实际输入信息存在异常。

（2）在电抗器分电箱端子排处打开现场端电缆接线，短接、断开公共端和信号端，观察主站、后台和厂站自动化系统信息接入设备是否能正确反应，发现能正确反应，可以判定为电抗器油位表或油位表至电抗器分电箱电缆故障。

（3）对电抗器进行停电，检查电抗器油位表或油位表至电抗器分电箱电缆，确定故障部位，维修更换设备或电缆，故障消除。

（4）厂站和主站依照检验规范，对此油位信息进行联合故障检验，确认合格后，故障处理结束。

6.3　练　习

1. 电抗器气体继电器未动作，但主站、后台和厂站自动化系统均有报警信息，判断可能的故障点有哪些？

2. 电抗器速动油压保护动作，电抗器电源已被切除，但排查发现速动油压继电器并未动作，请列举可能导致此故障的原因，并说明此时自动化系统内有哪些报警信息？

3. 电抗器温度表显示温度与自动化系统显示的值不一致，分析可能的故障原因有哪些？

4. 自动化系统出现电抗器温度越限告警，但通过现场检查发现电抗器温度表温度值正常，请列举可能的故障点。

5. 若自动化系统出现电抗器油位信息异常，说明排查本故障的详细步骤。

第 7 章

电容器信息原理及故障分析

　　电力电容器是变电厂站内重要的电气设备之一，它是一种无功补偿装置。电力系统的负荷和供电设备如电动机、变压器、互感器等，除了消耗有功电力以外，还要"吸收"无功电力。如果这些无功电力都由发电机供给，必将影响它的有功出力，不但不经济，而且会造成电压质量低劣，影响用户使用。电容器的功用就是无功补偿。通过无功就地补偿，可减少线路能量损耗；减少线路电压降，改善电压质量；提高系统供电能力。因为常规厂站电容器本体无任何传感器及辅助接点，本体不能触发任何运行状态信息，所以常规助控保装置来反映其运行状态、故障信息及控制其投切。常规保护遥信信息如表 7-1 所示，常规开关遥信信息如表 7-2 所示，常规遥测信息如表 7-3 所示，常规遥控信息如表 7-4 所示。

表 7-1　　常规电容器保护遥信信息表

序号	信号名称
1	过流保护.动作
2	过压保护.动作
3	欠压保护.动作
4	差压保护.动作
5	差流保护.动作
6	控保装置控制回路断线.告警
7	控保装置异常.告警
8	控保装置闭锁.告警
9	电容器测控装置操作就地位置
10	电容器测控装置操作远方位置

表 7-2　　常规电容器开关遥信信息表

序号	信号名称
1	断路器位置.告警
2	隔离开关位置.告警
3	电容器 SF_6 压力异常.告警
4	电容器储能电动机电源闭锁.告警
5	电容器机构电源消失.告警
6	电容器储能电源消失.告警
7	电容器加热器投入.告警
8	电容器弹簧未储能.告警

表 7-3　　常规电容器遥测信息表

序号	信号名称
1	无功功率
2	三相电流

表 7-4　　常规电容器控制信息表

序号	信号名称
1	电容器断路器投、切

7.1　原　理　分　析

　　电容器的类型较多，可以按照电压等级进行分类，包括 220、66、10kV 等，也可以依照电容器安装环境进行分类，包括室内、室外等，图 7-1 和图 7-2 所示分别是 66kV 室外电容器和 10kV 室外电容器。

图 7-1　66kV 室外电容器　　　　　　　图 7-2　10kV 室外电容器

　　传统电容器一次设备信息,是依靠二次系统对其采集,可以分为开关位置、保护遥信信息,电流、电压遥测信息,电容器投退控制,辅助设备信息等。

7.1.1　保护遥信信息

　　保护信息是由控保装置或是有测控装置发出的,针对电容器一次设备运行特点制订的,不仅能准确反映电容器本身故障,也能在电力系统异常、故障时起到保护电容器的作用,增加电容器的使用寿命,提高其运行可靠性。主要保护信息为过压保护、低压保护、差压保护、差流保护及过流保护等。图 7-3 为电容器保护遥信信息采集传送原理图。

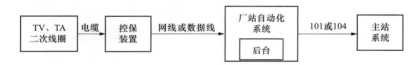

图 7-3　电容器保护遥信信息采集传送原理图

7.1.2　控制回路断线遥信信息

　　控制回路的检测一般都是 HWJ 和 TWJ 两个继电器常闭触点的串联,在断路器断开和闭合时,至少有一个继电器带电,如果跳闸回路出现问题或合闸回路出现问题均会造成断线信号发出。导致控制回路断线的因素有很多,开关操作电源失电,储能电源失电,SF$_6$压力闭锁,手车未到工作或实验位置,手车电源未插好,开关的辅助接点接触不良等。图 7-4 为电容器控制回路断线信息采集传送原理图。

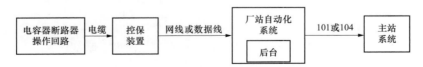

图 7-4　电容器控制回路断线信息采集传送原理图

7.1.3　电容器控保装置异常、闭锁遥信信息

　　电容器控保装置检测到影响正常运行的情况下会发异常信号,比如 TA 断线、弹簧未储能、TWJ 异常等,如控保装置检测到保护无法运行时会发闭锁信号,比如保护定值

131

出错、装置电源异常、CPU 或管理板件损坏等。

图 7-5 电容器控保装置异常、闭锁信息采集传送原理图

7.1.4 断路器、隔离开关遥信信息

断路器、隔离开关遥信反映电容器断路器及隔离开关分、合位置的信息，一般采集于断路器、隔离开关的辅助接点，有取单接点，也有取双接点的。单接点就是取断路器的常开接点，断路器分位时，辅助接点打开，遥信值为 0，断路器合位时，接点闭合，遥信值为 1。双位置接点就是取一对常开、常闭接点，断路器分位时，常开接点打开，遥信值为 0，常闭接点闭合，遥信值为 1；断路器合位时，常开接点闭合，遥信值为 1，常闭接点打开，遥信值为 0。一般 10kV 电容器都是单位置遥信信号，66kV 电容器取双位置遥信信号。这里调度主站和厂站后台根据实际需要来选择。

图 7-6 电容器断路器、隔离开关信息采集传送原理图

7.1.5 电容器断路器 SF₆ 压力异常·闭锁 告警

电容器断路器 SF_6 压力异常信息是利用 SF_6 气体密度继电器（气体温度补偿压力断路器）监视 SF_6 气体压力的变化。额定的气体压力是 0.6MPa，当 SF_6 气压降至第一报警值时，密度继电器动作，发出"SF_6 压力低"信号，这时应由检修人员进行补气；当 SF_6 气体压力下降至第二报警值时，密度继电器动作，发出"SF_6 压力闭锁"信号，这时断路器分、合闸无法操作。

图 7-7 电容器 SF_6 压力异常、闭锁信息采集传送原理图

7.1.6 电容器断路器储能遥信信息

电容器断路器储能遥信信息取自储能弹簧的限位接点，根据不同要求有取未储能信号，也有取已储能信号，区别在于取储能弹簧的限位常闭、常开接点不同。未储能信号取常闭接点，已储能信号就取常开接点。

132

图 7-8　电容器断路器弹簧未储能信息采集传送原理图

7.1.7　电容器断路器机构电源遥信信息

电容器断路器机构电源遥信信息包括储能电动机电源闭锁、机构电源消失、储能电源消失、加热器电源消失等信息。一般都是空气断路器常闭辅助接点产生，正常情况下空气断路器处于合位，辅助接点断开，电源遥信值为 0，当空气断路器跳闸时，辅助节点闭合，电源消失遥信信号处于动作状态，即遥信值为 1。大型、电压等级高、遥信信息特别多的变电站为了减少信号量，减轻调度员的监控压力会将电容器断路器的所有电源信号合并成为一个信号，即电容器断路器电源故障遥信信息，只有所有电源空气断路器在合位时，电源遥信值才为 0。

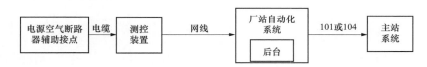

图 7-9　电容器断路器机构电源遥信信息采集传送原理图

7.1.8　电容器的遥测信息

电容器的遥测信息主要有电流、电压及无功信息。电流、电压是通过电流互感器、电流互感器二次绕组采集二次值，无功功率是控保装置根据采集到的二次电流、电压值计算出的。这里要说明的是三相电流的极性要一致，否则，无功的计算是不正确的。通过电流、电压互感器的变比计算出一次值，可以通过主站填写变比系数或者厂站填好系数直接上传主站方式。

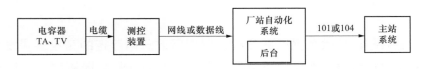

图 7-10　电容器遥测信息采集传送原理图

7.1.9　电容器投、退控制

电容器的投、退控制可以通过控制电容器的断路器来实现，断路器的远方遥控就是将遥控的接点并接在手合、手分的操作回路上，区别就在遥控时，操作把手打到远方位置，人工合分时，把手打到就地位置。

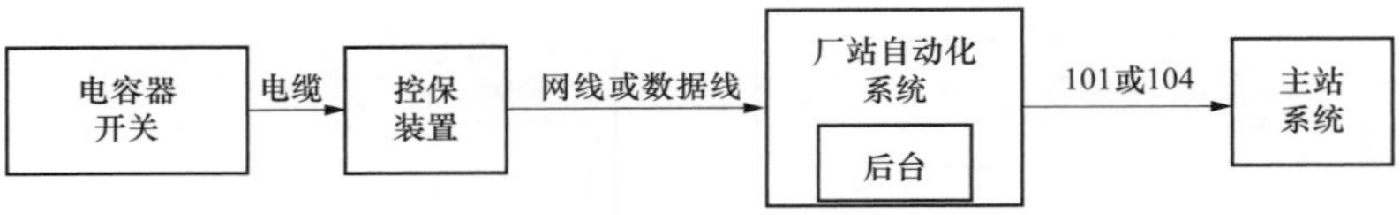

图 7-11 电容器遥控信息采集传送原理图

7.2 故 障 实 例

实例 1 因电容器测控装置二次电压 A、B 相颠倒导致送电后电流、电压后台、主站显示正常，无功显示为 **0**。

▶ 故障现象：

电容器送电前，向测控装置加入标准电流、电压量，无功显示正常，送电后，主站、后台和厂站自动化系统信息接入设备出现了电流、电压显示正常，而无功功率显示为 0 现象。

▶ 故障处理步骤和方法：

（1）根据故障现象主站、后台和厂站自动化系统信息接入设备都存在同样的问题，且送电前，向测控装置加入标准电流、电压量，无功均显示正常，查看电容器测控装置采集遥测信息与主站、后台和厂站自动化系统信息接入设备一致，可以判断测控装置本身、后台，主站、厂站自动化系统信息接入设备以及通信是正常的。

（2）断开电容器测控装置的电压空气断路器，逐相合上电压空气断路器，同时检查测控装置电压情况，发现空气断路器 A、B 与测控装置端子不对应，相序颠倒。可以断定是电压相序颠倒造成的。

（3）断开电容器测控装置的电压空气断路器，在测控电压回路端子排上将 A、B 电压颠倒后，合上电压空气断路器。无功功率显示正常，故障消除。

（4）厂站和主站依照检验规范，对此电容器遥测信息进行联合故障检验，确认合格后，故障处理结束。

实例 2 因电容器测控保装置遥测参数设置原因或长期运行的测控装置发生遥测参数记忆失效发生变化导致电流、电压、无功遥测数据后台、主站显示为 **0**，数据不刷新。

▶ 故障现象：

主站、后台和厂站自动化系统信息接入设备出现了电流、电压、无功显示不正常，长期不刷新，电容器遥信、遥控正常。

▶ 故障处理步骤和方法：

（1）根据故障现象主站、后台和厂站自动化系统信息接入设备都存在同样的问题，检查电容器控保装置本身的遥测数据，电流、电压、无功功率都是正常变化的，就是不上传向后台、主站，根据遥信、遥控信息正常现象，排除通信中断故障，也排除电流、电压二次回路故障，基本断定是电容器控保装置本身原因。

（2）在电容器控保装置上检查遥测参数设置情况，发现电流、电压、无功功率参数级别为一般参数，修改为重要数据后，故障消除。

（3）厂站和主站依照检验规范，对此电容器遥测信息进行联合故障检验，确认合格后，故障处理结束。

实例 3 　因电容器测控装置测量电流回路极性不一致导致后台、主站电流、电压显示正常，无功显示为不正常。

　▶ **故障现象：**

电容器送电前，向测控装置加入标准电流、电压量，无功显示正常，送电后，主站、后台和厂站自动化系统信息接入设备出现了电流、电压显示正常，而无功功率显示不正常现象。

　▶ **故障处理步骤和方法：**

（1）根据故障现象主站、后台和厂站自动化系统信息接入设备都存在同样的问题，且送电前，向测控装置加入标准电流、电压量，无功均显示正常，查看电容器测控装置采集遥测信息与主站、后台和厂站自动化系统信息接入设备一致，可以判断测控装置本身、后台，主站、厂站自动化系统信息接入设备以及通信是正常的。

（2）用相位表测量三相电流相位，或在测控装置上查看三相电流与 A 相电压的角度来判断电流回路极性是否正确，发现一相电流的极性接反了，可以断定无功功率不正常是测量电流二次回路极性不一致造成的。

（3）对电容器进行停电，对测量电流二次回路从新做极性试验，找到故障相，进行从新接线，故障消除。

（4）厂站和主站依照检验规范，对此电容器遥测信息进行联合故障检验，确认合格后，故障处理结束。

实例 4 　因电容器测控装置测量电流回路极性不一致导致后台、主站电流、电压显示正常，无功显示为不正常。

　▶ **故障现象：**

电容器送电前，向测控装置加入标准电流、电压量，无功显示正常，送电后，主站、后台和厂站自动化系统信息接入设备出现了电流、电压显示正常，而无功功率显示不正常现象。

　▶ **故障处理步骤和方法：**

（1）根据故障现象主站、后台和厂站自动化系统信息接入设备都存在同样的问题，且送电前，向测控装置加入标准电流、电压量，无功均显示正常，查看电容器测控装置采集遥测信息与主站、后台和厂站自动化系统信息接入设备一致，可以判断测控装置本身、后台，主站、厂站自动化系统信息接入设备以及通信是正常的。

（2）用相位表测量三相电流相位，或在测控装置上查看三相电流与 A 相电压的角度来判断电流回路相位是否正确，发现一相电流的相位错误，可以断定无功功率不正常是测量电流二次回路相位不正确造成的。

（3）对电容器进行停电，对测量电流二次回路从新做极性试验，找到故障相，进行从新接线，故障消除。

（4）厂站和主站依照检验规范，对此电容器遥测信息进行联合故障检验，确认合格后，故障处理结束。

实例 5 因电容器测控装置测量电流回路极性导致导致后台、主站和厂站自动化系统信息接入设备无功功率显示为不正确。

▶ **故障现象：**

电容器是无功功率在后台、主站和厂站自动化系统信息接入设备显示的无功功率是正值。

▶ **故障处理步骤和方法：**

（1）电容器是无功补偿电器设备，是向电力系统输送无功功率的，因此在后台、主站和厂站自动化系统信息接入设备显示的无功功率是负值。根据故障现象主站、后台和厂站自动化系统信息接入设备都存在同样的问题。

（2）用相位表测量三相电流相位，或在测控装置上查看三相电流与 A 相电压的角度来判断电流回路相位是否正确，发现三相电流的相位不正确，可以断定无功功率不正常是测量电流二次回路相位不正确造成的。

（3）对电容器进行停电，对测量电流二次回路从新做极性试验，发现电容器的三相电流回路极性都反了，进行从新接线，故障消除。遇到此故障，电容器的无功数值正确，只是正负错误的话，一般都是极性接反造成的，只需将测量的电流二次回路首尾颠倒即可，如遇无法停电，简单的方法可取反上传，或主站直接取反即可。

（4）厂站和主站依照检验规范，对此电容器遥测信息进行联合故障检验，确认合格后，故障处理结束。

实例 6 因电容器断路器、隔离开关辅助接点或接点至电容器分电箱端子排电缆故障，导致电容器断路器、隔离开关遥信信息异常，这种故障发生时，可能会出现电容器断路器、隔离开关遥信信息闪报、不报、频报和误报现象。

▶ **故障现象：**

主站和后台发现电容器断路器、隔离开关遥信信息动作，但实际这些断路器、隔离开关未动作，遥信信息与实际情况不相符。

▶ **故障处理步骤和方法：**

（1）在电容器分电箱端子排处打开断路器、隔离开关遥信信息现场端电缆接线，在端子排上短接、断开公共端和信号端，观察主站、后台和厂站自动化系统信息接入设备遥信是否能正确反映，发现能正确反映。可以判定为电容器断路器、隔离开关辅助接点或辅助接点至电容器分电箱端子排电缆故障。

（2）如电容器断路器、隔离开关辅助接点及其连接电缆与带电部位距离较远，没有触电危险时，用万用表逐级排查，发现电容器断路器、隔离开关辅助接点或辅助接点至电容器分电箱端子排电缆故障，更换另外的辅助接点或电缆，故障消除。若电容器断路器、隔离开关辅助接点及其连接电缆与带电部位距离较近，有触电危险，要求停电进行处理，故障消除。

（3）厂站和主站依照检验规范，对此电容器断路器、隔离开关遥信信息进行联合故障检验，确认合格后，故障处理结束。

实例 7　因电容器断路器 SF$_6$ 压力继电器接点至电容器分电箱端子排电缆故障，导致电容器断路器 SF$_6$ 压力低、压力闭锁遥信信息异常，这种故障发生时，可能会出现电容器断路器 SF$_6$ 压力低、压力闭锁等遥信信息闪报、不报、频报和误报现象。

▶ 故障现象：

主站和后台发现电容器断路器 SF$_6$ 压力低、压力闭锁等遥信信息闪报、不报、频报和误报现象，但实际电容器断路器 SF$_6$ 压力正常，遥信信息与实际情况不相符。

▶ 故障处理步骤和方法：

（1）在电容器分电箱端子排处打开断路器 SF$_6$ 压力低、压力闭锁遥信现场端电缆接线，在端子排上短接、断开公共端和信号端，观察主站、后台和厂站自动化系统信息接入设备遥信是否能正确反映，发现能正确反映。可以判定为电容器断路器 SF$_6$ 压力继电器接点至电容器分电箱端子排电缆故障。

（2）如电容器断路器、隔离开关辅助接点及其连接电缆与带电部位距离较远，没有触电危险时，用万用表逐级排查，发现电容器断路器 SF$_6$ 压力继电器接点或接点至电容器分电箱端子排电缆故障，更换另外的接点或电缆，故障消除。若电容器断路器 SF$_6$ 压力继电器接点至电容器分电箱端子排电缆与带电部位距离较近，有触电危险，要求停电进行处理，故障消除。

（3）厂站和主站依照检验规范，对此电容器断路器 SF$_6$ 压力低、压力闭锁遥信信息进行联合故障检验，确认合格后，故障处理结束。

实例 8　因电容器断路器储能弹簧的限位接点至电容器分电箱端子排电缆故障，导致电容器断路器未储能信号遥信信息异常，这种故障发生时，可能会出现电容器断路器未储能信号遥信信息闪报、不报、频报和误报现象。

▶ 故障现象：

主站和后台发现电容器断路器未储能信号遥信信息闪报、不报、频报和误报现象，但实际电容器断路器弹簧已经储能，遥信信息与实际情况不相符。

▶ 故障处理步骤和方法：

（1）在电容器分电箱端子排处打开断路器未储能信号遥信现场端电缆接线，在端子排上短接、断开公共端和信号端，观察主站、后台和厂站自动化系统信息接入设备遥信是否能正确反映，发现能正确反映。可以判定为电容器断路器储能弹簧的限位接点至电容器分电箱端子排电缆故障。

（2）如电容器断路器储能弹簧的限位接点及其连接电缆与带电部位距离较远，没有触电危险时，用万用表逐级排查，发现电容器断路器储能弹簧的限位接点至电容器分电箱端子排电缆故障，更换另外的接点或电缆，故障消除。若电容器断路器储能弹簧的限位接点至电容器分电箱端子排电缆故障与带电部位距离较近，有触电危险，要求停电进行处理，故障消除。

（3）厂站和主站依照检验规范，对此电容器断路器未储能遥信信息进行联合故障检验，确认合格后，故障处理结束。

实例 9 **因电容器断路器机构电源辅助接点至电容器分电箱端子排故障，导致电容器断路器电源消失遥信信息异常，这种故障发生时，可能会出现电容器断路器电源消失遥信信息闪报、不报、频报和误报现象。**

▶ **故障现象：**

主站和后台发现电容器断路器电源消失遥信信号闪报、频报和误报现象，但实际电容器断路器的所有电源正常，遥信信息与实际情况不相符。

▶ **故障处理步骤和方法：**

（1）在电容器分电箱端子排处打开断路器电源消失遥信现场端电缆接线，在端子排上短接、断开公共端和信号端，观察主站、后台和厂站自动化系统信息接入设备遥信是否能正确反映，发现能正确反映。可以判定为电容器断路器机构电源辅助接点至电容器分电箱端子排故障。

（2）电容器断路器电源消失信号是所有电源空气断路器常闭辅助接点并接的合成信号，因此需先查看电容器分电箱里和电容器断路器机构箱里的所有空气断路器是否都在合位，是否有备用空气断路器的辅助接点也并接在电源消失遥信上，再逐个查找空气断路器的常闭辅助接点是否良好及连接的电缆是否有短接故障。发现空气断路器的常闭辅助接点或其连接电缆故障，需停电处理的，申请停电后，更换空气断路器或连接电缆，故障消除。

（3）厂站和主站依照检验规范，对此电容器断路器电源消失遥信信息进行联合故障检验，确认合格后，故障处理结束。

实例 10 **因电容器断路器长期频繁操作造成的震动致使手车行程开关接点接触不可靠，遥控电容器断路器失败。**

▶ **故障现象：**

主站、后台、厂站自动化系统信息接入设备出现了遥控电容器断路器预置成功，但是执行失败，或者频报控制回路断线告警信息等。

▶ **故障处理步骤和方法：**

（1）自动化厂站维护人员接到故障后，认真听取故障现象。主站、后台、厂站自动化系统信息接入设备都存在同样的问题。查看控保装置遥控命令已执行，遥控压板及二次回路电缆可靠连接，要求运行人员就地分合电容器断路器，就地无法正常分合断路器，初步判断电容器断路器本身故障。

（2）经检查是电容器手车断路器行程开关接触不良，经过调整，故障消除。

（3）厂站和主站依照检验规范，对此遥控电容器断路器执行失败进行联合故障检验，确认合格后，故障处理结束。

实例 11　**因电容器测控装置遥控接点至电容器操作回路电缆故障导致遥控电容器断路器失败。**

▶ **故障现象：**

主站、后台、厂站自动化系统信息接入设备出现了遥控电容器断路器预置成功，但是执行失败，或者报控制回路断线告警信息等。

▶ **故障处理步骤和方法：**

（1）自动化厂站维护人员接到故障后，认真听取故障现象。主站、后台、厂站自动化系统信息接入设备都存在同样的问题。查看控保装置遥控命令已执行，遥控压板及二次回路电缆可靠连接，要求运行人员在测控屏就地分合电容器断路器，就地无法正常分合断路器。在电容器测控装置接线端子排量取遥控公共端及分合端对地直流电压，正常情况遥控公共端直流电压对地为 $+110V$，分合端对地为 $-110V$，如电压测量正常，初步判断是测控装置遥控接点至测控接线端子间故障。如果测量电压不正常，并且无控制回路断线告警，则初步判断是测控接线端子至保护屏间控制电缆故障。如果有控制回路断线告警，则判断为保护屏至断路器本体间故障。

（2）经检查是电容器测控装置遥控接点至测控端子排屏内配线松动所致。经从新紧固螺丝，故障消除。

（3）厂站和主站依照检验规范，对此遥控电容器断路器执行失败进行联合故障检验，确认合格后，故障处理结束。

实例 12　**因电容器测控装置远方、就地操作把手接点故障导致遥控电容器断路器失败。**

▶ **故障现象：**

主站、后台、厂站自动化系统信息接入设备出现了遥控电容器断路器预置成功，但是执行失败。

▶ **故障处理步骤和方法：**

（1）自动化厂站维护人员接到故障后，认真听取故障现象。主站、后台、厂站自动化系统信息接入设备都存在同样的问题。查看控保装置遥控命令已执行，遥控压板及二次回路电缆可靠连接，要求运行人员就地分合电容器断路器，就地可以正常分合断路器。将测控屏开关操作把手分别打到远方和就地位置，在电容器测控装置接线端子排量取遥控公共端对地直流电压，在就地位置时直流电压正常为 $110V$，在远方位置时无直流电压，初步判断电容器测控装置的远方、就地操作把手故障。

（2）经检查是电容器测控装置的远方、就地操作把手的接点不好，更换备用接点，故障消除。

（3）厂站和主站依照检验规范，对此遥控电容器断路器执行失败进行联合故障检验，确认合格后，故障处理结束。

7.3　练　　习

1. 在厂站自动化系统正常的情况下，调度监控员发现电容器无法进行操作，电容器测控装置就地操作也无法进行，在电容器测控装置接线端子排量取遥控公共端及分合端对地直流电压都正常，请分析可能存在的故障点有哪些？

2. 在厂站自动化系统正常的情况下，电容器无法操作，遥测、遥信不刷新，可能存在的故障有哪些？

3. 在厂站自动化系统正常的情况下，电容器断路器、隔离开关取双位置接点，断路器和隔离开关的位置显示不正常，或断路器、隔离开关位置频繁的动作，请分析可能存在的故障点有哪些？

第**8**章

站用变压器及消弧线圈信息原理及故障分析

站用变压器及消弧线圈是厂站内主要的电气设备。站用变压器提供变电站内的生产、生活用电，主要用户有直流系统充电、UPS 系统、高压开关柜内的储能电机、主变压器有载调机构、检修电源箱、动力电源箱、照明等。10～66kV 系统一般都采用小电流接地方式，而消弧线圈正是小电流接地系统的主要设备，10～66kV 系统发生单相接地故障后，故障点产生电容电流，消弧线圈提供电感电流进行补偿，防止弧光过零后重燃，达到灭弧的目的，降低高幅值过电压出现的几率，防止事故进一步扩大。

8.1 站用变压器

站用变压器常用遥信信息如表 8-1 所示，站用变压器常用遥测信息如表 8-2 所示，站用变压器常用遥控信息如表 8-3 所示。

表 8-1 站用变压器遥信信息表

序号	信号名称
1	高温．告警
2	超温．跳闸
3	温控器异常．告警

表 8-2 站用变压器遥测信息表

序号	信号名称
1	高压侧电流
2	低压侧电流
3	低压侧电压
4	低压侧零序电流

表 8-3 站用变压器遥控信息表

序号	信号名称
1	高压侧断路器合闸
2	高压侧断路器分闸
3	低压侧断路器合闸
4	低压侧断路器分闸

8.1.1 原理分析

站用变压器分为干式和油浸式，一般多采用干式变压器。按照电压等级分类，包括35、10kV。图 8-1 所示是 35kV 室内干式站用变压器。

站用变压器信息主要有：温度遥信信息，温控器故障遥信信息，电压、电流测量信息，高低压侧断路器控制信息。

8.1.1.1 温度遥信信息

站用变压器温度遥信信息通过现场数字温控表产生，通过硬接点方式接入测控装置采集，送至自动化系统。信息的采集传输原理如图 8-2 所示。

图 8-1 35kV 室内干式站用变压器

图 8-3 所示为站用变压器数字温控表。

图 8-2　站用变压器温度遥信信息采集传送原理图

图 8-3　站用变压器现场数字温控表

8.1.1.2　温控器异常信息

站用变压器温控器装置异常信息反映装置运行状态，当装置失电或者故障时，发出装置故障信号。装置正常运行时装置内故障接点处于"0"，当装置异常时，故障接点闭合，信号处于"1"，信号直接送至测控装置进行采集，送至自动化系统。信息的采集传输原理如图 8-4 所示。

图 8-4　站用变压器装置异常信息采集传送原理图

8.1.1.3　站用变压器高压侧电流信息

站用变压器高压侧三相电流采自站变高压开关柜 TA，通过电缆将电流量送至站用变压器开关柜内综保装置进行就地采集，采集到的电流量经通信送至自动化系统。信息的采集传输原理如图 8-5 所示。

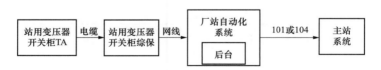

图 8-5　站用变压器高压侧电流采集传送原理图（一）

8.1.1.4　站用变压器低压侧电流信息

站用变压器低压侧三相电流采自站用电 400V 配电屏进线断路器柜 TA，通过电缆将电流量送至站用变压器开关柜内综保装置进行采集，采集到的电流量经通信送至自动化系统。信息的采集传输原理如图 8-6 所示。

8.1.1.5　站用变压器低压侧电压信息

站用变压器低压侧电压采自站用电 400V 配电屏进线断路器柜 400V 母线，通过电缆将电压量送至站用变压器开关柜内综保装置进行采集，采集到的电压量经通信送至自动化系统。信息的采集传输原理如图 8-7 所示。

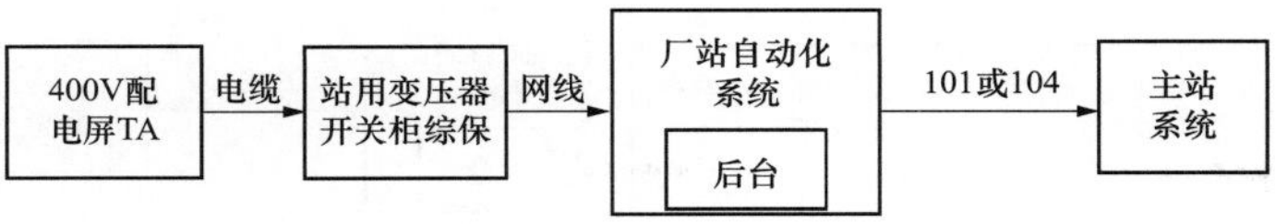

图 8-6 站用变压器高压侧电流采集传送原理图（二）

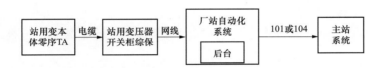

图 8-7 站用变压器高压侧电流采集传送原理图（三）

8.1.1.6 站用变压器低压侧零序电流信息

站用变压器低压侧零序电流采自站用变压器本体低压侧零序 TA，通过电缆将零序电流量送至站用变压器开关柜内综保装置进行采集，采集到的电流量经通信送至自动化系统。信息的采集传输原理如图 8-8 所示。

图 8-8 站用变压器高压侧电流采集传送原理图（四）

8.1.1.7 站用变压器高压侧断路器控制

主站或后台下达站用变压器高压侧断路器分合闸命令至厂站自动化系统，厂站自动化系统通过通信将命令下达至站用变压器高压侧开关柜综保装置，综保断路器分合闸出口接点动作，高压断路器控制回路接通，断路器分合闸线圈得电吸合，断路器分合闸动作。控制信息的传输原理如图 8-9 所示。

图 8-9 站用变压器高压侧电流采集传送原理图（五）

8.1.1.8 站用变压器低压侧断路器控制

主站或后台下达站用变压器低压侧断路器分合闸命令至厂站自动化系统，厂站自动化系统通过通信将命令下达至公共测控装置，公共测控装置断路器分合闸出口接点动作，高压断路器控制回路接通，断路器分合闸线圈得电吸合，断路器分合闸动作。控制信息的传输原理如图 8-10 所示。

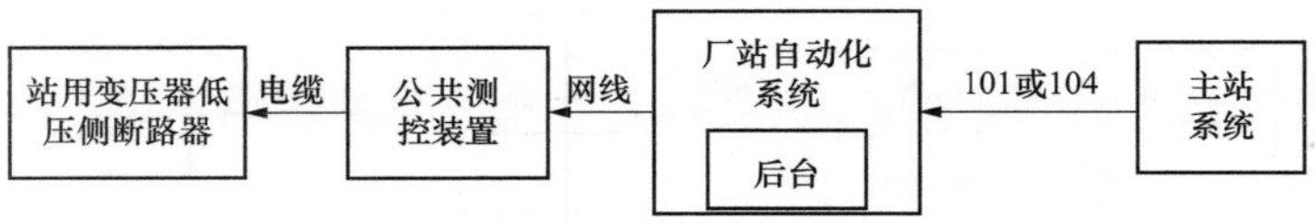

图 8-10　站用变压器高压侧电流采集传送原理图（六）

8.1.2　故障实例

本节的故障实例从现场信息采集开始，到厂站自动化系统接受信息止，包括中间的信息传输。因厂站自动化系统的故障单独分章解析，在这里不作介绍。

实例1　因站用变压器温度变送器故障，导致站用变压器温度信息异常，这种异常可能包括站用变压器温度信息不变、无数值、过高、过低等，也可能导致温度高报警或跳闸接点动作。

▶ 故障现象：

站用变压器现场温度表显示错误，与实际不符合，也可能发出温度高报警或跳闸信号等。

▶ 故障处理步骤和方法：

（1）根据故障现象，现场进行检查，初步判断站用变压器温度变送器或者数字温度控制器故障。

（2）在站用变压器二次接线端子箱处测量电阻，确定电阻值与实际温度是否存在偏差，确定存在偏差。

（3）因站用变压器在运行中，应申请停电处理。

（4）停电后，经过检查发现温度变送器故障，更换变送器，故障消除。

（5）厂站和主站依照检验规范，对此温度信息进行联合故障检验，确认合格后，故障处理结束。

实例2　因站用变压器数字温控表失电，导致温控表装置异常报警。这种故障发生时，数字温控表不工作，不能发出高温报警及跳闸信号。

▶ 故障现象：

主站、后台和厂站自动化系统报温控器异常信号。站用变压器现场数字温控表无显示。

▶ 故障处理步骤和方法：

（1）依照故障现象——主站、后台、厂站自动化系统报温控器异常信号，可以初步判断数字温控表故障或装置失电。

（2）现场检查数字温控表无显示，用万用表测量装置电源处无电压，检查确定装置电源空气断路器跳闸。

（3）检查线路无问题后恢复送电，装置恢复运行。

（4）厂站和主站依照检验规范，对此装置遥信信息进行联合故障检验，确认合格后，故障处理结束。

实例 3 因站用变压器高压开关柜内控制回路控制电缆连接故障，导致高压断路器无法分合闸。

▶ **故障现象：**

主站、后台和厂站自动化系统信息接入设备都接收到控制回路断线信息，无法正常分合闸操作。

▶ **故障处理步骤和方法：**

（1）站用变压器高压开关柜报控制回路断线故障，对开关柜进行遥控，并在综保装置处测遥控分闸开出点，开出点正常动作，开关柜无法动作。

（2）现场检查确定开关柜内控制回路电缆虚接。

（3）紧固电缆连接后，故障消除。

（4）厂站和主站依照检验规范，对此站用变压器控制进行联合故障检验，确认合格后，故障处理结束。

实例 4 因站用变压器高压开关柜内 TA 回路电流端子虚接，导致站用变压器高压一相无电流显示。

▶ **故障现象：**

主站、后台和厂站自动化系统信息接入设备接收不到站用变压器高压侧 A 相电流信息。

▶ **故障处理步骤和方法：**

（1）主站、后台和厂站自动化系统检查发现站用变压器高压侧 A 相无电流显示，其他两相显示正常。

（2）现场检查综保装置 A 相同样无电流。

（3）现场检查发现开关柜内电流端子处有放电声，确定电流端子虚接故障，对该开关柜进行停电，紧固电流端子后设备恢复运行，故障消除。

（4）厂站和主站依照检验规范，对此站用变压器电流测量进行联合故障检验，确认合格后，故障处理结束。

实例 5 因站用电屏出线电缆故障，直流屏失去一路交流电源。

▶ **故障现象：**

主站、后台和厂站自动化系统信息接入设备接收到直流屏交流失电故障。

▶ **故障处理步骤和方法：**

（1）主站、后台和厂站自动化系统报直流屏交流失电故障，现场检查直流屏一路电源无电压。

（2）检查站用电屏发现直流屏电源开关跳闸。

（3）检查该线路绝缘，发现电缆故障，更换电缆后恢复设备运行。

（4）厂站和主站依照检验规范，对此站用电屏出线电缆进行联合故障检验，确认合格后，故障处理结束。

8.2 消 弧 线 圈

消弧线圈常用遥信信息如表 8-4 所示，常用遥测信息如表 8-5 所示。

表 8-4	消弧线圈遥信信息表
序号	信号名称
1	接地．告警
2	到最低挡．告警
3	到最高挡．告警
4	手动/自动
5	单机/联机
6	装置异常．告警
7	交流失电．告警
8	直流失电．告警
9	有载拒动．告警
10	调谐器异常．告警

表 8-5	消弧线圈遥测信息表
序号	信号名称
1	电容电流
2	脱谐度
3	残流
4	中性点电流
5	中性点电压

8.2.1 原理分析

消弧线圈分为干式和油浸式。按照电压等级分类，包括 35、10kV。图 8-11 所示是 35kV 室内干式消弧线圈。

消弧线圈信息主要有：接地告警、挡位信息、装置故障、交直流失电、控制器运行状态等遥信信息；中性点电压、中性点电流、脱谐度、残流、电容电流等遥测信息。

8.2.1.1 装置异常信息

消弧线圈装置异常信息反映装置运行状态，当装置失电或者故障时，发出装置故障信号。装置正常运行时装置内故障接点处于"0"，当装置异常时，故障接点闭合，信号处于"1"，信号直接送至测控装置进行采集，再送到厂站自动化系统中，最后展示到后台

图 8-11 35kV 室内干式消弧线圈

与主站自动化系统中，信息的采集传输原理如图 8-12 所示。

图 8-12 站用变压器、消弧线圈装置异常信息采集传送原理图

8.2.1.2 接地告警信息

接地告警信号通过硬接点和 RS 485 通信两种方式送至自动化后台。消弧线圈控制器通过采集系统零序电压判断是否发生接地故障，当系统零序电压超过设定值时，控制

器内接地故障接点动作闭合，信号由"0"变为"1"，信号送至公共测控，同时控制器通过 RS 485 接口采用 MODBUS、CDT 等通信规约将信号送至规约转换器，再送到厂站自动化系统中，最后展示到后台与主站自动化系统中，信息的采集传输原理如图 8-13 所示。图 8-14 所示为消弧线圈控制器。

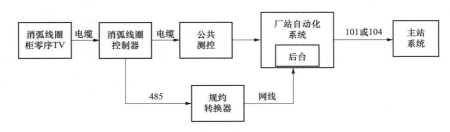

图 8-13　接地告警信息采集传送原理图

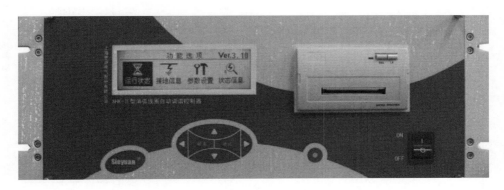

图 8-14　消弧线圈控制器

8.2.1.3　挡位信息

消弧线圈挡位信息从消弧线圈控制箱采集，消弧线圈控制箱安装消弧线圈柜，如图 8-16 所示。挡位信息可以采用一个挡一个遥信。挡位信息有十几个。本书以 19 个挡位的消弧线圈为例，消弧线圈 19 个挡位的接点经过有载开关端子排接入消弧线圈控制器进行采集，每一个开入量对应一个挡位信息。挡位信息采集传输原理如图 8-15 所示。消弧线圈控制器通过 RS485 接口采用 MODBUS、CDT 等通信规约将挡位信号送至规约转换器，再送到厂站自动化系统中，最后展示到后台与主站自动化系统中。图 8-17 所示为消弧线圈挡位端子排图。

图 8-15　挡位信息采集传送原理图

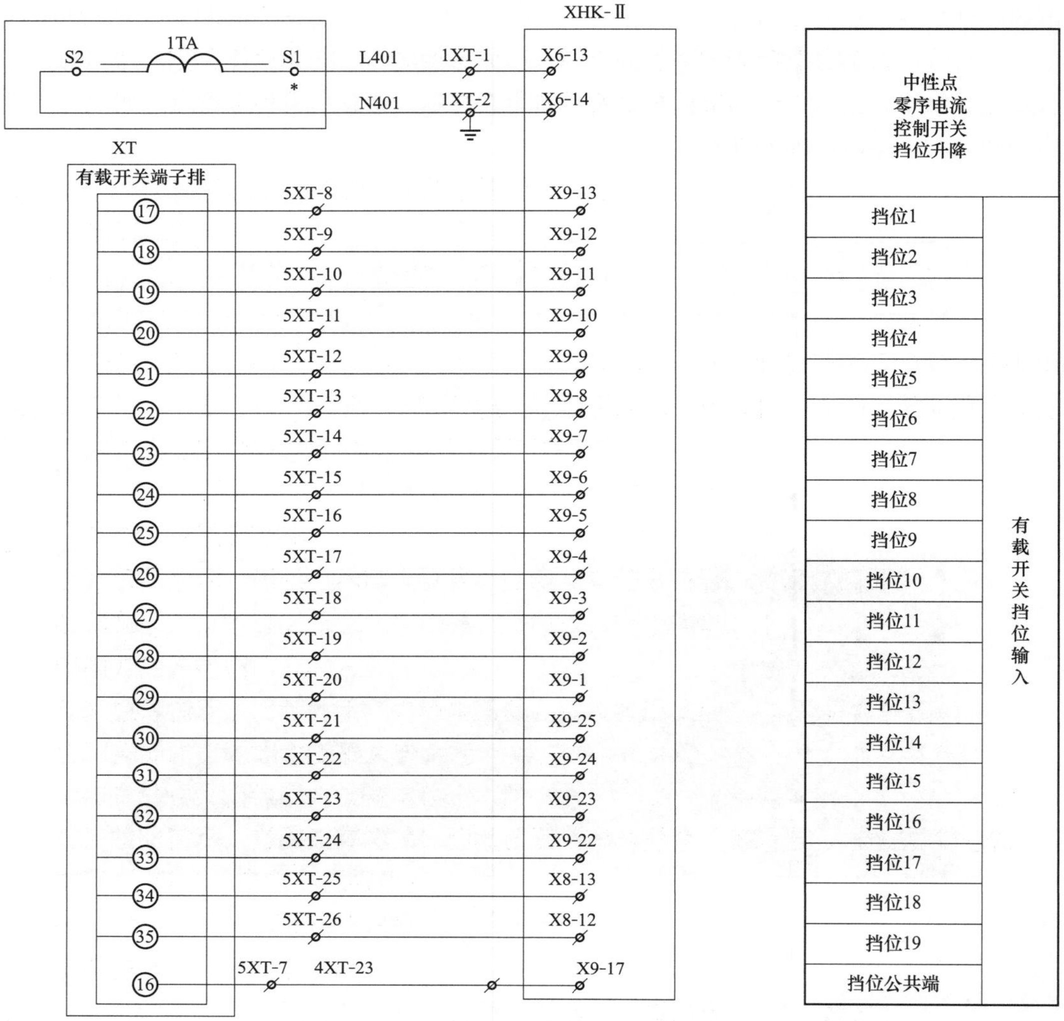

图 8-16　消弧线圈器挡位信息采集原理图

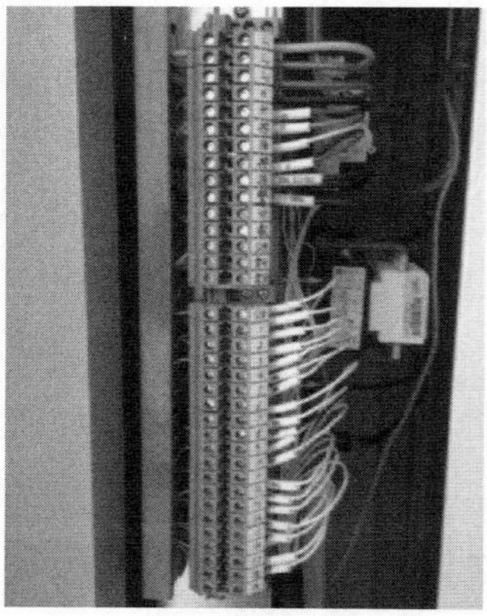

图 8-17　消弧线圈器挡位
端子排图

8.2.1.4 最低最高挡信息

　　消弧线圈控制器采集到挡位信息，当挡位信息到达最低或最高挡时。消弧线圈控制器通过 RS485 接口采用 MODBUS、CDT 等通信规约将最低最高挡信号送至规约转换器，再送到厂站自动化系统中，最后展示到后台与主站自动化系统中，信息的采集传输原理如图 8-18 所示。

8.2.1.5 手动/自动、单机/联机信息

　　在消弧线圈控制器，可以通过人机界面改变消弧线圈手动/自动、单机/联机运行控制状态。这些信息都采用 485 线，通过 MODBUS、CDT 等通信规约将送至规约转换器，再送到厂站自动化系统中，最后展示到后台与主站

图 8-18　挡位信息采集传送原理图（一）

自动化系统中，信息的采集传输原理如图 8-19 所示。消弧线圈运行状态图如图 8-20 所示。

图 8-19　挡位信息采集传送原理图（二）

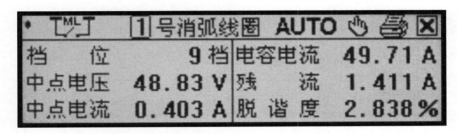

图 8-20　消弧线圈运行状态图

8.2.1.6　有载拒动信息

当消弧线圈有载开关调挡时，由于开关卡死、或者失去电机电源等原因导致开关拒动，不能到达目标挡位现象，这是消弧线圈有载拒动接点会发生动作，信号送至公共测控装置，再送到厂站自动化系统中，最后展示到后台与主站自动化系统中，信息的采集传输原理如图 8-21 所示。

图 8-21　挡位信息采集传送原理图（三）

8.2.1.7　交直流异常信息

交直流信息一般都是空气断路器辅助接点产生。正常情况下空气断路器处于合位，辅助接点断开，交直流失电遥信信号处于"0"，当空气断路器跳闸时，辅助接点闭合，交直流失电遥信信号处于动作状态，即"1"。信息采集传输原理如图 8-22 所示。

图 8-22　变压器交直流信息采集传送原理图

8.2.1.8 中性点电压、中性点电流遥测信息

消弧线圈中性点电压、中性点电流分别由零序电压互感器、零序电流互感器采集（见图 8-23）。采集到的电压电流量接入消弧线圈控制器。遥测都通过通信规约将送至规约转换器，再送到厂站自动化系统中，最后展示到后台与主站自动化系统中，信息的采集传输原理如图 8-24 所示。

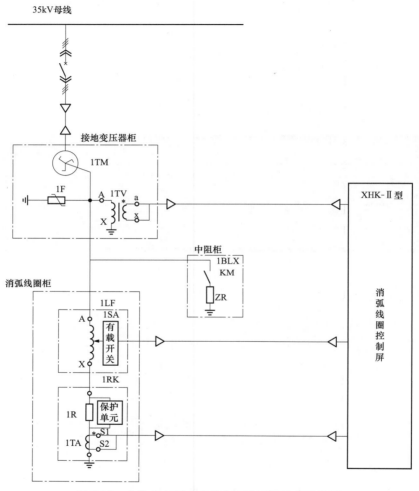

图 8-23　中性点电压、中性点电流遥测信息采集图

图 8-24　中性点电压电流采集传送原理图

8.2.1.9 控制器计算产生遥测信息

消弧线圈电容电流、拖谐度、残留量由消弧线圈控制器计算产生。通过计算产生的遥测量，通过 MODBUS、CDT 等通信规约送至规约转换器，再送到厂站自动化系统中，最后展示到后台与主站自动化系统中，信息的采集传输原理如图 8-25 所示。

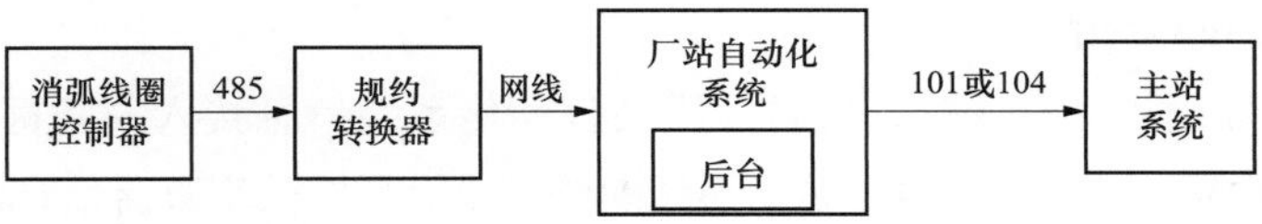

图 8-25 挡位信息采集传送原理图（四）

8.2.2 故障实例

本节的故障实例从消弧线圈自动化信息现场采集开始，到厂站自动化系统接受信息为止，包括中间的信息传输。厂站自动化系统的故障单独分章解析，在这里不作介绍。

实例1 **因为消弧线圈有载开关电动机故障，报有载拒动故障，消弧线圈不能手动或自动调挡。**

▶ 故障现象：

自动化后台报有载拒动故障，现场手动、自动方式均不能进行调挡。

▶ 故障处理步骤和方法：

（1）根据故障现象。检查消弧线圈控制器，切换到手动状态后仍然不能调挡。

（2）消弧线圈就地检查，装置电源、电机电源投入均正常。

（3）消弧线圈就地进行手动调挡仍然拒动，检查有载开关控制回路无问题。

（4）申请停电检查有载开关，确定为有载开关电机损坏。更换电机后设备恢复正常，故障已消除。

（5）依照检验规范，对有载开关进行调挡试验，确认合格后，故障处理结束。

实例2 **因为 RS 485 插头松动，遥测、遥信信息不上传。**

▶ 故障现象：

自动化后台监视发现部分消弧线圈遥测、遥信信息数据不更新。

▶ 故障处理步骤和方法：

（1）根据故障现象。检查消弧线圈控制器是否掉电，运行是否正常。

（2）检查控制器后，通信线接线是否牢固，插头是否松动，检查发现 RS485 插头松动，信号不能上传。

（3）紧固插头后，故障已消除。

（4）厂站和主站依照检验规范，对此遥信、遥测信息进行联合故障检验，确认合格后，故障处理结束。

实例3 **因交直流辅助接点或辅助接点至公共测控装置电缆故障，导致消弧线圈现场交直流信息异常。这种故障发生时，可能会出现消弧线圈现场交直流信息闪报、漏报、频报和误报现象。**

▶ 故障现象：

主站、后台和厂站自动化系统信息接入设备出现了相同遥信信息，但消弧线圈现场交直流未出现异常。

▶ 故障处理步骤和方法：

（1）根据故障现象——主站、后台、厂站自动化系统信息接入设备都接到了同样的信息，但消弧线圈现场交直流未出现异常，可以初步判定有异常的交直流信息输入自动化系统。

（2）在公共测控屏端子排处打开现场端电缆接线，短接断开公共端和信号端，观察主站、后台和厂站自动化系统信息接入设备是否能正确反映，发现能正确反映。可以判定为交直流辅助接点或辅助接点至变压器分电箱电缆故障。

（3）对交直流辅助接点或辅助接点至公共测控屏电缆进行检查，确定故障部位，维修更换交直流辅助接点或辅助接点至公共测控屏电缆，故障消除。

（4）厂站和主站依照检验规范，对此交直流信息进行联合故障检验，确认合格后，故障处理结束。

实例 4 因消弧线圈挡位接点或接点至消弧线圈调压机构端子箱电缆故障，导致消弧线圈挡位信息异常。这种故障发生时，可能会出现消弧线圈挡位信息闪变、不变、频报和误报现象。

▶ 故障现象：

主站、后台消弧线圈挡位遥测信息不正常（闪变、不变、错误），同时后台与厂站自动化系统信息接入设备挡位遥信信息与消弧线圈实际挡位不相符，现场消弧线圈实际挡位正常。

▶ 故障处理步骤和方法：

（1）根据故障现象，可以初步判断有异常挡位信息输入自动化系统。

（2）在消弧线圈调压端子箱端子排处打开挡位遥信现场端电缆接线，在端子排上短接断开公共端和信号端，观查主站、后台和厂站自动化系统信息接入设备遥信遥测是否能正确反映，发现能正确反映，可以判定为变压器挡位接点或接点至消弧线圈调压分电箱电缆故障，恢复所有接线。

（3）检查变压器挡位接点或接点至消弧线圈调压端子箱电缆，确定故障点，维修更换接点或电缆，故障消除。

（4）厂站和主站依照检验规范，对此变压器挡位信息进行联合故障检验，确认合格后，故障处理结束。

8.3 练 习

1. 在厂站自动化系统正常的情况下，调度监控员发现站用变压器高温报警。要求运行人员检查现场，发现站用变压器温度表正常，请分析可能存在的故障点有哪些？

2. 站用变压器低压侧断路器无法分合闸，请分析可能存在的故障点有哪些？

3. 在厂站自动化系统正常的情况下，消弧线圈调压机构无法正常调挡，可能存在的故障点有哪些？

4. 在厂站自动化系统正常的情况下，报接地告警故障，如何进行故障分析？

第**9**章

厂站交直流系统原理及故障分析

厂站用电源是厂站安全运行的基础。传统的厂站用电源分为交流系统、直流系统、UPS、通信电源系统等，各子系统采用分散设计、独立组屏，设备由不同供应商生产、安装、调试，进而带来厂站用系统自动化程度不高、安装服务调试困难、运行维护不方便等诸多问题。随着电力系统的综合自动化程度越来越高，相应地提高厂站用电源整体的设计、运行、管理水平具有特殊意义，随着中国大力推进坚强智能电网的建设步伐，智能变电站已成为新一代变电站的发展趋势。基于 DL/T 860 的智能变电站站用一体化电源系统应运而生，厂站用电源系统逐步向统一的数字化、程序化、智能化的方向发展。

9.1 厂站交流系统

厂站用电系统主要为厂站内的一二次设备提供电源，是保证厂站安全可靠地输送电能的一个必不可少的环节，因此，变电运行工作人员必须高度重视厂站用变压器及厂站用交流系统。目前，厂站一般都有两个电源系统，即每个变电站都配备两台厂站用变压器（或三台厂站用变压器），这两台厂站用变压器的电源分别取自由两台（或三台）不同主变压器分别供电的母线。对于单台主变压器的变电站，一台厂站用变压器的电源取自本站主变压器低压侧母线，另外一台厂站用变压器的电源取自变电站周边由其他变电站供电的配网 10kV（或 35kV）线路。

9.1.1 厂站交流系统原理分析

1. 厂站交流系统组成部分

厂站交流系统由厂站用变压器、交流系统、负荷等组成。目前一般厂站，当有 2 台以上变压器时，一般从两台主变压器低压侧各接一台站用变压器，共有两台厂站用变压器。每台厂站用变压器各接一段工作母线，两台厂站用变压器互为备用，当任一台厂站用变压器故障退出运行时，可合上分段断路器，由一台厂站用变压器供电给两段工作母线。分段断路器通常采用手动合闸方式，对于无人值班变电站，可通过自动装置或远方遥控合闸。

2. 交流系统负荷分类

I 类负荷：短时停电可能影响人身或设备安全，使生产运行停顿或主变压器减载负荷。此类负荷有主变压器冷却系统、消防系统、计算机监控系统、微机保护、系统通信、系统远动装置等。

Ⅱ类负荷：允许短时停电，但停电时间过长，有可能影响正常生产运行的负荷。此类负荷包括蓄电池充电、断路器和隔离开关的操作和加热电源、给排水系统的水泵电动机电源、事故通风机电源、变压器带电滤油装置等。

Ⅲ类负荷：长时间停电不会直接影响生产运行的负荷。此类负荷有采暖、通风、空调的电源，检修、试验电源，正常照明和生活用电。

3. 交流系统负荷的供电原则及供电方式

（1）交流系统负荷的供电原则。

1）采用辐射状供电和环形供电相结合的供电方式。

2）在确保对重要负荷可靠供电的情况下，尽可能减少站用交流馈线屏的馈电回路，减少馈线屏的数量。

3）满足对负荷供电要求的情况下，尽量减少动力电缆用量。

4）供电回路的设计要满足电压降的要求。

（2）交流系统负荷的供电方式。

对主变压器冷却系统、消防系统等重要负荷，采用分别接在两段主母线上的双回路供电方式。

对各级电压配电装置的断路器、隔离开关操作负荷、加热负荷，通常采用环形供电方式，即按电压等级分区设环形供电网络，由所用交流馈电屏两段母线各引一个供电回路，在各间隔的开关端子箱内形成环形网络接线。在环形网络的中间位置，设解环开关，正常情况下，解环开关处于断开位置，防止两段主母线通过解环开关并列运行。

当配电装置规模较小时，也可在配电装置设专用交流配电箱，由配电箱向各间隔的操作和加热负荷以辐射状方式供电。交流配电箱由交流馈线屏以双回路供电。

对各配电装置的检修电源采用单回路供电，检修电源可引自配电装置的专用交流配电箱、母联或分段端子箱。

继电保护试验电源，可在主控制室或配电装置的继电保护小室内的电源屏设独立试验电源回路，在控制室和继电保护小室的墙壁设试验电源插座。

9.1.2　故障实例

实例 1　有备自投装置的站用变压器失电。

▶ **故障现象：**

某厂站内变压器故障，且有备自投装置的站用变压器失电。

▶ **故障处理步骤和方法：**

当变压器故障，有备自投装置的站用变压器失电时，在其自动切换后，应检查切换是否良好，并应拉开变压器高、低压侧的隔离开关后进行检查处理。若无备自投装置，则应拉开失电变压器两侧的隔离开关，投入备用电源，保持继续供电，然后进行检查处理。

实例 2　**厂站用变压器高压侧熔断器熔断后的处理。**

▶ **故障现象：**

厂站用变压器高压侧熔断器熔断，更换熔断器后直接送电，熔断器再次熔断。

▶ **故障处理步骤和方法：**

厂站用变压器高压侧熔断器熔断后，应检查保护动作情况，判断故障性质，并认真进行外部检查，如确认是外部故障，经消除后恢复供电。如无明显故障象征，应测量变压器绝缘电阻，合格后进行试送电，试送不成功时，在未查明原因和消除故障前，不得再合闸送电。

实例 3　**馈线故障时，未及时查明故障原因恢复供电，扩大事故范围。**

▶ **故障现象：**

厂站用供电系统某馈线故障，熔断器熔断，工作人员随意加大熔断器再次送电，导致设备受损。

▶ **故障处理步骤和方法：**

厂站用供电系统某馈线故障，熔断器熔断后，应检查并消除后恢复供电，禁止随意加大熔断器。如一段母线总开关跳闸后，应检查母线有无故障，若母线正常，则可能是馈线故障引起越级跳闸，此时可将故障馈线拉开后恢复其余部分的送电。同时迅速检查主变压器通风装置是否供电或切换正常，恢复站用电后应先供主变压器通风回路。如故障点未查出时，应将该母线上站有馈线隔离开关拉开，逐条试送。

实例 4　**厂站用系统电压异常造成站用系统不能正常工作。**

▶ **故障现象：**

厂站用系统出现电压过高或过低。

▶ **故障处理步骤和方法：**

当站用系统出现电压过高或过低时，应检查原因并及时进行调整。

实例 5　**相控电源装置无交流输入。**

▶ **原因：**

（1）站用电源交流进线故障。

（2）相控电源装置电源侧元件故障。

▶ **处理方法：**

（1）检查相控电源装置交流进线开关是否跳闸。

（2）检查相控电源装置交流进线开关上口交流电压是否正常。

（3）检查进线接触器是否跳闸。

（4）检查交流电压采集单元工作是否正常。

发现以上哪一项有问题后再仔细排查。

实例 6　相控电源装置交流输入过、欠压告警。

▶ **原因:**

(1) 站用电源缺相或熔丝熔断。

(2) 相控电源装置变压器一次侧故障。

▶ **处理方法:**

(1) 检查相控电源装置交流进线开关上口交流电压是否正常。

(2) 检查进线接触器上口交流电压是否正常。

(3) 检查交流电压采集单元工作是否正常。

(4) 检查交流进线主回路是否有断线、虚接点。

发现以上哪一项有问题后再仔细排查。

实例 7　交流电压接通接通后，未开机，但"停止"信号灯不亮。

▶ **原因:**

中间继电器损坏、线路连接不良或信号变压器的输出线路松脱等。

▶ **处理方法:**

检查修理接触器的触点，更换或拧紧熔断器的芯子，更换信号灯泡，检查线路是否松动和接入中性线。

实例 8　开机后不久又停机。

▶ **原因:**

(1) 中间继电器触点接触不良。

(2) 自保持触点线路松脱等。

▶ **处理方法:**

(1) 修复中间继电器的触点。

(2) 连接紧固好自保持触点线路，重新开机。

实例 9　模块内部短路造成交流总开关跳闸。

▶ **故障现象:**

运行中发生充电装置交流失电。

▶ **原因:**

充电装置交流失电一定是充电装置内部存在短路，通常有两种可能:

(1) 交流进线短路，这种可能性比较小。

(2) 模块内部短路。在模块内部保护采用熔断器的情况下，模块内部发生短路时尽管熔断器定值小于上级空气断路器，但熔丝的熔断时间大于空气断路器时间，容易发生越级或同时上下级保护动作，导致充电装置空气断路器动作而停电。模块采用空气断路

156

器跳闸，并且上下级级差比较大，可以避免类似故障，所以模块保护采用空气断路器不容易扩大事故。

▶ **处理方法：**

遇到这种情况不要急于合上交流总开关，如果故障还存在合上总开关可能会造成故障扩大。首先将所有模块退出，仔细检查交流回路有无烧焦痕迹，如果没有可以合上交流总开关，同时安排人员观察交流回路，是否有放电、短路情况。合上后如果正常则排除交流总母线故障的可能，接下来应分别检查模块。通常模块内部短路会产生焦煳味道，用鼻子闻就可以找出发生故障的模块，或者用万用表测量交流输入回路电阻，判断是否有短路。但有时故障电流已经将故障点烧断，用此方法检查不出来短路现象，这时可以通过输入电阻比较法找到故障模块，一般输入电阻很大的模块就是故障模块。若以上两种方法均无法判断故障模块，就只能将模块分别缓慢插入进行检查，如果插入过程中发生短路就证明该模块是该模块故障，也有插入后全部都正常的情况，但一定有一个模块是没有输出电流的，原因是彻底烧断了。

9.2　厂站直流系统

157

直流系统是应用于水力、火力发电厂，各类变电站和其他使用直流设备的用户，为给信号设备、保护、自动装置、事故照明、应急电源及断路器分、合闸操作提供直流电源的电源设备。厂站直流系统是一个独立的电源，主要用于开关的控制、继电保护、自动装置、信号装置、监控系统、事故照明、交流不间断电源等的电源，不受系统运行方式的影响，在外部交流电中断的情况下，能保证由后备电源—蓄电池继续提供直流电源的重要设备。直流系统直流屏的可靠性、安全性会直接影响到电力系统供电的可靠性和安全性。

9.2.1　原理分析

1. 直流系统在电力系统中的作用

（1）直流系统的概念。

蓄电池、充电设备、直流柜、直流馈电柜等直流设备组成电力系统中变电站的直流电源系统，简称直流系统，直流系统的型号及含义如图9-1所示。

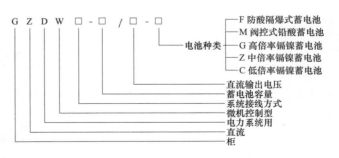

图 9-1　直流系统型号及含义

示例：GZDW34-200/220-M，其含义是电力系统用，微机控制型，高频开关直流屏，接线方式为母线分段、蓄电池容量200Ah、直流输出电压220V的阀控式铅酸蓄电池。

（2）直流系统的主要作用。

1）直流系统在正常状态下为断路器跳/合闸、继电保护及自动装置、通信等提供直流电源。

2）在站用电中断的情况下，发挥其"独立电源"的作用，为继电保护及自动装置、断路器跳闸与合闸、通信、事故照明等提供电源。

（3）直流系统的重要性。

厂站直流系统必须 24h 不间断运行，一般没有机会安排停电检修，因此直流系统一旦发生故障，必须在带电状态下进行消缺，安全风险非常大。若电力系统同时发生故障，可能会由于保护装置、断路器因失去直流电源而不能及时隔离故障，造成事故扩大，进而危及电力系统运行。因此，直流设备检修必须防患于未然，确保直流系统的可靠性，保证电力系统的安全、稳定运行。

2. 直流系统组成及各部件的作用

直流系统主要由充电装置、蓄电池组、直流馈电柜三大部分组成。直流系统要保证可靠供电、安全供电和事故情况下的不间断供电。为监视直流系统正常工作，还需要一些辅助设备，如直流绝缘监视、蓄电池电压监视、闪光装置等。随着直流系统负载特性的变化以及充电装置、蓄电池、监控装置技术的不断进步，直流系统的接线方式和组成方式也有所改变。直流系统的组成框图如图 9-2 所示。

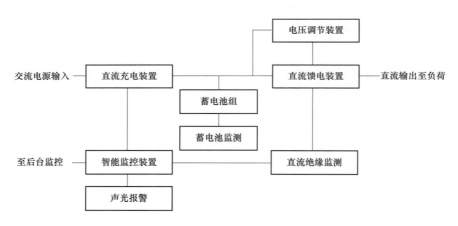

图 9-2　直流系统组成框图

（1）直流充电装置。

直流充电装置的主要功能是将交流电源转换成直流电源（AC/DC），保证输出的直流电压在要求的范围内，并对充电机进行必要的保护，保证直流电源的技术性能指标满足运行要求，为日常的直流负荷、蓄电池组的（浮）充电提供安全可靠的直流电源。正常情况下充电装置向直流负载供电的同时，以很小的电流向蓄电池浮充电，来补偿蓄电池的自放电，使蓄电池始终处于满充状态，并且充电装置每季度需向蓄电池进行一次静态放电，每月向蓄电池进行一次动态放电，来解决因蓄电池间自放电不同，出现部分落后电池，通过进行一次过充电，延长蓄电池的寿命。目前，电力系统中有磁放大型、相控型和高频开关电源型充电装置。磁放大型已很少应用，相控型在少部分变电站还有运行，先进的高频开关电源型正在推广使用。

（2）蓄电池组。

蓄电池组直流电源系统是电力系统首选的独立操作电源系统，它电压平稳、容量大、供电可靠，适用于各种直流负荷。蓄电池是变电站直流系统的备用电源，能够在交流停电情况下保证直流系统继续提供满足要求的直流电源。蓄电池既能够把电能转换为化学能储存起来，又能把化学能转变为电能供给负载。根据不同电压等级要求，蓄电池组由若干个单体电池串联组成，是直流系统重要的组成部分。正常情况下，变电站的直流负载是由充电装置供电，蓄电池处于满容量浮充电状态，能够保证在大电流冲击条件下，直流系统输出电压保持基本稳定。当直流充电装置失去交流电源或充电装置故障时，变电站直流负载的供电就由蓄电池供给。一般变电站蓄电池配置的容量为300Ah，以30A电流放电，理论上计算可以放10h，以足够的时间进行直流系统故障处理。目前电力系统中应用较多的蓄电池主要有三大类：镉镍碱性蓄电池、防酸隔爆式铅酸蓄电池、阀控密封式铅酸蓄电池。镉镍碱性蓄电池已逐步退出电力系统，防酸隔爆式铅酸蓄电池在少部分变电站还有运行。在变电站直流系统中阀控密封式铅酸蓄电池的应用占了绝大多数，主要是因为这种电池性价比高、运行维护量小、质量稳定。

（3）直流馈电柜。

直流母线是汇集和分配直流电能的设备。充电装置将输出的直流电汇集到直流母线，再通过直流母线将直流电源经直流断路器分配到各直流用电设备。包括合闸（动力）回路、控制回路、闪光回路以及绝缘监测装置等，扩展功能为馈线故障跳闸报警。直流馈电柜用于全站直流电源的调整、分配和检测，馈电柜结构与直流母线结构、馈线保护、直流供电方式有关，对馈线柜（屏）要求是运行可靠及柜（屏）面布置简单明了，电源走向一目了然，负荷名称清晰准确。

（4）辅助设备。

辅助设备一般包含绝缘监测装置（接地选线可选）、母线调压装置（可选）、电压（电流）监测（可选）、电池巡检（可选）、闪光装置、智能监控等单元。

1）绝缘监测装置。

绝缘监测装置是监察直流系统正极和负极电源对地绝缘情况的一套装置。当直流正极或负极绝缘下降，某极对地电压达到设定的整定值时（一般整定为150V），绝缘监察装置发出预告信号，便于值班员检查处理。

直流系统是不接地系统。当直流电源一极接地后，再发生另一点接地容易产生寄生回路，造成保护设备误动或拒动、电源短路。因此，直流系统必须配置绝缘监测装置监视直流是否接地并立即告警，以便运行和继电保护人员及时处理，防止发生由直流接地带来的继电保护设备误动或拒动、电源短路等严重后果。现在一般大型变电站均采用有自动查找支路接地功能的直流绝缘监测装置，避免人工查找支路接地过程中拉、合直流负载电源，减轻了运行工作人员的工作强度，避免了人工拉、合直流支路电源时可能带

159

来的危险。

通常情况下，直流绝缘监测仪和蓄电池监测仪作为独立单元设备，供组柜（屏）制造厂选配。这些监测仪均能通过数据通信或接点信号与监控器相连，监控器成为直流系统一个信息管理中心，与变电站综合自动化有很好的接口界面，适应变电站无人值守发展形势的需要。

2）母线调压装置。

母线调压装置（降压硅装置）是直流电源系统解决蓄电池（动力合闸母线）电压和控制母线电压之间相差太大的矛盾而采用的一种简单易行的方法，通过调整降压硅上的压降使得蓄电池不管在浮充电状态、均衡充电状态、放电状态下，控制母线（KM）电压基本保持不变（在合格范围内）。设有母线调压装置的系统，必须采取防止母线调压装置开路造成控制母线失压的措施。

3）电压监测装置。

电压监测装置是监察直流母线电压的一套装置。当直流母线电压高于或低于设定的整定值时（一般整定为直流母线电压高于 250V、低于 170V），电压监察装置发出"直流电压过高"或"直流电压过低"预告信号，便于值班员及时调整直流母线电压。

4）蓄电池巡检装置。

蓄电池巡检仪是监测运行蓄电池组中单只蓄电池端电压的装置，也可测量环境温度和蓄电池电流。近几年来，新出现的先进技术手段还可以测量单只蓄电池内阻，并进一步向蓄电池在线状态监测方向发展，通过各种在线测量手段和测量数据综合统计、分析、判断监测蓄电池组运行的状态和可靠性。尽管在线监测的各种方法仍无法替代蓄电池核对性放电工作，但完善的在线监测装置如蓄电池巡检仪，还是获得了广泛的应用，它的一个重要功能是可以避免蓄电池极端状况的发生，如蓄电池开路、接触不良导致的放电电压降低等，从而保证了直流系统的安全性和可靠性。

5）闪光装置。

闪光装置是反映断路器与控制开关所对应位置的一种信号装置。闪光装置能够提供闪光母线，在开关预分、预合、位置不对应时闪光灯闪烁，便于值班员故障判断。目前，随着微机保护的广泛应用，闪光装置、闪光母线已逐步取消。传统的直流系统供电回路中，有专门的闪光直流电源给控制屏提供高压断路器开关指示灯，当运行值班人员操作控制开关到预"合"、"分"位置及控制开关和高压断路器位置不对应时，该闪光电源提供断续的直流电源，使得指示灯闪烁，提醒运行值班人员高压断路器状态的改变。闪光继电器是直流系统信号回路的辅助设备，该电源的特点是只提供一路正的闪光直流电源（+SM），负电源是共用的直流负极（-KM）。

6）交流进线单元。

交流进线单元指对直流柜内交流进线进行检测、自投或自复的电气/机械连锁装置。根据 2006 年国家电网公司对直流系统中交流输入的要求，充电柜的交流输入必须有两路分别来自不同站用变压器的电源，因此两路交流电源之间必须具有相互切换功能、优先选择任一路输入为工作电源功能、交流失电后来电自启动恢复充电装置工作等功能。不管直流系统是一段直流母线还是两段直流母线，每组充电装置有两路交流电源输入可以提高直流系统的可靠性，尤其是在实现变电站综合自动化而进行集控管理模式下，两路交流输入可以防止一路交流故障造成的蓄电池过放电等不测后果，两组充电装置分别选择不同的交流输入，可能避免当一路输入交流过电压时造成所有直流电源发生同一性质的故障。

7）监控器。

高频开关电源充电装置中均使用监控器，监控器以计算机为核心，增强了对充电机的控制和保护功能、直流系统管理及监测功能，并且监控器的通信功能更容易与站内综合自动化融合，完成自动化系统的遥信、遥测等功能，也为实现各种方式的通信组网检测留有进一步发展的余地。

3. 直流系统典型接线

变电站常用的直流母线接线方式有单母线分段和双母线两种。双母线突出优点在于可在不间断对负荷供电的情况下，查找直流系统接地。但双母线隔离开关用量大，直流屏内设备拥挤，检查维护不便，新建的 220～500kV 变电站多采用单母线分段接线。220kV 变电站直流系统典型接线如图 9-3 所示。

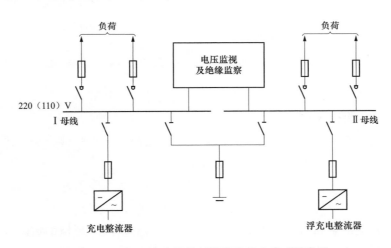

图 9-3　220kV 变电站单母线分段的直流系统接线

500kV 变电站直流系统典型接线如图 9-4 所示。

9.2.2　故障实例

实例 1　变电站直流全停，造成直流供电设备不能正常工作。

▶**故障现象：**

某变电站直流全停，检查直流系统时发现。

（1）充电装置及蓄电池组均无电压输出。

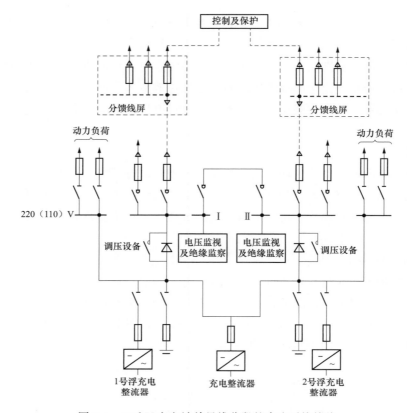

图 9-4　500kV 变电站单母线分段的直流系统接线

（2）充电装置及蓄电池组有电压输出，但直流母线无电压。

▶ **故障处理步骤和方法：**

（1）应首先检查交流电源是否真的消失，若无交流电压，则检查交流进线开关是否跳闸，检查交流进线开关上端交流电压是否正常。

若交流电源输入正常，交流失压是由于交流进线开关跳闸引起，立即进行修理或更换进线开关，恢复交流供电，用充电机带直流母线运行。

（2）检查蓄电池熔断器是否熔断，若熔断应立即更换同一规格的熔断器。如果是蓄电池组故障，尽快查出故障电池，并将故障电池跨接，保证蓄电池组尽快恢复供电。

（3）如交流输入正常、充电机及蓄电池组两端均有电压输出而控制母线无电压，测得降压硅输入端有电压，输出端无电压，则判断降压装置（硅链）开路。此时应立即开路硅链短接，并调整充电装置输出电压，保证控制母线电压在合格范围内，并更换开路的压降硅链，同时对直流母线供电。

（4）若交流电源输入正常，检查充电装置是否有输出电压，若无输出电压则可能为充电装置内部故障，应检查修理或更换。另外，发生蓄电池组整体损坏，短期内不能恢复时，为尽快恢复供电，需接临时直流装置。

（5）若需接临时直流装置，将原充电装置和蓄电池组退出运行，临时充电装置接入直流柜蓄电池放电开关下端，接线完毕再核对各种充电数据正确后送电，恢复直流系统部分供电。

（6）在原充电装置和蓄电池组全部修理或更换完毕后，启动充电装置对蓄电池组补充充电，检查充电装置充电电流是否在规定范围，充电至额定容量的 1.2～1.3 倍。

（7）测量原直流装置和临时直流装置电压的极性一致、电压值基本相等，两套直流系统并列后，拆除临时直流装置，恢复原直流系统的正常运行，并做好记录。

实例 2　人为、自然因素等导致变电站直流系统一点或多点接地。

▶ 故障现象：

当直流系统发生一点接地时，由直流系统绝缘监测装置发生预告信号。直流系统发生两点接地时，可能造成直流电源短路，使熔断器熔断，或使断路器、继电保护及自动装置拒动和误动。

▶ 故障处理步骤和方法：

直流系统接地直流系统监控模块和集控站监控后台、当地变电站监控后台均会发出"直流系统故障"信号，值班员可利用直流系统监察装置判断为直流哪一极接地，然后汇报和处理。

注意：

（1）直流系统接地处理原则。

1）修试人员如有二次回路上工作，应立即停止工作，所有接线保持不动。

2）根据直流系统运行方式、操作情况及天气条件的影响，以先照明、信号回路，后保护回路；先室外，后室内为原则进行直流接地查找，可采用拉路试验，根据我们的运行经验和我们这里的现场实际情况，拉路先后顺序为事故照明电源、故障录波器电源、公共信息屏信号电源及各间隔的信号电源、控制电源、保护电源、监控电源、蓄电池、直流母线。

（2）查找直流接地的注意事项。

1）发生直流接地应汇报调度，经调度许可再进行查找和拉路试验。

2）查找直流接地至少有 3 人进行，1 人操作、1 人监护、1 人监视直流接地信号。

3）查找直流接地要防止造成直流二点接地和直流短路。

4）取直流熔断器时，应先取正极、后取负极，放上时顺序相反，防止寄生回路。

5）拉路查找时，回路切断时间不得超过 3s，不管回路接地与否，均应迅速合上。

6）环形回路应解开后再拉路。

7）使用仪表查找，必须使用高内阻直流电压表（2000Ω/V），严禁使用灯泡法。

8）使用高频开关直流电源，在拉路试验时，因为拉路时间短，绝缘监察装置反应比较慢，不能及时反应拉路瞬间的直流系统对地绝缘情况，所以需要一人在直流母线与大地之间用直流电压表人工搭接，以监视拉路中直流接地情况。

查到直流接地后，应立即消除处理。无法消除则汇报调度，由修试专业人员进行处理。值班员只查到最后一级熔断器（空气断路器）为止，值班员一般不允许拆端子、解回路，只能作表面检查处理，在拉路试验中，属哪一级调度的设备，应向该级调度汇报和许可，严禁不经调度许可进行拉路查找。

实例 3 **充电模块、电压调整装置及交流电源消失致使直流母线异常。**

▶ **电压过高时：**

（1）对长期带电运行的继电器、指示灯、信号灯等容易过热或烧坏。

（2）继电保护、自动装置容易误动。

（3）通过继电器触点的电流大，容易烧坏触点。

（4）断路器合闸时，由于冲力大而不易合上。

▶ **电压过低时：**

（1）指示灯、信号灯、光字牌等变暗，运行监视困难，甚至会使运行人员误判断。

（2）断路器合闸、继电保护及自动装置动作不可靠。

▶ **故障现象：**

（1）充电模块故障。故障现象：直流过电压告警，现场检查发现母线电压超出过电压告警设定值，检查模块输出电压和电流，发现其中一个模块电流很大，其他模块电流几乎为零，充电模块故障灯亮。

（2）交流电源失电。故障现象：运行中发生充电装置交流失电。

（3）电压调整装置自动调压挡损坏。故障现象：控制母线电压上下波动频繁，无报警。

（4）硅整流充电装置的浮充电电流过大或过小而造成母线电压过高、过低。

▶ **故障处理步骤和方法：**

（1）充电模块故障。

首先检查模块的告警信号，观察哪一个模块输出电流最大且接近模块的最大电流，符合上述两个条件的立即将此模块退出运行，如直流系统恢复正常，则证明该模块故障，更换此电源模块即可。

（2）交流电源失电。

要尽快恢复变电站站用电电源。遇到内部短路情况不要急于合上交流总开关，如果故障还存在，合上总开关可能会造成故障扩大。首先将所有模块退出，仔细检查交流回路有无烧黑痕迹，如果没有，可以合上交流总开关，同时安排人员观察交流回路，是否有放电短路情况。合上后，如果正常，则排除交流总母线故障的可能，接下来应分别检查模块，通常模块内部短路会产生焦煳味道，据此可找出发生故障的模块，或者用万用表测量交流输入回路电阻，判断是否有短路。但有时故障电流已经将故障点烧断，用此方法检查不出来短路现象，这时可以通过输入电阻比较法找到故障模块，一般输入电阻很大的模块就是故障模块。以上两种方法均无法判断故障模块，就只能将模块分别缓慢插入进行检查，如果插入过程中发生短路就证明是该模块故障，也有插入后全部都正常的情况，但一定有一个模块是没有输出电流的，原因就是彻底烧断了，将损坏充电模块更换。

（3）电压调整装置自动调压挡损坏。

控制母线电压上下波动频繁，应将电压调整装置自动挡改在手动挡，并调整到设定值电压，控制母线电压恢复正常。应尽快将故障处理或更换。

（4）硅整流充电装置的浮充电电流过大或过小而造成母线电压过高、过低。

检查浮充电电流是否正常，如电压过高时，应减小浮充电电流；电压过低时，应增大浮充电电流。

实例4　控制回路断线是继电保护运行过程中比较常见的缺陷，直接影响到断路器的分、合闸，从而影响了整个电网安全运行的可靠性。

▶ **故障现象：**

"控制回路断线"信号出现，断路器不能正常分合闸。

▶ **故障处理步骤和方法：**

首先要明白控制回路断线信号是怎样报出来的，控制回路断线信号是由跳位继电器与合位继电器常闭触点串联构成的，不论什么原因引起跳位继电器与合位继电器同时失磁，控制回路断线信号都将报出，如图 9-5 所示。

图 9-5　TWJ 和 HWJ 串联形成控制回路断线

引起控制回路断线信号的原因有：

（1）控制熔断器熔断，TWJ、HWJ 触点同时失磁，控制回路断线信号报出。

（2）跳合闸线圈损坏，回路不通。

（3）断路器辅助接点没有闭合好，同样引起外回路不通。

（4）由断路器机构箱引至控制回路的各种闭锁信号，引起控制回路断线。

实例5　二次回路、断路器机构及操作失误等因素，导致断路器合不上闸。

▶ **故障现象：**

操作故障。某变电站，运行人员在断路器操作时，断路器合不上。

▶ **故障处理步骤和方法：**

控制回路断线信号并不能监视整个控制回路的完好性，在目前的情况下，基于厂家的设计，控制回路断线信号仅仅是监视保护屏外二次回路及断路器机构箱内部回路的完好性。没有控制回路断线信号报出，并不能说明整个回路没有问题。

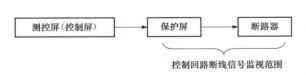

图 9-6　控制回路断线监视范围

图 9-6 中表示的范围是控制回路断线信号监视的范围。在没有异常信号的情况下，从控制屏合闸，控制信号要经过以图 9-6 所示途径，有时断路器合不上，就说明回路有问题，或者断路器有问题，可以根据经验逐级排查，运行人员在控制屏（测控屏，后台机等）进行操作时，会启动保护屏内手合继电器（SHJ）、手跳继电器（STJ），继电器动作时会有很利索的"嚓嚓"的动作声音，如果在操作断路器时，平常能在保护屏听到继电器动作的声音，这次操作时，不能听到继电器动作的声音，则说明保护屏内操作继电器没有

启动，具体什么原因，可能是控制开关有问题；进行后台机操作时，也可能是测控屏内控制跳、合闸的继电器没有启动；或者二次回路接线有松动；也有可能是保护屏内操作继电器故障。不管什么原因，只要保护屏内操作继电器不启动，运行在检查控制熔断器正常，没有异常闭锁信号，排除自身操作问题的情况下，可以通知保护人员到现场进行处理。当然，经验丰富的运行人员可以看图纸，用万用表量电位，具体判断出是哪一级出了问题。在以上操作过程中，如果操作箱内继电器能够启动，断路器仍然不能合闸，就要到断路器本体进行观察，一人在主控室操作，一人听断路器合闸线圈的动作声音，如果平时能够听到断路器合闸线圈的动作声音，这次听不到，则表明断路器合闸线圈没有启动。如果当班运行人员对回路比较熟悉，一人操作，一人可以用万用表判断合闸脉冲是否到达断路器端子箱，断路器合闸脉冲在合闸时过不来，说明问题仍然在二次设备、二次回路。如果有合闸脉冲，则说明合闸线圈拒动，需要通知检修人员到现场进行处理。如果合闸时，合闸线圈能够进行正常启动，机构不动，运行人员要检查断路器是否已储能（弹簧机构）；断路器大合闸熔断器（电磁机构）是否完好；操作程序是否正确，有无相护关联的机械闭锁；断路器的各种压力指标是否正常，有无闭锁信号，排查没有发现异常问题后，可以通知检修人员检查机构。

以上是进行断路器操作时遇到的一些情况，根本点就是要判断保护屏操作箱继电器是否启动，断路器跳、合闸线圈是否启动，据此来判断问题该由哪个专业来处理。

实例 ⑥ **人为操作及其他原因造成跳合闸线圈烧毁。**

▶ **故障现象：**

某智能变电站由于运行人员在弹簧未储能情况下进行远方合闸，导致断路器跳合闸线圈烧毁，进而烧毁保护装置操作插件。

▶ **故障处理步骤和方法：**

在对高压断路器的操作过程中，每年都有跳、合闸线圈烧毁的情况发生，其中主要集中在 10kV 断路器，尤其集中在合闸过程中。由于经济技术的原因，10kV 断路器结构简单，可靠性相对于高电压等级断路器来说比较低，断路器自身的自我保护措施不完备，这就是 10kV 断路器故障比较多的原因。另外，出于保证设备故障时可靠跳闸的需要，断路器跳闸的可靠性比较高，因此，线圈烧毁主要集中在合闸线圈。

（1）引起线圈烧毁的原因。

间接原因：目前的微机保护控制回路全部带有跳、合闸自保持回路，不论是手动操作，还是自动操作。只要合闸命令发出以后，合闸回路就一直处于自保持状态，直到断路器合上以后，依靠断路器辅助接点的切换，断开合闸回路合闸电流。如果断路器由于种种原因断路器没有合上，或者是合上以后断路器辅助接点没有切换到位，则合闸保持回路将一直处于保持状态，这样一直持续下去，将会把合闸线圈烧毁，对于电磁机构，将会同时烧毁合闸接触器线圈与大合闸线圈，有时甚至会烧毁保护装置操作插件。

直接原因：

1）断路器辅助接点切换不到位：断路器合上以后，断路器辅助接点切换不到位，没有及时断开合闸回路，致使合闸保持回路一直处于保持状态，引起严重后果。

2）断路器在没有合闸能量情况下合闸，如果是弹簧机构，断路器在未储能情况下合闸，特别是无人值守站的遥控操作，未储能信号不能及时传到远方，将会使操作人员误操作，造成合闸线圈烧毁，甚至于烧毁保护装置操作插件。如果是电磁机构，合闸能量为通过大合闸熔断器的100A电流，大合闸熔断器是否完好，现有传统的二次回路设计上没有监视回路，如果在合闸过程中，大合闸熔断器熔断，或是运行人员误操作，漏投大合闸熔断器，将会烧毁合闸接触器线圈，严重的同样烧毁保护装置操作插件。在大合闸熔断器正常的情况下，如若合闸接触器线圈故障，动作力度不够，同样烧毁接触器线圈或者保护装置操作插件。

3）断路器操动机构内部问题：在外部回路正常的情况下，如果操动机构内部出现了问题，比如机构卡死，同样引起开关拒合，造成上述后果。

（2）运行人员在操作断路器时的应注意事项。

通过以上分析，了解了引起断路器线圈烧毁的原因，作为运行人员，在操作过程首先要避免人为因素引起的线圈烧毁。在变电站，有些站的10kV断路器信号不是很完善，对于弹簧机构，断路器未储能信号可能在主控制室看不到；另外，有些断路器在未储能情况下，没有闭锁操作回路，在主控室看到红绿灯正常，没有异常信号，并不能说明没有问题。

正确的做法是，即便是信号完善，回路完善，也要在操作前到断路器本体进行检查，检查断路器储能指示是否正常，检查储能电源是否正常。对于电磁机构，就是要检查大合闸熔断器是否正常投入。

在排除人为操作因素的情况下，如果在操作过程中遇到了断路器拒合的情况，运行人员应该果断处理，及时断开操作熔断器，使合闸保持回路解除，终止设备损坏的继续发生，通知相关专业人员进行及时处理。因为合闸线圈只允许短时通电，如果在操作故障发生时，没有采取果断措施断开熔断器，而是停下来汇报调度，汇报部门领导，恐怕设备早已烧毁，这样将会严重延误送电时间。

实例 7 **模块均流故障。**

▶ **故障现象：**

模块输出电流不一致。

▶ **原因：**

造成模块输出电流差别过大通常是均流回路部分故障，也有的是模块输出电压不一致造成的。模块间的均流是靠模块之间建立均流线，通过硬件电路完成。如果模块之间电压相差太大超出了均流调整范围，就会出现模块均流不好的问题。在模块投运前，一定要将每一个模块的输出电压调整一致，这样均流控制才会更好地发挥作用，长期运行的模块输出电压也会发生一定的偏差，因此定期对单个模块输出电压的调整是必需的。

▶ **处理方法：**

分别将每一模块输出电压精确调整到浮充电电压值，如果还是达不到均流要求就应考虑模块内部均流问题，可将最大或最小电流的模块退出再一次进行均流试验，如此反复直到找出有均流问题的模块。

实例 8　**直流系统过电压故障。**

▶ **故障现象：**

直流过压告警，现场检查发现母线电压超出过电压告警设定值，检查模块输出电压和电流，发现其中一个模块电流很大，其他模块电流几乎为零。

▶ **故障原因：**

系统过电压有监控器造成和模块造成两个原因，只要将监控器退出运行就可以区分。当监控器退出后模块进入自主工作状态，如果此过电压还是过高，则是模块内部控制回路故障造成输出电压失控，发生这种情况时直流系统负载电流一般小于单个模块输出电流，所以当某一模块输出失控、输出电压过高时，除了供给负载外还不断对蓄电池进线充电，最终使得直流母线电压过高而报警。

▶ **故障处理方法：**

首先检查模块告警信号，观察哪一个模块输出电流最大且接近模块的最大电流，符合上述两个条件的立即将此模块退出运行，如果直流系统恢复正常，则证明该模块故障，更换此电源模块即可。

实例 9　**模块输出过电压或欠电压。**

▶ **故障现象：**

模块故障报警，直流系统电压、电流均正常。

▶ **故障原因：**

这种情况一般是模块内部故障造成无电压输出，所以对系统正常运行没有影响，但N+1的冗余没有了，需要及时更换模块。另外一种造成这种现象的可能是模块输出电压失控，输出电压远远大于其他模块的输出定值，使得模块输出最大电流达到限流值，但因为充电机总的输出电流要大于单个模块的最大电流，所以输出电压还是维持在正常的设定值。

▶ **故障处理方法：**

检查哪个模块报警灯或电流为零，退出该模块后重新设置工作模块数量，告警自动消除，证明该模块故障。有些监控器可以直接从监控屏幕上读出几号模块故障，处理就更简单了。

判别是哪块模块电压失控导致输出电流增大，只要检查时哪一模块输出增大到额定电流，而其他模块电流很小，就可以判定故障模块。

实例 10　**模块自动退出运行。**

▶ **故障现象：**

充电装置报模块故障，但充电装置表面看上去很正常。

▶ **故障原因：**

这种情况的充电装置一般具有故障模块自动退出运行功能，可以更好地保证充电装置的可靠性。

▶ **故障处理方法：**

从监控器菜单中选出故障信息内容，可知道是几号模块故障，一般也可从模块表面指示灯的运行情况判别，自动关机后模块指示灯就不亮了。可以加电重启一次看能否恢复正常，或更换模块。

实例 11 模块风扇故障。

▶ **故障现象：**

个别模块不工作。

▶ **故障原因：**

风冷模块自动退出运行最常见的故障是风扇损坏，将模块退出后放置一段时间，待模块冷却后再插进去，模块会工作一段时间，然后又报故障，检查风扇发现风扇是不转的。

▶ **故障处理方法：**

更换同类型风扇。

实例 12 充电装置输出电压不稳定。

▶ **故障现象：**

蓄电池电流不稳定，一会充电一会放电，无告警信号发出。

▶ **故障原因：**

造成充电装置输出电压不稳定有两个方面：

（1）模块本身输出不稳定影响充电装置输出电压的稳定性。

（2）监控器控制出了问题，造成输出电压不稳定。发生这种情况的充电装置一般都是有模拟电压控制输出的模块。模块输出电压由模拟电压控制，控制电压发生小幅波动，将造成输出电压的波动。但这种波动如果幅度不大没有超过告警设定值，充电装置不会发生告警信号，平时也不易发现，只有在做电压稳定测试时才能反映出来。

注：蓄电池电流频繁不稳定进出也可能发现该故障，该故障对蓄电池寿命有一定影响。

处理方法：将监控器输出到模块的控制线全部拔掉，让模块处于自主工作状态，观察输出电压不稳定是否消除，如果消除了证明是监控器控制出了问题，需要进一步检查监控器。如果还是不稳定，需要进一步判断是哪一个模块的问题，可以逐个退出模块，直到输出电压稳定，依此判定有问题的模块。

实例 13 电压失控升高。

▶ **故障现象：**

输出电压不断往上升至极限值。

▶ **故障原因：**

（1）电压采样回路开路会造成此问题，当监控器采样回路开路时，由于采不到反馈电压，监控器将逐步调整模拟控制电压使得模块输出电压升高，各模块输出电流均流很好，当模块内部采不到反馈电压时该模块升压，失控后如果直流负荷较小，对蓄电池不断充电造成母线电压升高。

（2）电压采样回路形成不了闭环控制。

▶ **故障处理方法：**

检查电压采样回路是否有断线现象，或更换失控模块。

实例 14 　模块输出电流小。

▶ **故障现象：**

个别模块输出电流小。

▶ **故障原因：**

单个模块电压均调整正常，小电流均流也正常，但一带大电流模块电流无法增大，做单个模块试验发现一带负载电压就明显下降。一般来说这是模块带载能力降低的表现，通常是模块的软启动限流电阻在正常启动后没有短接所造成的，也可能是继电器问题，也可能是继电器驱动问题。由于模块内部电路复杂，一般不主张非专业人员在场维修，只通过更换模块方式处理。

▶ **故障处理方法：**

更换模块。

实例 15 　模块熔断器熔断。

▶ **故障现象：**

模块故障告警，检查发现模块熔断器熔断。

▶ **故障原因：**

熔断器熔断大部分是因为发生短路引起的，也有熔断器本身质量问题造成熔断的。后一种可能如果是玻璃管熔断器可以看到熔断器是中间断开一截，短路造成的熔断器熔断使玻璃管发黑，熔断器基本上看不见。

▶ **故障处理方法：**

前一种熔断器熔断可以更换相同规格的熔断器解决，对于后一种熔断器熔断不宜进行更换熔断器试验，以免模块再次短路扩大故障。

实例 16 　直流母线纹波大。

▶ **故障现象：**

运行中发现纹波比原来要打许多。

▶ **故障原因：**

纹波增大有模块造成和外界造成两种可能，首先是要区别是哪一种原因造成的。内部原因通常是模块滤波电解电容器失效，丧失了滤波功能造成纹波过大；外部原因一般为大功率逆变电源 EMI 电磁兼滤波器发生故障。判断纹波产生的原因，只要将充电装置退出直流母线，检查纹波电压有无变化。如果是模块原因，退出充电装置纹波源消失，纹波电压就明显降低；如果是外部原因，纹波应该变化很小，也可以逐个退出模块从中发现哪一个模块产生纹波。

▶ **故障处理方法：**

如果纹波由模块产生要更换模块中输出电解电容器或整个更换模块；如果内部产生，可以通过试拉直流电源查找纹波，并作进一步处理。

实例 17　模块风扇声响。

▶ **故障现象：**

运行巡视中听见有异常声响，发现模块风扇造成。

▶ **故障原因：**

模块风扇寿命一般 5 年左右，超过 5 年风扇轴承磨损会造成风扇响声增大并最终损坏，风扇故障将导致模块散热不良而发生故障，应立即处理。

▶ **故障处理方法：**

模块退出运行后更换同型号规格风扇。

实例 18　监控器黑屏。

▶ **故障现象：**

监控器没有显示，无法判断监控器是否工作。

▶ **故障原因：**

显示屏损坏或工作电压缺失。显示器损坏一般有痕迹可循，如有很淡的字迹、字画等；显示器工作电源缺失不影响监控装置正常工作，仅仅没有显示而已。当监控器外部工作电源缺失或内部电源故障一般有报警信号。

▶ **故障处理方法：**

检查监控器工作电源是否正常，电源熔断器是否熔断，更换熔断器试试。检查监视器电源开关是否开或开关是否正常，检查内部电源模块是否有电压输出，没有输出只能更换电源模块。检查显示屏是否有微弱的光感和字体，如果有一般监控器的功能不会有问题，故障仅仅是显示器问题，不影响设备的正常运行。显示器故障大都是背光电源问题，可以通过调整液晶显示屏的背光大小使显示器恢复正常。如果现实字体缺画等大都是接触不良引起的，重新紧固可以解决。

实例 19　监控器死机。

▶ **故障现象：**

不管如何操作监控器按键，显示器都没有变化。

▶ **故障原因：**

这种情况一般是监控器死机造成的。

▶ **故障处理方法：**

通过重启监控器大部分可以恢复，方法是将监控器关机后等待几秒开机，恢复正常后要检查各设定值是否正确，防止工作定值设置改变造成监控装置工作不正常。否则更换监控器。

实例 20 绝缘监测仪装置发故障告警信号。

▶ **故障现象：**

绝缘监测仪装置发出故障告警信号。

▶ **故障原因：**

绝缘监测装置本身故障，从运行统计来看电源模块发生的故障率最高。绝缘监测装置内部电源如果是采用交流注入法的，通常有两个独立的电源模块，即供监视母线绝缘电阻的电源模块和供交流信号发生器的电源。当供母绝缘监测的电源发生故障时，绝缘监测装置将停止工作，面板的显示屏、工作状态指示灯均熄灭。当供交流信号发生器的电源故障时，绝缘监测装置显示正常，直流系统发生绝缘下降时照常报警，但无法查找到接地支路。

▶ **故障处理方法：**

检查绝缘监测装置工作电源是否正常，用万用表测量电源工作电压，如果没有工作电源，需要检查供电熔断器是否熔断，并试进行恢复供电。恢复供电后装置面板显示正常，应从菜单中调用故障信息判定故障。如果接地电阻测量正常而告警故障依然存在，则信号电源故障可能性比较大，可以更换电源模块测试。

实例 21 绝缘监测仪遭受交流入侵。

▶ **故障现象：**

绝缘监测仪冒烟，接地信号变压器烧毁。

▶ **故障原因：**

绝缘监测仪装置采用交流注入法，其交流信号是通过低频隔离变压器和电容器耦合接到直流母线上，信号隔离变压器烧毁一般是外部交流侵入，直流系统侵入交流时，通过耦合电容和变压器接地构成接地电流回路。交流电源的平均直流分量为零，当直流系统中由于各种原因串入 220V 交流电源时，相当于直流接地，直流母线对地电压为零，绝缘监测装置判断直流接地后，投入接地信号源构成交流对地通道形成大电流，烧毁变压器。

▶ **故障处理方法：**

首先将侵入的交流电源排除，这样就消除了烧毁变压器的根源，同时直流接地也将消除。然后更换低频信号隔离变压器和耦合变压器，并进行直流接地精度的调试。比较快捷的判别方法是分路拉合站用电交流的输出开关，当拉到某一交流开关接地消失时，即可判断该路交流输出与直流相混。拉的过程中要注意对接地一极用直流电压表监视，电压恢复正常说明接地消失。

9.3　厂站逆变电源系统

随着电子技术、计算机技术和通信技术的发展，变电站综合自动化技术也得到了迅速发展。调度自动化及变电站综合自动化均需要有高性能指标和高可靠性的交流供电电源，不希望在运行中发生供电中断，否则将造成设备停止工作、数据中断等严重后果。为防止厂站用电故障和全站停电，应使用逆变电源或不间断电源（Uninterru Ptible Power Supply，UPS）以提供连续稳定、可靠的交流不间断电源。当交流电不正常或发生中断故障时，它仍能向负载提供符合要求的交流电，从而保证负载能连续不断地正常工作。随着变电站综合自动化等使用交流电源的计算机设备日益增多，不间断电源已成为变电站内必不可少的电源配置。

9.3.1　原理分析

1. 逆变电源及其用途

整流是将交流电转变成直流电，而逆变是将直流电转变成交流电，这种对应于整流而言的逆变过程，称之为逆变。装置工作在逆变状态时，如果把变流器的交流侧接到交流电源上，便可把直流电逆变为同频率的交流电反送到电网中去，这就是有源逆变。电力系统中固定型铅酸蓄电池组的定期放电负载使用整流—逆变的晶闸管装置时，可以将铅酸蓄电池组放电的电能逆变送入交流电网中，属于有源逆变。如果装置的交流侧不与电网相连接，而直接到负载上，把直流电源逆变为某一频率或可调频率的交流电供给负载，叫无源逆变。整流—逆变将交流和直流在晶闸管变流装置中互相联系，整流—逆变装置广泛应用于各个领域。上述电力系统中固定型铅酸蓄电池组的定期放电，可以用逆变的方式将蓄电池组的电能逆变为交流电送入电网中去。

2. 逆变电源（UPS）的组成及分类

单相 UPS 的容量从数百伏安到数百千伏安不等。一般来说，10kVA 以下的中小容量 UPS 多数为单相供电方式，10kVA 以上中大容量 UPS 为三相供电方式。UPS 中的核心部件是 SPWM 逆变器，要求逆变器的可靠性和变换效率要高，材料消耗少，元器件通用性强，并且对负荷的适应性强。对一般通用 UPS 的交流输出电压，有如下要求：

（1）具有自动稳压功能；

（2）输出纯正弦波交流，非线性失真小；

（3）能与市电或并机运行电源锁相同步；

（4）动态特性要好，控制电路简单。

UPS 电源分类方法有若干种，主要是按结构形式分类，此外还可按备用方式、输出波形以及操作方式进行分类。

（1）按备用方式分类。

UPS 电源按备用方式分类可分为串联备用冗余系统和并联备份冗余系统两类：

1）串联备用冗余系统是指一台电源装置供电，另外一台备用，当工作电源发生故障时，备用电源立即投入工作。

2）并联备份冗余系统则是多台电源并联工作，在正常状态下每台电源的输出功率都低于其额定功率，若某台电源发生故障，则自从系统中切除，其负荷由其他电源分担，保证不间断地给负荷供电。

（2）按输出波形分类。

按输出波形分类，UPS可分为方波交流输出和正弦波交流输出两大类。前者都用在小功率民用不间断电源，随着技术的进步，输出方波形式的UPS已被淘汰，现在都是正弦波输出。

（3）按操作方式分类。

根据UPS内部核心逆变部件正常情况下是否带负荷工作，可将串联备用系统分为后备式和在线式两类。

1）后备式是指在市电正常供电时，由市电直接向负荷供电，当市电供电中断或电压异常时，输出交流切换到UPS输出的交流继续供电，切换过程有4～10ms的失电，一般不影响供电负荷的运行。逆变器平时工作在空载待机状态。

2）在线式是指UPS内部核心逆变部件正常情况带负荷工作。提供逆变器工作的直流有两路：一路是由市电经过整流器转换成直流（AC/DC）、再经DC/AC逆变器转换成交流向负荷供电；另一路由蓄电池供电，在有市电交流的情况下，逆变器工作直流电源取自市电交流，蓄电池处于浮充状态，一旦市电中断时，逆变器工作电源改由蓄电池供电，保证逆变器连续不间断向负荷提供交流输出，从输出看到没有切换过程和断电时间。可见，在线式UPS在正常情况下，也是通过UPS内部的逆变器对负荷供电，避免了市电的各种电压波动和干扰，易于实现稳压、稳频。缺点是经过AC/DC转换、DC/AC转换后整机效率降低许多，同时对逆变部件技术要求和可靠性要求较高。

（4）按结构形式分类。

按结构形式分类，UPS可分为基本的UPS、具有自动（或手动）转换开关的UPS和具有并机式切换开关的UPS三类。

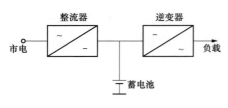

图 9-7　UPS 电源结构

1）基本的UPS。

基本的UPS电源框图如图9-7所示。

图9-7中，整流器将交流电变为直流电，然后分为两路，一路直流作为DC/AC逆变器的工作电源，输出的交流供给负载；另一路直流对蓄电池进行浮充电，因为具有储能蓄电池，所以当交流电中断时UPS能保证负载的供电不致中断。但是如果逆变器发生故障，则对负载的供电立即中断。显然，这种UPS的性能还不够完善。

2）具有静态开关的UPS。

具有静态开关的UPS原理如图9-8所示。

174

这是在上述基本 UPS 的基础上增加了交流电切换开关构成的新系统。在正常情况下，仍由基本 UPS 经切换开关 B 端向负载供电。一旦逆变器发生故障，切换开关则立即换接到 A 点，由交流电直接向负载供电。这样无论是

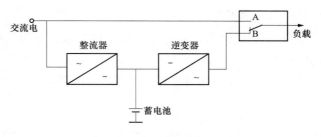

图 9-8　具有切换功能的 UPS

交流电发生故障或是逆变器发生故障，UPS 都可以保证对负载连续供电。

转换开关可以使用手动的机械开关，也可以使用自动静态电子开关。开关的操作模式可以选用优先 A 或 B。优选 A 时，逆变器在备用状态，正常时不带负载，也就是人们通常所说的"后备式 UPS"，这种工作方式适合交流电源供电质量比较稳定的场合。优选 B 时，逆变器正常工作，对负载来说供电电源输出质量有保证，适合供电电源质量差的环境，即"在线式 UPS"。

A 模式可以提高 UPS 电源效率，但输出交流没有稳压作用。B 模式交流输出稳定，不受电网波动影响；缺点是由于逆变器常带载工作，UPS 整机效率较低，相对而言故障较 A 模式有所增加。为提高 B 模式工况下供电的可靠性，可在旁路上串联一组同样的 UPS 作为后备电源，现在的电力专用 UPS 就是采用这种形式。

3）并机型 UPS。

为了解决切换过程中负荷端电压的波动以及短暂的供电中断问题，做到无扰动切换UPS 可采用并机运行方式，具有并机式切换开关的 UPS 如图 9-9 所示。

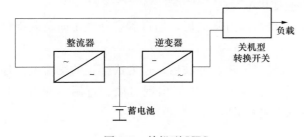

图 9-9　并机型 UPS

UPS 中的逆变器输出电压与市电长期并联运行，因此不论逆变器发生故障或者市电发生故障，负荷上都不会出现瞬时的供电中断以及显著的电压波动。在并机方式运行时，逆变器交流输出必须保证与市电交流的同频、同幅、同相。当不止一个 UPS 通过并联方式输出时，就形成并联备份冗余系统，还应保证所有并联 UPS 模块的功率输出平均分配传送给负荷，而相互之间又不致互相串扰。并机方式输出交流电压取决于市电高低。

3. 工作原理

（1）纯逆变式（见图 9-10）工作状态说明：

1）直流输入正常时，由直流经过隔离、滤波后，逆变成纯正的交流电，向负载

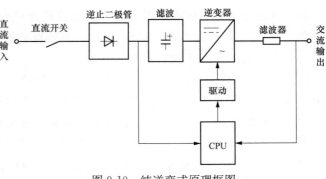

图 9-10　纯逆变式原理框图

提供电源（即直流逆变供电）；

2）当直流输入异常时或机器出现过载、过温、冲击及内部故障等情况时，机器自动保护关机。

（2）后备式（见图9-11）工作状态说明：

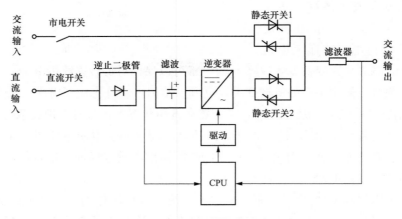

图9-11　后备式原理框图

后备式可分为Ⅰ类（即直流逆变优先）和Ⅱ类（即交流旁路优先）。

1）Ⅰ类：

①市电和直流输入都正常时，由直流经过隔离、滤波后，逆变成纯正的交流电，通过静态开关2向负载提供电源（即直流逆变供电）。

②当市电正常、直流输入异常时，由市电经过隔离后，通过静态开关1向负载提供电源（即旁路供电）。

③市电和直流输入都正常时，由直流经过隔离、滤波后，逆变成纯正的交流电，通过静态开关2向负载提供电源（即直流逆变供电）；当机器出现过载、过温、冲击、直流异常及内部故障等情况时，机器自动转为旁路供电。

2）Ⅱ类：

①市电和直流输入都正常时，由市电经过隔离，通过静态开关1向负载提供电源（即交流供电）。

②当市电异常、直流输入正常时，由直流经过隔离、滤波后，逆变成纯正的交流电，通过静态开关2向负载提供电源（即直流逆变供电）；当直流输入异常时或机器出现过载、过温、冲击及内部故障等情况时，机器自动保护关机。

（3）在线式（见图9-12）工作状态说明：

1）市电和直流输入都正常时，由市电经过隔离、整流、滤波后，逆变成纯正的交流电，通过静态开关2向负载提供电源（即交流逆变供电）。

2）当市电异常，直流输入正常时，由直流经过隔离、滤波后，逆变成纯正的交流电，通过静态开关2向负载提供电源（即直流逆变供电）。

3）当市电正常，直流输入异常时，由市电经过隔离后，通过静态开关1向负载提供电源（即旁路供电）。

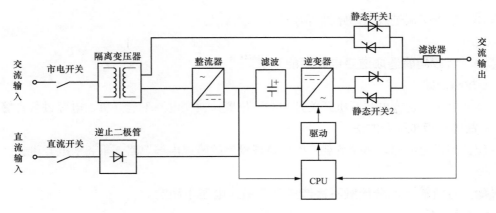

图 9-12　在线式原理框图

4）市电和直流输入都正常时，由市电经过隔离、整流、滤波后，逆变成纯正的交流电，通过静态开关 2 向负载提供电源；当机器出现过载、过温、冲击、直流异常及内部故障等情况时，机器自动转为旁路供电。

9.3.2　故障实例

实例1　站用电源交流进线故障、逆变电源装置交流电源侧元件故障导致 UPS 无法正常工作。

▶ **故障现象：**
逆变电源无交流输入，总控屏交流异常告警。

▶ **故障处理步骤和方法：**
（1）应首先检查交流输入熔断器。当逆变器工作于备用状态，市电停用或恢复时不能自动切换，可能是时间继电器或交流接触器失灵，应断开交流输入开关，更换时间继电器或交流接触器。
（2）检查交流进线开关是否跳闸。
（3）检查交流进线开关上口交流电压是否正常。
（4）检查进线接触器是否跳闸。
（5）检查交流电压采集单元工作是否正常。

实例2　站用电源交流进线故障、逆变电源装置交流电源侧元件故障引起的交流输入过、欠压告警。

▶ **故障现象：**
逆变电源装置交流输入过、欠压告警。

▶ **故障处理步骤和方法：**
（1）检查交流进线开关上口交流电压是否正常。
（2）检查交流电压采集单元工作是否正常。

（3）检查交流进线主回路是否有断线、虚接点。

实例 3　负载问题造成逆变电源不能开机。

▶ **故障现象：**

某变电站，逆变电源开机开关打到 ON 位置，逆变电源不能开机，电源过载告警。

▶ **故障处理步骤和方法：**

应关闭逆变电源，解除负载，确认负载没有故障或内部短路，重新上电开机。

实例 4　直流输入部分接触不良造成直流输入电压不稳定。

▶ **故障现象：**

直流输入电压偏低、偏高，直流异常告警。

▶ **故障处理步骤和方法：**

检查直流输入部分是否连接良好。

实例 5　输出开关脱落或监控部分异常造成无交流输出。

▶ **故障现象：**

无交流输出，交流异常告警。

▶ **故障处理步骤和方法：**

检查输出总开关是否断开，或检查监控部分的电源输入电压是否正常，检查各插件是否插接牢固。

实例 6　短路故障造成输出异常灯亮。

▶ **故障现象：**

输出异常灯亮，电源过载告警。

▶ **故障处理步骤和方法：**

应关闭开关，调整负载至正常范围，查找短路原因并消除。

实例 7　检测装置或微机板故障导致过负荷灯亮。

▶ **故障现象：**

过负荷灯亮。

▶ **故障处理步骤和方法：**

关机拔掉输出电流检测传感器插头，再重新开机。如果恢复正常，则说明输出电流检测传感器故障，反之则说明微机板故障。

实例 8　液晶模块与显示板连接不可靠致使 UPS 液晶显示黑屏。

▶ **故障现象：**

UPS 液晶显示黑屏。

▶ 故障处理步骤和方法：

检查液晶模块与显示板连接是否可靠。

实例 9　过负荷或者散热不好造成逆变器模块过热。

▶ 故障现象：

逆变器（UPS）模块过热。

▶ 故障处理步骤和方法：

逆变器内部过热，应检查逆变电源是否过负荷，通风口是否堵塞，若室内环境温度未过高，卸载等待 10min，让逆变电源冷却，再重新启动。

实例 10　模块自身故障或输入电压过高造成逆变器（UPS）模块输入熔断器熔断。

▶ 故障现象：

逆变器（UPS）模块输入熔断器熔断。

▶ 故障处理步骤和方法：

（1）模块输入电压过高，导致模块输入端压敏电阻烧坏，需更换压敏电阻。

（2）模块内部开关管损坏，需更换开关管。

▶ 判断方法：

如果压敏电阻损坏，将压敏电阻剪掉，测量交流输入端电阻，如果电阻为几百欧则正常；如果电阻为 0 则是开关管损坏；如果电阻为无穷大则是辅助电源变压器损坏。

实例 11　熔断器烧毁及模块故障致使运行灯不亮。

▶ 故障现象：

逆变器（UPS）模块故障、运行灯均不亮。

▶ 故障处理步骤和方法：

（1）查看熔断器是否烧毁，如果烧毁，按前述查找原因。

（2）拆开模块，查看模块与前面板连接的电缆是否脱落。

实例 12　输入电压异常或监控调节速度过快致使逆变器（UPS）模块故障灯亮。

▶ 故障现象：

逆变器（UPS）模块故障灯亮。

▶ 故障处理步骤和方法：

（1）输入电压是否正常，是否在输入电压范围之内。

（2）监控调节速度过快，模块过电压保护。将交流输入断开，5s 后重新合上电源即可。

实例 13　模块损坏或负载存短路造成逆变器模块不断重启关闭。

▶ 故障现象：

逆变器（UPS）模块启动后马上关闭，间隔 10s 左右重新启动，周而复始。

▶ **故障处理步骤和方法:**

(1) 如果模块不带负载,则模块已损坏,需更换模块内部的开关管或整流管。

(2) 如果是模块带载后发生,则是负载端存在短路现象。

实例 14 模块内部故障造成模块不能正常工作。

▶ **故障现象:**

更换逆变器(UPS)模块插槽后,模块仍然故障。

▶ **故障处理步骤和方法:**

打开模块外壳,检查模块内插座、电缆和集成电路等有无松动,模块有无烧煳痕迹,交流部分熔断器是否熔断。如果仅仅是熔断器烧毁,还要检查交流压敏电阻是否烧坏,可去掉交流压敏电阻后再换一个熔断器试一下。

实例 15 UPS 接点信号。

(1) 故障指示:面板显示市电异常,交流异常信号告警,故障灯闪烁。

故障判断:市电高、低压保护动作,转电池,电池供电。

解决方法:检查市电输入。

(2) 故障指示:面板显示"电池电压低,建议关闭负载",电池异常告警。

故障判断:电池端电压不大于 99V。

解决方法:调整负载,检查电池。

(3) 故障指示:旁路工作模式,面板显示"市电异常,无输出",交流异常告警。

故障判断:1) 市电高压警告;

2) 市电低压警告。

解决方法:检查市电输出。

(4) 故障指示:电池异常告警,故障灯闪烁,面板显示"电池未接"。

故障判断:1) 旁路状态下,面板显示"电池未接";

2) 逆变状态下,面板显示"电池未接"。

解决方法:清确认电池开关是否闭合。

(5) 故障指示:面板显示"市电异常,输入相序错误,无输出",30s 后面板熄灭,交流异常告警,两秒一鸣。

故障判断:旁路工作模式,输入欠相。

解决方法:检查输入配线相序是否正常。

(6) 故障指示:面板显示"市电异常",显示警告码为 02、03、09,交流异常告警,四秒一鸣。

故障判断:逆变工作模式,输入欠相。

解决方法:检查输入配线相序是否正常。

(7) 故障指示:面板显示"市电异常,输入相序错误,无输出",30s 后面板熄灭,交流异常告警,两秒一鸣。

故障判断：输入相序错误。

解决方法：检查输入配线相序是否正常。

（8）故障指示：面板显示"输出过载"，故障灯闪烁，负载异常告警，两秒一鸣。

故障判断：1）市电模式过载，警告中；

　　　　　　2）电池模式过载，警告中。

解决方法：将重要性不高的负载去除。

（9）故障指示：面板显示故障代码，故障灯闪烁，负载异常告警，蜂鸣器长鸣。

故障判断：1）市电模式过载，保护动作；

　　　　　　2）电池模式过载，保护动作。

解决方法：将重要性不高的负载去除。

（10）故障指示：面板显示输出过载，旁路过载信号告警。

故障判断：旁路过载。

解决方法：将重要性不高的负载去除。

（11）故障指示：逆变状态下，面板显示"负载不平衡"，负载不平衡告警。

故障判断：负载不平衡。

解决方法：重新分配负载。

（12）故障指示：旁路状态下，不能开机，显示"3相负载不平衡，请重新分配负载，现在无法开机，请按任意键继续"，负载异常告警。

故障判断：负载容量大于等于50%。

解决方法：重新分配负载。

9.4　一体化电源

交直流智能一体化电源系统是将交流电源、直流电源、电力UPS、通信用直流变换电源（DC/DC）及事故照明等装置组合为一体，共享直流电源的蓄电池组，并统一监控的成套设备，智能一体化电源系统采用智能模块化设计，由统一的微机监控系统监控：直流电源、电力UPS电源、交流电源、通信电源及事故照明的各种模拟信号和开关信号，由总监控单元统一状态显示和故障处理，并可根据蓄电池组的实际运行情况进行均充、浮充自动转换，完全实现电池智能管理。系统采用分散控制系统、模块化结构、组屏简单、配置灵活、统一化管理、冗余备份方式，极大地提高了系统的可靠性，实现站用电源安全化、网络智能化设计，实现站用电源交钥匙工程和客户效益最大化。

9.4.1　一体化电源系统原理分析

1. 系统组成部分

（1）交流系统。

用于发电厂、变电站、厂矿企业中作为交流50Hz，额定电压380V及以下的低压配电系统中动力、配电、照明之用。

1）闭锁功能。

采用自动转换开关 ATS，带机械电气双闭锁功能，同时一体化电源智能控制模块还带有电气闭锁，确保任何情况下，两路电源不至于碰撞。

2）正常运行方式。

方式 1：1 号进线电源为主供电源，2 号进线电源为热备用电源。

方式 2：2 号进线电源为主供电源，1 号进线电源为热备用电源。

3）安全自投功能。

保证主供电源无电压，且热备用电源电压正常时才能投入热备用电源。

自动投入装置应延时动作（延时时间可整定，整定范围为 0～30s)，并且自动作一次。当交流工作母线故障时或手动断开工作电源时自动投入装置均不应动作。主供电源恢复供电后，应发预告信号。自动投入装置动作后应发预告信号。

4）自恢复功能。

主供电源消失后又恢复，系统应自动恢复主供电源供电。

5）检修状态功能。

可通过 ATS 选择开关，将开关置于"手动"位，方便检修人员对控制部分进行维修。

6）通信功能。

综合自动化系统可在后台更改运行模式、查看电气参数、查看事件记录等。

7）遥控功能。

对 ATS 自动转换开关具有遥控功能，可在远方变更当前运行模式。

8）监控功能。

状态监视：监测 ATS 开关位置状态，自投装置动作、装置故障告警、母线电压异常告警、站用电源消失告警、馈线开关报警等。

电气量远方监测与显示：采用一体化电源智能控制器。可监测母线三相电压、三相电流、有功功率、无功功率、频率、功率因数、电度等电气参量。

事件记录：告警事件记录、装置动作事件记录信号。

9）保护功能。

零序过流保护、过负荷保护。

（2）直流操作电源。

直流操作电源是在站用交流电源正常和事故状态下都能保持可靠供电给变电站内所有控制、保护、自动装置等控制负荷和各类直流电动机、断路器合闸机构等动力负荷的电源。

1）直流监控模块。

直流监控模块能根据蓄电池充电曲线控制充电模块输出，进行强充、均充、浮充自动转换，定期均衡充电；具备放电功能；能根据设定产生过压、过流、低压等告警信号对蓄电池的过充电、过放电自动保护；能够自动巡检、故障自动显示和报警。交流断电时自动控制向母线供电，确保继电保护、自动装置、高压断路器均有控制和操作电源；来电时自动控制投入充电具备与一体化监控器连接的通信接口。

2）充电模块。

一体化电源充电模块工作原理和信息采集原理如图9-13所示。

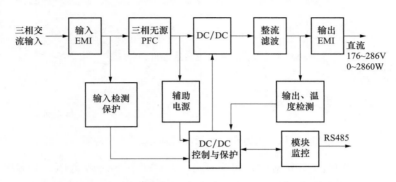

图9-13　一体化电源直流充电模块工作原理和信息采集原理图

一体化电源直流系统特点如下：

① 超强的隔离性能，电磁兼容性好：输入、输出内置2级共模和差模滤波电路用以抑制电网中的谐波对电源的干扰，使得因高频开关状态带来的高频谐波分量减少，同时降低EMI，减少对环境的污染。

② 三相三线电压输入，三相电流平衡：无需零线，可避免缺相时零线发热，缺相时，可半载输出，使系统工作更安全、可靠。

③ 采用国际最新软开关技术，效率高：效率高达95％。

④ 采用无级限流工作方式，电池充电限流精度高：电流可0～100％线性可调，模块内部的高速电压环和高速电流环，使系统运行更稳定。

⑤ 可带电插拔：在线维护，方便快捷。

⑥ 完善的保护、告警措施：模块内部含有过压保护、欠压告警、过流保护、过温保护等措施。

⑦ 内置CPU：模块内置CPU，与监控采用集散式控制方式，具有通信方便、抗干扰能力强的特点。

⑧ 电源模块采用自冷、智能风冷兼容形式：高级铝合金压铸模散热外壳，风扇采用负载电流和温度联合控制的方式，噪声低、灰尘少、体积小，集中了自冷和风冷的优点。

3）直流绝缘监测模块。监测正、负极母线对地的电压值和绝缘电阻值及支路绝缘情况。

4）电池监测模块。电池监测模块能在线测量每一个电池的工作状态，包含①电压电流内阻状态等；②判断性能是否正常，发现有性能不好的电池发出告警，并提供故障电池的准确位置。

（3）电力UPS电源。电力UPS电源由整流器、逆变器、静态开关、手动维修旁路开关、本机液晶监视器、本机诊断系统组成。正常运行，由交流输入供应负载电源，一旦交流输入消失，无延时切换到直流输入供电，保证监控计算机等负载不受影响。电力UPS不配置独立蓄电池组，与直流电源共用蓄电池组，UPS 装置作为直流系统的负荷之一，并且实现了直流与交流输入和输出的电气隔离，以及高精度的稳压稳频逆变输出，是真正意义上的干净电源。图 9-4 为电力专用 UPS 电源典型系统结构图。

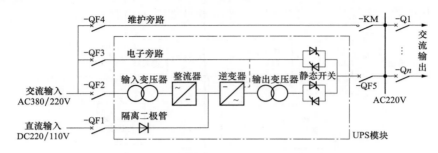

图 9-14　电力专用 UPS 电源典型系统结构图

在可靠性要求更高的变电站中，可采用 1+1 双机热备份或者 N+1 多机热备份方式供电。

（4）通信用 48V 电源。

利用 DC/DC 电源变换装置代替原通信专业 48V 蓄电池电源系统，将 DC/DC 电源变换装置作为直流系统的一个负荷考虑。它同样是取消了配套的蓄电池组，从站内直流控制电源系统的蓄电池组取得直流电，经高频变换输出满足通信设备要求的 48V 控制电源。DC/DC 电源变换装置不但实现了直流输入与输出的电气隔离，而且通过模块的并联冗余，可以获得很高的可靠性，绝缘及耐压也满足电力系统的特殊要求。

通信电源解决方案：通信设备直接采用 220V 或 110V 电源模块，通信电源从两组直流母线直接拉两路专用馈线至通信机柜，并在通信柜进行两路电源自动切换。

2. 一体化监控功能及特点

整机采用分布式监控系统，所有模拟量和开关量在底层处理后，通过数字通信传送到监控单元，抗干扰能力强。同时这种工作方式使系统扩容方便，可根据用户的需求配置。图 9-15 为一体化电源监控信息传输。

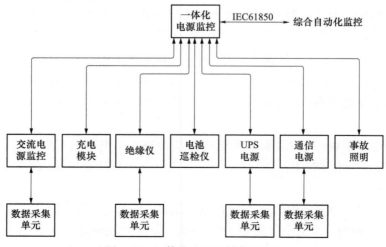

图 9-15　一体化电源监控信息传输

主要特点：

（1）系统采用集散式监控，使监控模块工作更快捷、更稳定，并且监控单元按电源三级监控系统的思想设计，负责收集、处理、上传配电、模块各监控板的数据，装置能根据直流系统运行状态，综合分析各种数据和信息，对整个系统实施控制和管理。监控系统功能模块化设计，任意部分故障，不影响其他部分正常工作，可靠性高，便于维护更换，与成套装置中各子系统通信，并可与上位机通信，有三种可选后台通信规约（CDT，MODBUS，IEC 61850）可供选择。

（2）采用大屏幕彩色液晶触摸显示器，可直观清晰地显示各部件、设备的运行状态和告警信息。可实时显示、修改各种信息及参数，便于维护人员对设备的维护和故障点的查找。

（3）具有 USB 数据下载功能，通过 USB 数据口导出直流数据、电池数据、绝缘数据和放电数据等历史数据，便于系统运行情况的数据分析。

（4）具备历史曲线显示功能，可现实一个月内的蓄电池电压电流、正负母线绝缘电压、电阻历史曲线记录。

9.4.2　故障分析

实例1　液晶显示器的制作工艺的影响或者液晶显示器没有工作而导致。

▶ **故障现象：**

主监控界面显示不清晰或者界面没有反应且黑屏。

▶ **故障处理步骤和方法：**

首先要检查该监控单元电源端有无 90～300V 电压，如无电压需要检查电源线采集有无松动，如以上情况均正常，此问题没有得到解决，需联系设备公司技术售后人员；如未和主监控通信连接上，主监控就会报出所有或部分监控单元模块通信故障。该问题的处理方法有以下四个方面：检查主监控设置与实际配置是否一致；检查所有 RS 485接口的连接线是否正确、接线是否良好；断开所有的 RS 485 口检查每一单元的 RS 485口是否有 3V 左右电压，如不正常请与我公司联系；主监控与单元一一进行通信，如与其中某一单元不能通信需更换该单元；当数据传送异常，主监控与后台不能通信时，首先应及时检查主监控通信协议、地址及波特率与后台选择是否一致，如不一致需更改一致，其次要检查 RS485/RS232 模式选择是否与后台一致，再次检查通信接口接线是否正确，如不正确需更改。如与后台通信时个别数据不对或者按上述步骤，该问题仍未能解决，就应该和专业技术人员取得联系。

实例2　模块接口松动导致整流模块中数据显示异常。

▶ **故障现象：**

（1）整流模块中，出现模块不显示或者黑屏。

（2）过温过压保护现象出现。

（3）电流采集异常，会出现模块显示 16A，实际没有那么大负载。

▶ 故障处理步骤和方法：

以上三种情况的处理方法均是先检查模块所有接口是否松动，如果有松动需要重新插好，如仍有问题就需要和专业技术售后服务人员联系。

实例3 负载过大导致模块报欠压报警、无电压输出。

▶ 故障现象：

模块出现报欠压报警、无电压输出。

▶ 故障处理步骤和方法：

属于模块内部问题，应断开负载。

实例4 一个模块故障干扰到其他模块的正常通信工作。

▶ 故障现象：

主监控间隔循环报模块通信故障。

▶ 故障处理步骤和方法：

需要通过单个模块与主监控的通信，检查出具体的问题模块。

实例5 交流检测单元中交流一路或者二路接触器没有工作，就会出现交流一路吸合不上或者交流一路停电、二路吸合不上。

▶ 故障现象：

交流一路吸合不上或者交流一路停电、二路吸合不上。

▶ 故障处理步骤和方法：

首先应该检查接线是否正确；其次测量一路交流接触器的线圈或将一路停电，通上二路交流电并且测量二路交流接触器的线圈，如果线圈电压正常，接触器仍不能工作，需更换交流接触器；如果线圈无电压或异常，需检查线路；如果接触器能够吸合，但仍无交流电，与设备公司技术人员联系。

实例6 直流测量单元中监控器检测到的电压异常导致主监控报合母、控母、电池电压过高或过低现象。

▶ 故障现象：

主监控报合母、控母、电池电压过高或过低现象。

▶ 故障处理步骤和方法：

检查主监控"系统设置"/"模块设置"均、浮充电压有无偏差，220V 系统浮充一般设置为 218～243V，均充一般为 245～254V，110V 系统设置按 220V 系统一半；测量实际直流母线电压，与主监控显示是否一致，如偏差（＞2V）应与设备公司联系处理。

实例 7　主监控检测的电流数据异常导致主监控电流不显示或异常现象。

▶ **故障现象：**

主监控电流不显示或异常现象。

▶ **故障处理步骤和方法：**

检查主监控设置的霍尔系数与霍尔型号是否一致，如不一致需更改主监控设置参数；检查霍尔传感器与直流监控单元接口的接线是否正确、牢固；测量直流单元的±12V 电源是否正常（如异常需检查接线是否正确、牢固；如电压正常需更换霍尔电流传感器；如上述情况均正常应与设备公司取得联系）。

实例 8　主监控未检测到开关单元数据导致主监控报开关量通信故障。

▶ **故障现象：**

主监控报开关量通信故障。

▶ **故障处理步骤和方法：**

检查开关量监控单元工作电压（90～300V）的基础上，如工作电压正常需重新上电，测量通信接口 AB 之间是否有 3V 电压，若无应与设备公司取得联系。

实例 9　检测值超过设定值范围导致电池巡检单元中出现有主监控报单体电池过压、欠压现象

▶ **故障现象：**

电池巡检单元中出现有主监控报单体电池过压、欠压现象。

▶ **故障处理步骤和方法：**

检查主监控设置电池节数与实际电池数是否一致；测量实际电池电压并与主监控设置的电压进行比较，如超出设置范围，需重新设置电池过、欠压值范围，如主监控报出有电池电压为 19.99V 时，需仔细检查线路是否正确、牢固，如正确应与设备公司取得联系。

实例 10　主监控未检测到电池巡检数据导致主监控报电池巡检通信故障。

▶ **故障现象：**

主监控报电池巡检通信故障。

▶ **故障处理步骤和方法：**

检查电池巡检单元的工作电压是否正常（90～300V）：

（1）如工作电压异常需检查供电线路；如正常重新上电，测量通信端子 AB 之间电压是否在 3V 左右变化如不变应与设备公司取得联系。

（2）如变化，主监控仍报通信故障，需检查与主监控 RS 485 口的接线是否正确、牢固，如均正常应与设备公司取得联系。

9.5 练 习

1. 简述一体化电源系统组成部分。

2. 造成逆变器（UPS）模块输入熔断器熔断的原因是什么，如何解决？

3. 直流系统接地的危害是什么？故障排查的方法？

4. 站用交流系统切换装置出现故障会造成什么危害？如何处理？

5. 相控电源直流输出异常有哪些现象？

6. 简述直流输出异常的原因及处理方法。

7. 控制电源故障有哪些现象？

8. 简述控制电源故障的产生原因及处理方法。

9. 相控电源装置无交流输入应如何处理？

10. 相控电源装置出现现欠/过电压告警如何处理？

11. 模块失控造成母线过电压需要什么条件？

12. 模块纹波输出增大的一般原因是什么？

13. 造成模块过电压，最简单的判别方法是什么？

14. 监控器死机可以用什么方式测试？

15. 监控器没有显示，如何判断是显示问题还是监控器故障？

16. 如何判断充电装置的输出电压过高是监控装置造成的？

17. 绝缘监测装置发生故障可能性较大的原因是什么？

18. 为什么交流串入直流后，绝缘监测报直流接地？

19. 逆变电源常见故障及处理方法有哪些？

20. 如何判断及处理逆变电源过负荷现象？

21. 如何处理 UPS 交流进线故障？

22. 逆变模块常见故障及处理方法？

23. 更换逆变模块的注意事项有哪些？

24. 试叙述在直流系统全停情况下，查找故障的步骤。

25. 试针对不同类型故障，分析故障原因及处理方法。

26. 说明寻找接地点的具体试拉、合步骤是什么？

27. 试说明寻找接地点时应注意的事项有哪些？

28. 分析说明直流母线电压过高过低的影响有哪些？

29. 说明直流母线电压过高过低的处理方法。

第**10**章

保护信息原理及故障分析

　　继电保护是电网安全稳定的第一道防线，也是保证电网安全、稳定、经济运行的重要屏障。继电保护装置从其诞生之日起，经历了机电型、晶体管型、集成电路型和微机型的几代发展，为电网的安全、稳定、经济运行做出了重大贡献。近年来，随着微机技术、通信技术、数字信息处理技术等的发展，继电保护从原理到技术也产生了深刻的变化。目前，很多新原理、新技术在此领域的应用仍处在不断的探索之中。

　　继电保护装置是厂站内最重要的电气设备之一，它是指能反映电力系统中电气元件发生故障或不正常的运行状态，并动作于断路器跳闸或发出信号的一种自动装置。它的基本任务是：

　　（1）自动地、迅速地和有选择地将故障元件从电力系统中切除，使故障元件免于继续遭到破坏，保证其他无故障部分迅速恢复正常运行。

　　（2）反映电气元件的不正常运行状态，并根据运行维护的条件（如有无经常值班人员）而动作于信号，以便值班员及时处理，或由装置自动进行调整，或将那些继续就会引起或发展成为事故的电气设备移除。此时一般不要求保护动作迅速，而是根据对电力系统及其元件的危害程度规定一定的延时，以免不必要的动作和由于干扰而引起的误动作。

　　由此可见，继电保护在电力系统中的主要作用是通过预防事故或缩小事故范围来提高系统运行的可靠性，最大限度地保证向用户安全连续供电。因此，继电保护是电力系统的重要组成部分，是保证电力系统安全可靠运行的必不可少的技术措施。

　　在目前的电力系统中，厂站常用的保护有线路保护、变压器保护、母线保护、母联（分段）保护、断路器保护、高压并联电抗器保护（以下简称高抗保护）、短引线保护、发电机保护等，如表10-1所示。

表10-1　厂站常用各种保护装置表

序号	保护装置名称
1	线路保护
2	变压器保护
3	母线保护
4	母联（分段）保护
5	断路器保护
6	高抗保护
7	短引线保护
8	发电机保护

　　本章节主要介绍220kV以上电压等级保护装置的原理及动作、告警、状态变位、在线监测、中间节点等信息输出。

10.1　保护信息的分类及要求

10.1.1　继电保护信息输出基本原则

　　保护装置输出的信息应按相关继电保护规程所规定的各类保护功能统一描述，保护装置按配置的保护功能输出相应信息。为规范信息描述，以下将电压互感器统称为 TV，电流互感器统称为 TA，智能变电站数字化接口与采样值相关的描述统称为 SV、与开关量相关的描述统称为 GOOSE。

10.1.2 保护输出信息要求

（1）继电保护输出信息按照五大类型进行描述：保护动作信息、告警信息、状态变位信息、在线监测信息和中间节点信息。继电保护输出五大类信息与保护装置 ICD 文件数据集对应关系如下：

1）保护动作信息含：保护事件（dsTripInfo）、保护录波（dsRelayRec）。

2）保护告警信息含：故障信号（dsAlarm）、告警信号（dsWarning）、通信工况（dsCommState）。

3）在线监测信息含：保护遥测（dsRelayAin）、装置参数（dsParameter）、保护定值（dsSetting）、遥测（dsAin）。

4）状态变位信息含：GOOSE 输出信号（dsGOOSE）、保护遥信（dsRelayDin）、保护压板（dsRelayEna）。

5）中间接点信息：通过中间文件上送，不设置数据集。

（2）二次回路状态信息、保护软硬压板状态和保护装置间二次连接状态（含 GOOSE），应采用 DL/T 860（IEC 61850）规约上送。

（3）继电保护动作或告警后应记录日志信息。数据集中的所有分相跳闸信息，应为保护动作，且带相别信息，在数据集中建模到数据对象（DO）。

（4）继电保护动作应生成 5 个文件类型，分别为 .hdr（头文件）、.dat（数据文件）、.cfg（配置文件）、.mid（中间文件）和 .des（自描述文件）。

（5）保护装置应输出保护运行异常和装置故障信号触点。

10.1.3 保护动作信息

（1）保护动作信息报告应为中文简述，应包括保护启动及动作过程中各相关元件动作行为、动作时序、故障相电压和电流幅值、功能压板投退状态、开关量变位状态、保护相关定值等动作信息。

（2）线路保护动作信息应包含：选相相别、跳闸相别、故障测距结果、距离保护动作时的阻抗值（可选）；纵联电流差动保护动作时的故障相差动电流；纵联距离（方向）保护应输出收发信（允许式为发信）和动作信息；距离保护应区分接地距离或相间距离动作信息、各段距离信息。线路保护还应包含后加速、测距结果等动作信息。

（3）变压器保护动作信息应包含：差动保护动作时的差动电流、制动电流（可选），阻抗保护动作时的阻抗值（可选），复压过流保护动作电流，零序过电压保护动作电压等动作信息。

（4）母差保护动作信息应包含：差动保护应输出故障相别、跳闸支路（可选）、差动电流、制动电流（可选）；母联失灵保护应输出母联电流、跳闸支路（可选）；失灵保护应输出失灵启动支路（可选）、跳闸支路（可选）、失灵联跳等动作信息。

（5）保护装置应提供保护启动的绝对时间，如××××年××月××日××时：××分：××秒．×××毫秒，同时各元件动作信息还应提供相对保护装置启动时刻的相对时间。

10.1.4 保护告警信息

（1）保护装置应提供反映健康状况的告警信息，告警信息应提供告警时间，如××××年××月××日××时：××分：××秒．×××毫秒。

（2）继电保护提供的硬件告警信息应反映装置的硬件健康状况，包含以下内容：

1）继电保护对装置模拟量输入采集回路进行自检的告警信息，包括 AC/DC 回路异常。

2）继电保护对开关量输入回路进行自检的告警信息，包括功能硬压板开入异常、装置内部开入异常。

3）继电保护对开关量输出回路进行自检的告警信息。

4）继电保护对存储器状况进行自检的告警信息，包括 RAM 异常、FLASH 异常、EPROM 异常等。

（3）保护装置软件运行状况的自检告警信息，包括定值出错、各类软件自检错误信号。

（4）装置内部配置的自检告警信息，包括开关量输入配置异常、开关量输出配置异常、系统配置异常等。

（5）继电保护内部通信状况的自检告警，包括各插件之间的通信异常状况。

（6）装置间通信状况的自检告警信息，包括载波通道异常、光纤通道异常、SV 的通信异常状况、GOOSE 通信异常状况等。

（7）保护装置应提供外部回路的自检告警信息，包括模拟量的异常信息，如是否有 TV 或 TA 断线、相序错等异常，检同期电压异常等；接入外部开关量的异常信息，如跳闸位置异常、跳闸信号长期开入等。

10.1.5 保护状态变位信息

继电保护应对状态变位信息进行全过程监视，状态变位信息包括压板投退状态、开关量输入状态和重合闸充电状态等。

10.1.6 智能化变电站保护在线监测信息

（1）继电保护装置应提供当前运行状况监测信息，主要包括工作电压、内部工作温度、遥测量、装置参数、保护定值、装置信息、装置运行时钟，以及功能压板、开关量输入和重合闸充电等状态，如表 10-2 所示。

表 10-2   保护装置在线监测信息

序号	监测类别	监测内容	备注
1	工作电压	工作电压输出	只监测，不告警
2	装置温度	装置内部工作温度	只监测，不告警

序号	监测类别	监测内容	备注
3	保护遥测	电压、电流有效值等	二次值
4	装置参数	用户整定的装置参数	
5	保护定值	各定值区的保护定值和控制字	
6	装置信息	保护版本、对时方式	
7	装置运行时钟	××××年××月××日××时：××分：××秒	
8	当前状态	功能压板、开关量输入、检修压板等	
9	遥测	接收和发送光功率	发送上下限，接收可只含下限

（2）采集保护装置通过模拟量输入回路或 SV 获取系统的电压和电流数据。遥测量应包含电压、电流的有效值及角度，线路阻抗值（可选）等。遥测量上送信息宜采用二次值。

（3）装置宜监视以下其他状态信息：

1）保护装置：过程层网口光强、智能终端及合并单元数据异常（丢帧、失步、无效）。

2）合并单元：DC/DC 工作电压、内部工作温度、过程层网口及对时网口光强、对时信号异常情况。

3）智能终端：DC/DC 工作电压、开关量输入电压、出口继电器工作电压、内部工作温度、过程层网口光强。

4）过程层交换机：工作电压、内部工作温度、各端口光强、各端口报文流量、错误报文统计。

（4）保护二次回路应监测以下信息：

1）监测保护装置以下当前状态：保护功能压板、GOOSE 出口软压板、SV 接收软压板、远方操作压板、开关量输入、保护装置检修压板、重合闸充电状态、装置自检状态、装置告警及闭锁接点状态。

2）监测合并单元的以下当前状态：GOOSE 开关量输入状态、SV 输出状态、检修压板状态、装置自检状态、告警及闭锁接点状态。

3）监测智能终端的以下当前状态：GOOSE 开关量输入/输出状态、硬接点开关量输入/输出、检修压板状态、装置自检状态、告警及闭锁接点状态。

4）监测交换机的以下当前状态：告警接点状态。

10.1.7 智能变电站保护中间节点信息

1. 中间节点要求

（1）中间节点文件后缀为 .mid（中间文件）和 .des 文件（描述文件），传输方式采用 DL/T 860 的文件服务。保护动作信息应和该次故障的保护录波和中间节点信息关联。

（2）中间节点信息宜满足逻辑图展示要求，逻辑图宜与保护装置说明书逻辑图一致、以时间为线索，可清晰再现故障过程中各保护功能元件的动作逻辑和先后顺序，并提供各保护元件的关键计算量作为动作依据。考虑到各厂家装置内部逻辑差异，各厂家

192

应提供可嵌入调用的展示软件，与装置型号匹配。

（3）保护装置宜提供中间节点计算量信息，中间节点信息可选择提供如电流、电压、阻抗、序分量、差动电流、制动电流等关键计算量，作为中间逻辑节点的辅助结果。

2. 中间节点信息应满足以下功能展示要求

（1）线路保护应包括启动元件，纵联距离保护元件，纵联零序方向元件，纵联差动，接地距离Ⅰ、Ⅱ、Ⅲ段，相间距离Ⅰ、Ⅱ、Ⅲ段，零序Ⅱ段，零序Ⅲ段，零序反时限，过电压，过流过负荷，三相不一致，重合闸，充电状态，TV断线，TA断线等关键逻辑结果。

（2）变压器保护应包括纵差、零序差动（可选）、分侧差动、相间阻抗、接地阻抗、复压闭锁过流、零序过流、间隙过流、零序过压、反时限过励磁保护、TA断线等关键逻辑结果。

（3）母线保护应包括差动保护、母联失灵保护、断路器失灵保护、TA断线等关键逻辑结果。

（4）断路器保护应包括失灵跟跳本断路器、失灵保护跳相邻断路器、充电过流保护、三相不一致保护、死区保护、重合闸、充电状态等关键逻辑结果。

（5）高压并联电抗器应包括差动速断、差动保护、零序差动保护、零序差动速断保护、匝间保护、零序过流保护、主电抗器过电流保护、中性点电抗器过电流保护等关键逻辑结果。

10.2 线 路 保 护

10.2.1 常规变电站线路保护信息

1. 常规变电站线路保护动作信息输出（见表10-3）

表10-3　　　　　　　　　常规变电站线路保护动作信息输出表

序号	信息名称	说 明
1	保护启动	保护区内外发生故障或异常时，保护电流突变量、电流越限、电压降低等启动元件启动，保护进入故障判断逻辑，保护输出此信息
2	分相差动动作	分相差动动作和零序差动动作可分开输出也可合并为"纵联差动保护动作"，当保护区内发生故障时，差动保护动作，保护输出此信息
3	零序差动动作	
4	纵联差动保护动作	
5	远方其他保护动作	仅适用纵联差动保护，纵联距离保护可不输出。线路保护收到对侧线路保护跳本侧开关时，本侧保护输出此信息
6	纵联保护动作	当保护区内发生故障时，纵联保护动作，保护输出此信息。其中纵联弱馈表示线路一侧为弱电源或无电源，纵联保护发展表示线路发生发展性故障，纵联手合表示线路充电过程中发生故障
7	纵联距离动作	
8	纵联零序动作	
9	纵联弱馈动作	
10	纵联保护发展动作	
11	纵联手合动作	

193

序号	信息名称	说　明
12	接地距离Ⅰ段动作	距离Ⅰ段保护动作，相间距离表示发生相间故障，接地距离表示发生接地故障
13	相间距离Ⅰ段动作	
14	接地距离Ⅱ段动作	距离Ⅱ段保护动作，相间距离表示发生相间故障，接地距离表示发生接地故障
15	相间距离Ⅱ段动作	
16	接地距离Ⅲ段动作	距离Ⅲ段保护动作，相间距离表示发生相间故障，接地距离表示发生接地故障
17	相间距离Ⅲ段动作	
18	距离手合加速动作	距离手合加速动作和距离重合加速动作可分开输出也可合并为"距离加速动作"，表示手合线路或线路发生重合闸时合闸于故障
19	距离重合加速动作	
20	距离加速动作	
21	距离过流Ⅱ段动作	零序过流Ⅱ段保护动作，表示线路发生接地故障
22	距离过流Ⅲ段动作	零序过流Ⅲ段保护动作，表示线路发生接地故障
23	零序加速动作	手合或重合时零序加速动作，表示手合线路或线路发生重合闸时合闸于接地故障
24	零序反时限动作	零序反时限动作，表示线路发生经较大过渡电阻接地故障
25	重合闸动作	发出重合闸命令，表示线路保护发出重合闸命令
26	不对应启动重合闸	开关位置与合后位置不对应时发出启动重合闸命令
27	三相不一致保护动作	断路器三相不一致保护动作
28	过电压保护动作	过电压保护动作
29	过电压远跳发信	过电压启动发信
30	远跳经判据动作	线路本侧保护收到对侧保护远跳命令后是否经就地判别跳闸
31	远跳不经判据动作	
32	单跳失败三跳	保护单跳不成功时发三相跳闸令
33	选相无效三跳	保护选相失败时发三相跳闸令
34	保护动作	线路保护发 A、B、C 跳闸命令

2. 常规变电站线路保护告警信息输出（见表 10-4）

表 10-4　　　　　　　　　常规变电站线路保护告警信息表

序号	信息名称	说　明
1	模拟量采集错	保护的模拟量采集系统出错
2	保护 CPU 插件异常	保护 CPU 插件出现异常，主要包括程序、定值、数据存储器出错等
3	开出异常	开出回路发生异常
4	TV 断线	保护用的电压回路断线
5	同期电压异常	同期判断用的电压回路断线，通常为单相电压
6	TA 断线	电流回路断线
7	长期有差流	长期有不正常的差动电流存在
8	TA 异常	TA 回路异常或采样回路异常
9	TV 异常	TV 回路异常或采样回路异常
10	过负荷告警	过负荷
11	管理 CPU 插件异常	管理 CPU 插件上有关芯片出现异常
12	开入异常	开入回路发生异常
13	两侧差动投退不一致	两侧差动保护装置的差动保护投入不一致
14	载波通道异常	载波通道发生异常
15	通道故障	通道发生异常
16	重合方式整定出错	重合闸控制字整定出错
17	对时异常	对时异常

3. 常规变电站线路保护状态变位信息输出（见表 10-5）

表 10-5　　　　　　　　常规变电站线路保护状态变位信息输出表

序号	信息名称	说　明
1	纵联保护软压板	纵联保护软压板，可选
2	光纤通道一软压板	光纤通道一软压板，可选
3	光纤通道二软压板	光纤通道二软压板，可选
4	载波通道软压板	载波通道软压板，光纤通道和载波通道，可选
5	通道一纵联保护软压板	通道一纵联保护软压板，可选
6	通道二纵联保护软压板	通道二纵联保护软压板，可选
7	光纤纵联保护软压板	光纤纵联保护软压板，光纤通道和载波通道，可选
8	载波纵联保护软压板	载波纵联保护软压板，光纤通道和载波通道，可选
9	距离保护软压板	距离保护软压板
10	零序过流保护软压板	零序过流保护软压板
11	停用重合闸软压板	停用重合闸软压板
12	远方跳闸保护软压板	远方跳闸保护软压板，适用于集成过电压及远方跳闸功能
13	过电压保护软压板	过电压保护软压板，适用于集成过电压及远方跳闸功能
14	远方投退压板软压板	远方投退压板软压板
15	远方切换定值区软压板	远方切换定值区软压板
16	远方修改定值软压板	远方修改定值软压板
17	纵联差动保护软压板	纵联差动保护软压板，可选
18	通道一差动保护软压板	通道一差动保护软压板可选
19	通道二差动保护软压板	通道二差动保护软压板可选
20	纵联保护硬压板	纵联保护硬压板，可选
21	光纤通道一硬压板	光纤通道一硬压板，可选
22	光纤通道二硬压板	光纤通道二硬压板，可选
23	载波通道硬压板	载波通道硬压板、光纤通道和载波通道，可选
24	通道一纵联保护硬压板	通道一纵联保护，可选
25	通道二纵联保护硬压板	通道二纵联保护硬连接片，可选
26	光纤纵联保护硬压板	光纤纵联保护硬压板、光纤通道和载波通道，可选
27	载波纵联保护硬压板	载波纵联保护硬压板、光纤通道和载波通道，可选
28	距离保护硬压板	距离保护硬压板
29	零序过流保护硬压板	零序过流保护硬压板
30	停用重合闸硬压板	如与闭锁重合闸共用时，仅输出一个信号，信号名称为"停用/闭锁重合闸"
31	远方跳闸保护硬压板	远方跳闸保护硬压板，适用于集成过电压及远方跳闸功能
32	过电压保护硬压板	过电压保护硬压板，适用于集成过电压及远方跳闸功能
33	纵联差动保护硬压板	纵联差动保护硬压板，可选
34	通道一差动保护硬压板	通道一差动保护硬压板，可选
35	通道二差动保护硬压板	通道二差动保护硬压板，可选
36	信号复归	信号复归
37	远方操作硬压板	远方操作硬压板
38	保护检修状态硬压板	保护检修状态硬压板
39	分相跳闸位置 TWJa	保护装置收到的分相跳闸位置 TWJa

续表

序号	信息名称	说 明
40	分相跳闸位置 TWJb	保护装置收到的分相跳闸位置 TWJb
41	分相跳闸位置 TWJc	保护装置收到的分相跳闸位置 TWJc
42	A 相收信	保护装置收到 A 相高频信号
43	B 相收信	保护装置收到 B 相高频信号
44	C 相收信	保护装置收到 C 相高频信号
45	其他保护动作	其他保护（如母线保护）动作
46	远传 1	其他保护（如母线保护）跳线路对侧开关远传 1 开入
47	远传 2	其他保护（如母线保护）跳线路对侧开关远传 2 开入
48	闭锁重合闸	如与停用重合闸共用时，仅输出一个信号，信号名称为"停用/闭锁重合闸"
49	低气压闭锁重合闸	断路器低气压闭锁重合闸
50	解除闭锁	解除保护装置闭锁
51	通道异常	线路保护通道异常
52	重合闸充电完成	重合闸充电完成

196

4. 常规变电站线路保护中间节点信息输出（见表 10-6）

表 10-6 　　　　　　　　常规变电站线路保护中间节点信息输出表

序号	信息名称	说 明
1	保护启动	
2	本侧启动	保护启动部分
3	对侧启动	
4	对侧三跳位置	
5	选出 A 相	
6	选出 B 相	保护选相部分
7	选出 C 相	
8	选相失败	
9	A 相发信	
10	B 相发信	
11	C 相发信	
12	A 相收信	纵联距离部分
13	B 相收信	
14	C 相收信	
15	纵联保护动作	
16	分相差动 A 相动作	
17	分相差动 B 相动作	差动保护动作部分
18	分相差动 C 相动作	
19	零序差动动作	

续表

序号	信息名称	说　明
20	振荡开放	
21	接地距离Ⅰ段动作	
22	相间距离Ⅰ段动作	
23	接地距离Ⅱ段启动	
24	接地距离Ⅱ段动作	
25	相间距离Ⅱ段启动	距离保护部分（其中，满足该段保护条件后启动）
26	相间距离Ⅱ段动作	
27	接地距离Ⅲ段启动	
28	接地距离Ⅲ段动作	
29	相间距离Ⅲ段启动	
30	相间距离Ⅲ段动作	
31	阻抗相近加速动作	
32	距离Ⅱ段加速动作	距离保护部分（其中，满足该段保护条件后启动）
33	距离Ⅲ段加速动作	
34	零序Ⅱ段启动	
35	零序Ⅱ段动作	
36	零序Ⅲ段启动	
37	零序Ⅲ段动作	零序保护部分（其中，满足该段保护条件后启动）
38	零序反时限启动	
39	零序反时限动作	
40	零序后加速动作	
41	重合闸充电完成	
42	单相TWJ启动重合	重合闸部分
43	三相TWJ启动重合	
44	闭锁重合闸	
45	不一致启动	三相不一致保护部分
46	不一致动作	
47	A相跳闸	
48	B相跳闸	动作公共部分
49	C相跳闸	
50	永跳	
51	TV断线	
52	A相TA断线	告警部分
53	B相TA断线	
54	C相TA断线	
55	远跳经判据动作	
56	远跳不经判据动作	过电压及远跳功能部分
57	过电压保护动作	
58	过电压远跳发信	

10.2.2 智能变电站线路保护信息

1. 智能变电站线路保护动作信息输出（见表 10-7）

表 10-7 智能变电站线路保护动作信息输出表

序号	信息名称	说 明
1	保护启动	保护启动
2	分相差动动作	分相差动动作和零序差动动作可分开输出也 可合并为"纵联差动保护动作"
3	零序差动动作	
4	纵联差动保护动作	
5	远方其他保护动作	仅适用纵联差动保护，纵联距离保护可不输出
6	纵联保护动作	纵联保护动作
7	纵联距离动作	
8	纵联零序动作	
9	纵联弱馈动作	
10	纵联保护发展动作	
11	纵联手合动作	
12	接地距离Ⅰ段动作	距离Ⅰ段保护动作
13	相间距离Ⅰ段动作	
14	接地距离Ⅱ段动作	距离Ⅱ段保护动作
15	相间距离Ⅱ段动作	
16	接地距离Ⅲ段动作	距离Ⅲ段保护动作
17	相间距离Ⅲ段动作	
18	距离手合加速动作	距离手合加速动作和距离重合加速动作可 分开输出也可合并为"距离加速动作"
19	距离重合加速动作	
20	距离加速动作	
21	零序过流Ⅱ段动作	零序过流Ⅱ段保护动作
22	零序过流Ⅲ段动作	零序过流Ⅲ段保护动作
23	零序加速动作	手合或重合时零序加速动作
24	零序反时限动作	零序反时限动作
25	重合闸动作	发出重合闸命令
26	不对应启动重合闸	开关位置与合后位置不对应时发出启动重合闸命令
27	三相不一致保护动作	三相不一致保护动作
28	过电压保护动作	过电压保护动作
29	过电压远跳发信	过电压启动发信
30	远跳经判据动作	远跳动作（远方跳闸就地判别模块）
31	远跳不经判据动作	
32	单跳失败三跳	保护单跳不成功时发三相跳闸令
33	选相无效三跳	保护选相失败时发三相跳闸令
34	保护动作	发 A、B、C 相跳闸令

2. 智能变电站线路保护告警信息输出（见表 10-8）

表 10-8　　　　　　　　　智能变电站线路保护告警信息输出表

序号	信息名称	说　明
1	保护 CPU 插件异常	保护 CPU 插件出现异常，主要包括程序、定值、数据存储器出错等
2	TV 断线	保护用的电压回路断线
3	同期电压异常	同期判断用的电压回路断线，通常为单相电压
4	TA 断线	电流回路断线
5	长期有差流	长期有不正常的差动电流存在
6	TA 异常	TA 回路异常或采样回路异常
7	TV 异常	TV 回路异常或采样回路异常
8	过负荷告警	过负荷
9	管理 CPU 插件异常	管理 CPU 插件上有关芯片出现异常
10	开入异常	开入回路发生异常
11	电源异常	直流电源异常或光耦电源异常等
12	两侧差动投退不一致	两侧差动保护装置的差动保护投入不一致
13	载波通道异常	载波通道发生异常
14	通道故障	通道发生异常
15	重合方式整定出错	重合闸控制字整定出错
16	对时异常	对时异常
17	SV 总告警	SV 所有异常的总报警
18	GOOSE 总告警	GOOSE 所有异常的总报警
19	SV 采样数据异常	SV 数据异常的信号
20	SV 采样链路中断	链路中断，任意链路中断均要报警
21	GOOSE 数据异常	GOOSE 异常的信号
22	GOOSE 链路中断	链路中断

3. 智能变电站线路保护状态变位信息输出（见表 10-9）

表 10-9　　　　　　　　　智能变电站线路保护状态变位信息输出表

序号	信息名称	说　明
1	纵联保护软压板	适用于主保护投入方式一，可选
2	光纤通道一软压板	适用于主保护投入方式一，可选
3	光纤通道二软压板	适用于主保护投入方式一，可选
4	载波通道软压板	适用于主保护投入方式一、光纤通道和载波通道，可选
5	通道一纵联保护软压板	适用于主保护投入方式二，可选
6	通道二纵联保护软压板	适用于主保护投入方式二，可选
7	光纤纵联保护软压板	适用于主保护投入方式二、光纤通道和载波通道，可选
8	载波纵联保护软压板	适用于主保护投入方式二、光纤通道和载波通道，可选
9	距离保护软压板	
10	零序过流保护软压板	
11	停用重合闸软压板	
12	远方跳闸保护软压板	适用于集成过电压及远方跳闸功能
13	过电压保护软压板	适用于集成过电压及远方跳闸功能

序号	信息名称	说 明
14	边断路器强制分位软压板	适用于智能站 3/2 接线断路器检修
15	中断路器强制分位软压板	适用于智能站 3/2 接线断路器检修
16	远方投退压板软压板	
17	远方切换定值区软压板	
18	远方修改定值软压板	
19	纵联差动保护软压板	适用于主保护投入方式一，可选
20	通道一差动保护软压板	适用于主保护投入方式二，可选
21	通道二差动保护软压板	适用于主保护投入方式二，可选
22	SV 接收软压板	SV 接收压板数量依据工程确定
23	跳闸软压板	保护跳闸压板数量依据工程确定
24	信号复归	
25	远方操作硬压板	
26	保护检修状态硬压板	
27	分相跳闸位置 TWJa	
28	分相跳闸位置 TWJb	
29	分相跳闸位置 TWJc	
30	A 相收信	使用于单命令和分相命令
31	B 相收信	仅适用于分相命令
32	C 相收信	仅适用于分相命令
33	其他保护动作	
34	远传 1	远传 1 开入
35	远传 2	远传 2 开入
36	闭锁重合闸	如与停用重合闸共用时，仅输出一个信号，信号名称为"停用/闭锁重合闸"
37	低气压闭锁重合闸	
38	解除闭锁	
39	通道异常	
40	重合闸充电完成	重合闸充电完成

200

4. 智能变电站线路保护中间节点信息输出（见表 10-10）

表 10-10　　　　　　　智能变电站线路保护中间节点信息输出表

序号	信息名称	说 明
1	保护启动	
2	本侧启动	保护启动部分
3	对侧启动	
4	对侧三跳位置	
5	选出 A 相	
6	选出 B 相	保护选相部分
7	选出 C 相	
8	选相失败	

序号	信息名称	说　明
9	A 相发信	纵联距离部分
10	B 相发信	
11	C 相发信	
12	A 相收信	
13	B 相收信	
14	C 相收信	
15	纵联保护动作	
16	分相差动 A 相动作	差动保护动作部分
17	分相差动 B 相动作	
18	分相差动 C 相动作	
19	零序差动动作	
20	振荡开放	距离保护部分（其中，满足该段保护条件后启动）
21	接地距离 I 段动作	
22	相间距离 I 段动作	
23	接地距离 II 段启动	
24	接地距离 II 段动作	
25	相间距离 II 段启动	
26	相间距离 II 段动作	
27	接地距离 III 段启动	
28	接地距离 III 段动作	
29	相间距离 III 段启动	
30	相间距离 III 段动作	
31	阻抗相近加速动作	距离保护部分（其中，满足该段保护条件后启动）
32	距离 II 段加速动作	
33	距离 III 段加速动作	
34	零序 II 段启动	零序保护部分（其中，满足该段保护条件后启动）
35	零序 II 段动作	
36	零序 III 段启动	
37	零序 III 段动作	
38	零序反时限启动	
39	零序反时限动作	
40	零序后加速动作	
41	重合闸充电完成	重合闸部分
42	单相 TWJ 启动重合	
43	三相 TWJ 启动重合	
44	闭锁重合闸	
45	不一致启动	三相不一致保护部分
46	不一致动作	
47	A 相跳闸	动作公共部分
48	B 相跳闸	
49	C 相跳闸	
50	永跳	

序号	信息名称	说　　明
51	TV 断线	告警部分
52	A 相 TA 断线	
53	B 相 TA 断线	
54	C 相 TA 断线	
55	远跳经判据动作	过电压及远跳功能部分
56	远跳不经判据动作	
57	过电压保护动作	
58	过电压远跳发信	

10.2.3　线路保护原理

线路保护装置是保障输电线路安全、稳定运行的一种保护装置，常见的线路保护装置包括电流电压保护、电流差动保护、纵联保护、距离保护、零序电流保护以及重合闸等。图 10-1 所示是南瑞继保公司生产的线路保护 RCS-931 装置。

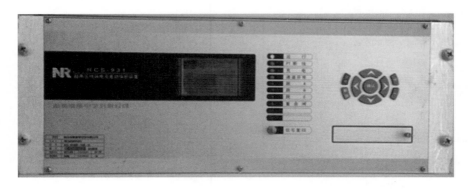

图 10-1　线路保护装置

1. 线路电流电压保护

线路电流电压保护是保障输电线路电流电压安全的保护。

（1）相过电流保护。

当输入的三相电流，其中一相、二相或三相的电流超过整定值时，经过定时限或反时限而动作，跳开线路的断路器。

（2）低电压闭锁过流保护。

当一相、二相或三相电流达到受电压调节的整定值时，经定时限或反时限延时动作于断路器跳闸。

（3）方向过电流保护。

在过电流保护的基础上加装一个方向元件，就构成了方向过电流保护。

2. 电流差动保护

电流差动保护主要由差动 CPU 模件及通信接口组成。差动 CPU 模件完成采样数据读取、滤波，数据发送、接收，数据同步、故障判断、跳闸出口逻辑；通信接口完成与光纤的光电物理接口功能。

（1）分相电流差动。

动作方程：

$$\begin{cases} |\ \dot{I}_\mathrm{M} + \dot{I}_\mathrm{N}\ | > \dot{I}_\mathrm{CD} \\ |\ \dot{I}_\mathrm{M} + \dot{I}_\mathrm{N}\ | > 4I_\mathrm{C} \\ |\ \dot{I}_\mathrm{M} + \dot{I}_\mathrm{N}\ | \leqslant I_\mathrm{INT} \\ |\ \dot{I}_\mathrm{M} + \dot{I}_\mathrm{N}\ | > K_\mathrm{BL1}\ |\ \dot{I}_\mathrm{M} - \dot{I}_\mathrm{N}\ | \end{cases} \quad 或 \quad \begin{cases} |\ \dot{I}_\mathrm{M} + \dot{I}_\mathrm{N}\ | > \dot{I}_\mathrm{CD} \\ |\ \dot{I}_\mathrm{M} + \dot{I}_\mathrm{N}\ | > 4I_\mathrm{C} \\ |\ \dot{I}_\mathrm{M} + \dot{I}_\mathrm{N}\ | \leqslant I_\mathrm{INT} \\ |\ \dot{I}_\mathrm{M} + \dot{I}_\mathrm{N}\ | > K_\mathrm{BL2}\ |\ \dot{I}_\mathrm{M} - \dot{I}_\mathrm{N}\ | - I_\mathrm{b} \end{cases}$$

动作曲线如图 10-2 所示。

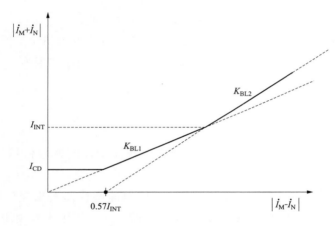

图 10-2　比例差动示意图

其中，K_BL1，K_BL2 为差动比例系数；I_CD 为整定值（差动启动电流定值）；I_INT 为四倍额定电流（分相差动两线交点）；I_b 为常数计算值为 $0.4I_\mathrm{INT}$；I_C 为 $4I_\mathrm{4C}$（实测电容电流）和 $\dfrac{4U_\mathrm{n}}{x_\mathrm{c1}}$ 最大值（U_n 为 58V）。

（2）零序电流差动。

对于经高过渡电阻接地故障，采用零序差动继电器具有较高的灵敏度，原理同分相差动。当分相差动灵敏度不够时，零序差动保护才出口。

零序差动方程：

$$\begin{cases} I_\mathrm{Bop0} > 0.8 \cdot I_\mathrm{Bre0} \\ I_\mathrm{Bop0} > I_\mathrm{0set} \\ I_\mathrm{Bop0} > 0.2 \cdot I_\mathrm{Bre\phi} \\ I_\mathrm{Bop\phi} > I_\mathrm{MK} \end{cases}$$

式中：I_MK 为实测电容电流；I_Bop0 为经补偿后零序差动流；I_Bre0 为经补偿后零制动电流；$I_\mathrm{Bop\phi}$ 为经补偿后的分相差动电流；$I_\mathrm{Bre\phi}$ 为经补偿后的分相制动电流；I_0set 为零序差流定值。

203

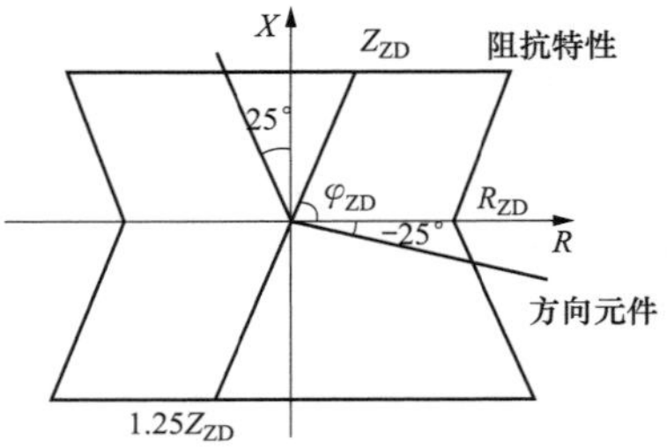

图 10-3　距离方向元件

3. 纵联保护

（1）距离方向元件。

阻抗特性如图 10-3 所示，由全阻抗四边形与方向元件组成。当选相元件选中回路的测量阻抗在四边形范围内，而方向元件为正向时，判定正向故障；若方向元件为反向时，判定反向故障。

（2）零序方向元件。

零序方向元件设正、反两个方向元件。反向元件的灵敏度高于正向元件。正向元件的零序电流定值 I_{0ZD}^+ 与反向电流定值 I_{0ZD}^- 之间的关系为

$$I_{0ZD}^+ > I_{0ZD}^-$$

式中：I_{0ZD}^+ 为纵联零序电流定值；I_{0ZD}^- 为零序电流起动定值。

零序方向元件的电压门坎取为固定门坎（0.5V）加上浮动门坎。浮动门坎根据正常运行时的零序电压计算。零序方向元件灵敏角为 $-110°$，动作范围为

$$175° \leqslant \arg \frac{3\dot{U}_0}{3\dot{I}_0} \leqslant 325°$$

（3）弱馈保护。

弱馈保护作为线路弱馈端或无电源端的纵联保护，使纵联保护达到全线速动的目的。

弱馈保护的功能，当发生区内故障时，弱馈侧能够快速发出允许对侧动作的信号（并且保持一段时间），使对侧保护快速跳闸，也就是说，当用于专用闭锁式时，弱馈侧能够快速发出闭锁对侧动作的信号，使纵联保护不误动。

弱馈侧的范围定义，定性的说是线路弱馈端或者无电源端；定量的说是当发生区内故障时，某一端纵联保护的所有正方向元件灵敏度都不够时，线路的该端可称为弱馈侧。

弱馈保护对于系统运行方式的改变具有自适应能力，即可能出现弱馈的一端可长期投入此功能，该端变为强电侧时即使弱馈保护投入，弱馈保护也不会动作（纵联保护仍然动作正确），因为投入的弱馈保护是在正反方向元件都不动作时，才可能发出允许对侧动作的信号。

特别要注意的是，对于专用闭锁式的弱馈保护，线路两端只能在其中的一侧投入弱馈功能，否则在弱电源系统的强电源侧发生反向故障时，如果线路两端的正反方向元件灵敏度不足时，弱馈保护会误动。因此，对于专用闭锁式的弱馈保护，弱馈保护在线路两端只能投入一侧。

本装置的弱馈保护具有下面两个功能：

（1）当发生区内故障时，弱馈侧快速停信。

（2）弱馈侧可以选择跳闸。

4. 距离保护

距离保护按回路配置，设有 Z_{bc}、Z_{ca}、Z_{ab} 三个相间距离继电器和 Z_a、Z_b、Z_c 三个接地距离电器。每个回路除了三段式距离外，还设有辅助阻抗元件，因此共有 24 个距离

继电器。在全相运行时 24 个继电器同时投入；非全相运行时则只投入健全相的距离继电器，例如 A 相断开时只投入 Z_{bc} 和 Z_b、Z_c 回路的各段保护。

相间、接地距离继电器主要由偏移阻抗元件、全阻抗辅助元件、正序方向元件构成，其中接地距离继电器还有零序电抗器元件。

（1）距离继电器各主要元件。

1）偏移阻抗元件 ZPYϕ。

如图 10-4 所示，偏移阻抗元件是一种四边形（多边形）特性的阻抗继电器，由距离阻抗定值 Z_{ZD}、电阻定值 R_{ZD}（接地距离 R_{ZD} 取为负荷限制电阻定值，而相间距离 R_{ZD} 取负荷限制电阻定值的一半）、线路正序阻抗角 φ_{ZD} 三个定值即可确定其动作范围。电阻偏移门槛和电抗偏移门槛由保护自动生成。

R 分量的偏移门槛取

$$R' = \min(0.5R_{ZD}, 0.5Z_{ZD})$$

即取 $0.5R_{ZD}$，$0.5Z_{ZD}$ 的较小值。

X 分量的偏移门槛取值与额定电流 I_n 有关，即

$$X' = \max(5/I_n\Omega, 0.25Z_{ZD}^I)$$

即额定电流 5A 时，取 1Ω、0.25 倍距离 I 段阻抗定值的较大值；即额定电流 1A 时，取 5Ω、0.25 倍距离 I 段阻抗定值的较大值。

偏移阻抗元件按 I、II、III 段分别动作，是距离继电器的主要动作元件。偏移阻抗 I、II 段元件在动作特性平面第一象限右上角有下倾，是为了避免区外故障时可能超越，接地距离的下倾角为 12°，相间距离的下倾角为 24°。为了使各段的电阻分量便于配合，本特性电阻侧的边界线的倾角与线路阻抗角 φ 相同，这样，在保护各段范围内，具有相同的耐故障电阻能力。

2）全阻抗辅助元件。

如图 10-5 所示，全阻抗性质的辅助阻抗元件，由距离 III 段阻抗定值 Z_{ZD}^{III}、距离电阻定值 R_{ZD}、线路正序阻抗角 φ_{ZD} 三个定值确定其动作范围。全阻抗辅助元件不作为故障范围判别动作的主要元件，是距离保护的辅助元件，应用于静稳破坏检测、故障选相、整组复归判断等。

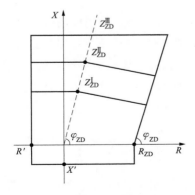

图 10-4　偏移阻抗元件特性

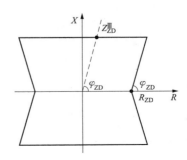

图 10-5　全阻抗辅助元件特性

3）正序方向元件 $F_1\phi$。

正序方向元件采用正序电压和回路电流进行比相。以 A 相正序方向元件 F_{1a} 为例，令 $U_1=1/3$（$U_a+aU_b+a_2U_c$），正序方向元件 F_{1a} 的动作判据为

$$-25°\leqslant \arg\frac{\dot{U}_1}{\dot{I}_A+K3\dot{I}_0}\leqslant 135°$$

正序方向的特点是引入了健全相的电压，因此在线路出口处发生不对称故障时能保证正确的方向性，但发生三相出口故障时，正序电压为零，不能正确反应故障方向。因此当三相电压都低时采用记忆电压进行比相，并将方向固定。电压恢复后重新用正序电压进行比相。

4）零序电抗器 $X_0\phi$。

在两相短路经过渡电阻接地、双端电源线路单相经过渡电阻接地时，接地距离阻抗继电器可能会产生超越。因为零序电抗元件能够防止这种超越，所以接地距离还设有零序电抗继电器 X_0。X_0 的动作方程为（以 A 相零序电抗继电器 X_0a 为例）：

$$180°\leqslant \arg\frac{\dot{U}_\varphi-Z_{ZD}(\dot{I}_\varphi+K3\dot{I}_0)}{\dot{I}_0 e^{j\delta}}\leqslant 360°$$

零序电抗器只用于接地距离Ⅰ、Ⅱ段。

（2）接地距离。

接地阻抗算法为

$$Z_\varphi=\frac{\dot{U}_\varphi}{\dot{I}_\varphi+Kz\cdot 3\dot{I}_0}$$

其中 Kz 为零序补偿系数。三段式的接地距离保护动作特性由偏移阻抗元件 $Z_{PY}\phi$、零序电抗元件 $X_{0\phi}$ 和正序方向元件 $F_1\phi$ 组成（$\phi=a，b，c$），接地全阻抗辅助元件只是用于接地距离选相等功能。

接地距离Ⅰ、Ⅱ段动作特性如图 10-6 所示，接地距离偏移阻抗Ⅰ、Ⅱ段，与正序方向元件 F_1（图 10-6 中 F_1 虚线以上区域）和零序电抗继电器 X_0（图 10-7 中 X_0 虚线以下区域）共同组成接地距离Ⅰ、Ⅱ段动作区。接地距离Ⅲ段动作特性如图 10-8 所示的黑实线，接地距离偏移阻抗Ⅲ段，与正序方向元件 F_1（图 10-8 中 F_1 虚线以上区域）共同组成接地距离Ⅲ段动作区。其中，阻抗定值 Z_{ZD} 按段分别整定，电阻分量定值 R_{ZD} 三段均取负荷限制电阻定值，灵敏角 φ_{ZD} 三段公用一个定值。偏移门槛根据 R_{ZD} 和 Z_{ZD} 自动调整。

（3）相间距离。

相间阻抗算法为

$$Z_{\varphi\varphi}=\dot{U}_{\varphi\varphi}/\dot{I}_{\varphi\varphi}$$

式中：$\dot{U}_{\varphi\varphi}$ 为相间电压；$\dot{I}_{\varphi\varphi}$ 为相间回路电流。

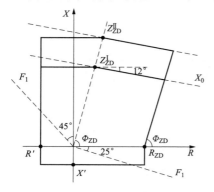

图 10-6 接地距离Ⅰ、Ⅱ段动作特性

三段式的相间距离由偏移阻抗元件 $Z_{PY}\phi\phi$ 和正

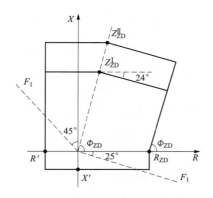

图 10-7　相间距离Ⅰ、Ⅱ段动作特性

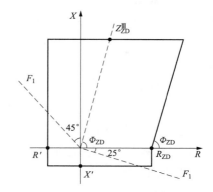

图 10-8　接地距离Ⅲ段、相间距离Ⅲ段动作特性

序方向元件 $F_1\phi\phi$ 组成（$\phi\phi=bc,\ ca,\ ab$），相间全阻抗辅助元件只是用于相间距离选相等功能。

相间距离Ⅰ、Ⅱ段动作特性如图 10-7 所示的粗实线，相间偏移阻抗Ⅰ、Ⅱ段，与正序方向元件 F_1（图 10-7 中 F_1 虚线以上区域）共同组成相间距离Ⅰ、Ⅱ段动作区。相间距离Ⅲ段动作特性与接地距离Ⅲ段相似，如图 10-8 所示。阻抗定值 Z_{ZD} 按段分别整定，电阻分量定值 R_{ZD} 三段均取负荷限制电阻定值的一半，灵敏角 φ_{ZD} 三段公用一个定值，偏移门槛根据 R_{ZD} 和 Z_{ZD} 自动调整。

5. 零序电流保护

设有两段定时限（零序Ⅱ段和Ⅲ段）和一段反时限零序电流保护。

两段定时限功能投退受零序保护控制字控制；零序反时限功能受零序反时限控制字控制。

零序Ⅱ段保护和零序反时限保护固定带方向，零序Ⅲ段可以通过控制字选择是否带方向；当发生 TV 断线后，零序Ⅱ段保护自动退出，零序反时限保护自动不带方向，零序Ⅲ段在 TV 断线后自动不带方向。

线路非全相运行期间零序Ⅱ段和零序反时限均退出，仅保留零序Ⅲ段作为非全相运行期间发生不对称故障的总后备保护。非全相运行期间零序Ⅲ段的动作时间比整定定值缩短 0.5s，若整定值小于 0.5s，则动作时间按整定值，非全相期间零序Ⅲ段自动不带方向。在合闸加速期间，零序Ⅱ段、Ⅲ段和零序反时限均退出，仅投入零序加速段保护。

零序反时限保护采用 IEC 标准反时限特性，即

$$t=\frac{0.14T_p}{\left(\dfrac{I_0}{I_p}\right)^{0.02}-1}$$

式中：T_p 为零序反时限时间；I_p 为零序反时限电流定值；I_0 为故障电流；t 为跳闸时间。

零序Ⅲ段和反时限零序保护动作后均三跳并闭锁重合闸，零序Ⅱ段可以经过控制字"Ⅱ段保护闭锁重合闸"选择是否闭锁重合闸。零序反时限最长开放时间为 50s，反时限计时满 50s 后直接跳闸出口。

零序电压采用自产零序，即 $3\dot{U}_0=\dot{U}_a+\dot{U}_b+\dot{U}_c$。零序电压的门槛采用固定门槛加浮

动门槛的方式，固定门槛最小值为 0.5V。零序功率方向元件动作范围为

$$175° \leqslant \arg(3\dot{U}_0/3\dot{I}_0) \leqslant 325°$$

6. 重合闸

（1）重合闸方式。

根据控制字选择可实现单相重合闸、三相重合闸、禁止重合闸和停用重合闸。

单相重合闸：系统单相故障单跳单重；多相故障跳三相不重。

三相重合闸：系统任意故障跳三相，三相重合。

禁止重合闸：重合闸放电，闭锁本装置重合闸，但不沟通三跳。

停用重合闸：重合闸放电，闭锁本装置重合闸，并沟通三跳。

对于 3/2 接线的线路或在长期不使用本装置重合闸的情况下，可选择禁止重合闸方式，重合闸退出，保护选相跳闸，以方便和线路上第二套主保护的重合闸配合。要实现线路任何故障时三相跳闸不重合，可选择停用重合闸方式，或投入"停用重合闸"软压板或硬压板。

通过与保护的配合，可以实现条件三重方式：系统单相故障三跳三重；多相故障跳三相不重。将重合方式整定为三重方式，将保护控制字"多相故障闭锁重合闸"投入便可实现条件三重。

（2）启动重合闸。

重合闸启动：由保护跳令启动或断路器位置不对应启动两种。

1）保护跳令启动重合闸。

单相跳令启动重合闸：保护单跳启动重合闸的条件为（与门条件），如果出现两相及以上的 TWJ 开入或两相及以上的跳闸命令，将闭锁单重启动重合闸。

① 保护发单相跳闸信号；

② 跳闸相无电流且无跳令；

③ 不满足三相启动条件；

④ 重合闸处于单重方式。

三相跳令启动重合闸：保护三跳启动重合闸的条件为（与门条件）：

① 保护发三相跳闸信号；

② 三相无电流且无三相跳令；

③ 重合闸处于三重方式。

2）断路器位置不对应启动重合闸：断路器位置不对应启动重合闸的条件为（与门条件）：

① 功能控制字"单相 TWJ 启动重合闸"投入或"三相 TWJ 启动重合闸"投入；

② 单相或多相跳位继电器持续动作且断开相无流，与重合闸方式对应。

（3）重合闸充放电。

为了避免多次重合，必须在"充电"准备完成后才能启动合闸回路。本装置重合闸逻辑中设有一软件计数器，模拟重合闸的充放电功能。

1）重合闸"放电"条件（或门条件）：

①"充电"未满时，有跳闸位置继电器 TWJ 动作或有保护启动重合闸信号开入立即

"放电";

② 有跳位开入后 200ms 内重合闸仍未启动"放电";

③ 重合闸启动前压力不足，经延时 400ms 后"放电";

④ 重合闸停用方式时"放电";

⑤ 重合闸禁用方式时"放电";

⑥ 单重方式，如果三相跳闸位置均动作或收到三跳命令或本保护装置三跳，则重合闸"放电";

⑦ 收到外部闭锁重合闸信号（"停用重合闸"硬压板、"停用重合闸"软压板投入任一投入）时立即"放电";

⑧ 合闸脉冲发出的同时"放电";

⑨ 如果现场运用重合闸时允许双重化的两套保护装置中的重合闸同时都投入运行，以使重合闸也实现双重化。此时为了避免两套装置的重合闸出现不允许的两次重合闸情况，每套装置的重合闸在发现另一套重合闸已将断路器合闸合上后，立即放电并闭锁本装置的重合闸。

2）重合闸"充电"条件为（与门条件）：

① 不满足重合闸放电条件；

② 保护未启动；

③ 跳位继电器返回。

重合闸充电时间为 15s，充电过程中装置面板的"重合允许"信号灯闪烁，充电满后该信号灯点亮，放电以后该信号灯熄灭。

（4）重合闸同期/无压鉴定。

本装置重合闸同期/无压鉴定根据控制字的组合，可有以下四种方式：检无压、检同期、检无压方式在有压时自动转检同期（同时投入检无压和检同期功能）、非同期（不检同期也不检无压）。检无压时，检查线路电压或母线电压小于 30V；检同期时，检查线路电压或母线电压大于 75％额定电压，且母线电压和线路电压的相位差在整定范围内。

另外，通过选择控制字还可以实现单重检线路三相有压重合方式，专用于大电厂侧，以防止线路发生永久故障，电厂侧重合于故障对电厂机组造成冲击。在实现单重方式的线路上，电厂侧保护设置为"单相重合闸检线路有压"方式时，需接入三组线路侧抽取电压 U_{xa}、U_{xb}、U_{xc}，当三组抽取电压均大于 75％额定电压时才能重合闸。这样，在线路上发生单相永久性故障时，系统侧无法重合，因此电厂侧可以根据故障相无电压而不重合，避免重合于永久性故障对电厂机组的冲击。而在线路上发生单相瞬时性故障时，系统侧先重合后，故障相电压恢复，电厂侧满足重合条件重合闸。

三重方式下，如果单相开关偷跳启动重合闸，不进行重合闸同期/无压鉴定，并且按三重延时进行重合。

（5）沟通三跳。

保护装置设有沟通三跳逻辑，动作时驱动装置 4 沟通三跳常闭接点。沟通三跳的条件为：

1）重合闸为三重方式。

2）重合闸为单重方式，且充电未充满。

3）重合闸为单重或者三重方式，且有"停用重合闸"压板开入。

4）重合闸为停用方式或者重合闸方式整定错误。

5）装置失去电源。

满足上述任一条件后，重合闸出口板上的 4 沟通三跳接点闭合，与本保护或另一保护装置的 BDJ 串接，连到操作箱的三跳回路。同时若本装置保护动作则三跳出口。

10.3 变压器保护

10.3.1 常规变电站变压器保护信息

1. 常规变电站变压器保护动作信息

（1）220kV 变压器保护动作信息输出如表 10-11 所示。

表 10-11　　　　　　常规变电站 220kV 变压器保护动作信息输出表

序号	信息名称	说　明
1	纵差差动速断	纵差差动速断动作
2	纵差保护	纵差保护动作
3	故障分量差动	故障分量差动动作
4	高复流Ⅰ段1时限	高复流Ⅰ段1时限动作
5	高复流Ⅰ段2时限	高复流Ⅰ段2时限动作
6	高复流Ⅰ段3时限	高复流Ⅰ段3时限动作
7	高复流Ⅱ段1时限	高复流Ⅱ段1时限动作
8	高复流Ⅱ段2时限	高复流Ⅱ段2时限动作
9	高复流Ⅱ段3时限	高复流Ⅱ段3时限动作
10	高复流Ⅲ段1时限	高复流Ⅲ段1时限动作
11	高复流Ⅲ段2时限	高复流Ⅲ段2时限动作
12	高零流Ⅰ段1时限	高零流Ⅰ段1时限动作
13	高零流Ⅰ段2时限	高零流Ⅰ段2时限动作
14	高零流Ⅰ段3时限	高零流Ⅰ段3时限动作
15	高零流Ⅱ段1时限	高零流Ⅱ段1时限动作
16	高零流Ⅱ段2时限	高零流Ⅱ段2时限动作
17	高零流Ⅱ段3时限	高零流Ⅱ段3时限动作
18	高零流Ⅲ段1时限	高零流Ⅲ段1时限动作
19	高零流Ⅲ段2时限	高零流Ⅲ段2时限动作
20	高断路器失灵联跳	高断路器失灵联跳动作
21	高间隙过流	高间隙过流动作
22	高零序过压	高零序过压动作
23	中复流Ⅰ段1时限	中复流Ⅰ段1时限动作

序号	信息名称	说 明
24	中复流Ⅰ段2时限	中复流Ⅰ段2时限动作
25	中复流Ⅰ段3时限	中复流Ⅰ段3时限动作
26	中复流Ⅱ段1时限	中复流Ⅱ段1时限动作
27	中复流Ⅱ段2时限	中复流Ⅱ段2时限动作
28	中复流Ⅱ段3时限	中复流Ⅱ段3时限动作
29	中复流Ⅲ段1时限	中复流Ⅲ段1时限动作
30	中复流Ⅲ段2时限	中复流Ⅲ段2时限动作
31	中零流Ⅰ段1时限	中零流Ⅰ段1时限动作
32	中零流Ⅰ段2时限	中零流Ⅰ段2时限动作
33	中零流Ⅰ段3时限	中零流Ⅰ段3时限动作
34	中零流Ⅱ段1时限	中零流Ⅱ段1时限动作
35	中零流Ⅱ段2时限	中零流Ⅱ段2时限动作
36	中零流Ⅱ段3时限	中零流Ⅱ段3时限动作
37	中零流Ⅲ段1时限	中零流Ⅲ段1时限动作
38	中零流Ⅲ段2时限	中零流Ⅲ段2时限动作
39	中断路器失灵联跳	中断路器失灵联跳动作
40	中间隙过流1时限	中间隙过流1时限动作
41	中间隙过流2时限	中间隙过流2时限动作
42	中零序过压1时限	中零序过压1时限动作
43	中零序过压2时限	中零序过压2时限动作
44	低1复流Ⅰ段1时限	低1复流Ⅰ段1时限动作
45	低1复流Ⅰ段2时限	低1复流Ⅰ段2时限动作
46	低1复流Ⅰ段3时限	低1复流Ⅰ段3时限动作
47	低1复流Ⅱ段1时限	低1复流Ⅱ段1时限动作
48	低1复流Ⅱ段2时限	低1复流Ⅱ段2时限动作
49	低1复流Ⅱ段3时限	低1复流Ⅱ段3时限动作
50	低2复流Ⅰ段1时限	低2复流Ⅰ段1时限动作
51	低2复流Ⅰ段2时限	低2复流Ⅰ段2时限动作
52	低2复流Ⅰ段3时限	低2复流Ⅰ段3时限动作
53	低2复流Ⅱ段1时限	低2复流Ⅱ段1时限动作
54	低2复流Ⅱ段2时限	低2复流Ⅱ段2时限动作
55	低2复流Ⅱ段3时限	低2复流Ⅱ段3时限动作
56	高相间阻抗1时限	高相间阻抗1时限动作
57	高相间阻抗2时限	高相间阻抗2时限动作
58	高相间阻抗3时限	高相间阻抗3时限动作
59	高接地阻抗1时限	高接地阻抗1时限动作
60	高接地阻抗2时限	高接地阻抗2时限动作
61	高接地阻抗3时限	高接地阻抗3时限动作
62	低1零流1时限	低1零流1时限动作
63	低1零流2时限	低1零流2时限动作
64	低2零流1时限	低2零流1时限动作
65	低2零流2时限	低2零流2时限动作

序号	信息名称	说　明
66	接地变电流速断	接地变电流速断动作
67	接地变过流	接地变过流动作
68	接地变零流Ⅰ段1时限	接地变零流Ⅰ段1时限动作
69	接地变零流Ⅰ段2时限	接地变零流Ⅰ段2时限动作
70	接地变零流Ⅰ段3时限	接地变零流Ⅰ段3时限动作
71	接地变零流Ⅱ段	接地变零流Ⅱ段动作
72	低1电抗器复流1时限	低1电抗器复流1时限动作
73	低1电抗器复流2时限	低1电抗器复流2时限动作
74	低2电抗器复流1时限	低1电抗器复流1时限动作
75	低2电抗器复流2时限	低1电抗器复流2时限动作
76	公共绕组零序过流	公共绕组零序过流动作

（2）330kV变压器保护动作信息输出如表10-12所示。

表10-12　　　　常规变电站330kV变压器保护动作信息输出表

序号	信息名称	说　明
1	纵差差动速断	纵差差动速断动作
2	纵差保护	纵差比率差动动作
3	故障分量差动	故障分量差动动作
4	零序分量差动	零序分量差动动作
5	分侧差动	分侧差动动作
6	高相间阻抗1时限	高相间阻抗1时限动作
7	高相间阻抗2时限	高相间阻抗2时限动作
8	高相间阻抗3时限	高相间阻抗3时限动作
9	高相间阻抗4时限	高相间阻抗4时限动作
10	高接地阻抗1时限	高接地阻抗1时限动作
11	高接地阻抗2时限	高接地阻抗2时限动作
12	高接地阻抗3时限	高接地阻抗3时限动作
13	高接地阻抗4时限	高接地阻抗4时限动作
14	高复压过流1时限	高复压过流1时限动作
15	高复压过流2时限	高复压过流2时限动作
16	高零流Ⅰ段1时限	高零流Ⅰ段1时限动作
17	高零流Ⅰ段2时限	高零流Ⅰ段2时限动作
18	高零流Ⅰ段3时限	高零流Ⅰ段3时限动作
19	高零流Ⅰ段4时限	高零流Ⅰ段4时限动作
20	高零流Ⅱ段1时限	高零流Ⅱ段1时限动作
21	高零流Ⅱ段2时限	高零流Ⅱ段2时限动作
22	反时限过励磁	反时限过励磁动作
23	高断路器失灵联跳	高断路器失灵联跳动作
24	高间隙过流	高间隙过流动作
25	高零序过压	高零序过压动作
26	中相间阻抗Ⅰ段1时限	中相间阻抗Ⅰ段1时限动作
27	中相间阻抗Ⅰ段2时限	中相间阻抗Ⅰ段2时限动作

序号	信息名称	说 明
28	中相间阻抗Ⅰ段3时限	中相间阻抗Ⅰ段3时限动作
29	中相间阻抗Ⅰ段4时限	中相间阻抗Ⅰ段4时限动作
30	中相间阻抗Ⅱ段1时限	中相间阻抗Ⅱ段1时限动作
31	中相间阻抗Ⅱ段2时限	中相间阻抗Ⅱ段2时限动作
32	中相间阻抗Ⅱ段3时限	中相间阻抗Ⅱ段3时限动作
33	中相间阻抗Ⅱ段4时限	中相间阻抗Ⅱ段4时限动作
34	中接地阻抗Ⅰ段1时限	中接地阻抗Ⅰ段1时限动作
35	中接地阻抗Ⅰ段2时限	中接地阻抗Ⅰ段2时限动作
36	中接地阻抗Ⅰ段3时限	中接地阻抗Ⅰ段3时限动作
37	中接地阻抗Ⅰ段4时限	中接地阻抗Ⅰ段4时限动作
38	中接地阻抗Ⅱ段1时限	中接地阻抗Ⅱ段1时限动作
39	中接地阻抗Ⅱ段2时限	中接地阻抗Ⅱ段2时限动作
40	中接地阻抗Ⅱ段3时限	中接地阻抗Ⅱ段3时限动作
41	中接地阻抗Ⅱ段4时限	中接地阻抗Ⅱ段4时限动作
42	中复压过流1时限	中复压过流1时限动作
43	中复压过流2时限	中复压过流2时限动作
44	中零流Ⅰ段1时限	中零流Ⅰ段1时限动作
45	中零流Ⅰ段2时限	中零流Ⅰ段2时限动作
46	中零流Ⅰ段3时限	中零流Ⅰ段3时限动作
47	中零流Ⅰ段4时限	中零流Ⅰ段4时限动作
48	中零流Ⅱ段1时限	中零流Ⅱ段1时限动作
49	中零流Ⅱ段2时限	中零流Ⅱ段2时限动作
50	中零流Ⅱ段3时限	中零流Ⅱ段3时限动作
51	中零流Ⅱ段4时限	中零流Ⅱ段4时限动作
52	中断路器失灵联跳	中断路器失灵联跳动作
53	中间隙过流1时限	中间隙过流1时限动作
54	中间隙过流2时限	中间隙过流2时限动作
55	中零序过压1时限	中零序过压1时限动作
56	中零序过压2时限	中零序过压2时限动作
57	低过流1时限	低过流1时限动作
58	低过流2时限	低过流2时限动作
59	低复流1时限	低复压过流1时限动作
60	低复流2时限	低复压过流2时限动作
61	公共绕组零序过流1时限	公共绕组零序过流1时限动作
62	公共绕组零序过流2时限	公共绕组零序过流2时限动作

（3）500kV变压器保护动作信息输出如表10-13所示。

表10-13　　　　常规变电站500kV变压器保护动作信息输出表

序号	信息名称	说 明
1	纵差动速断	纵差动速断动作
2	纵差保护	纵差比率差动动作
3	故障分量差动	故障分量差动动作
4	分相差动速断	分相差动速断动作
5	分相差动	分相差动动作
6	分侧差动	分侧差动动作

序号	信息名称	说　　明
7	低压侧小区差动	低压侧小区差动动作
8	零序分量差动	零序分量差动动作
9	高相间阻抗 1 时限	高相间阻抗 1 时限动作
10	高相间阻抗 2 时限	高相间阻抗 2 时限动作
11	高接地阻抗 1 时限	高接地阻抗 1 时限动作
12	高接地阻抗 2 时限	高接地阻抗 2 时限动作
13	高复压过流	高复压过流动作
14	高零流 I 段 1 时限	高零流 I 段 1 时限动作
15	高零流 I 段 2 时限	高零流 I 段 2 时限动作
16	高零流 II 段 1 时限	高零流 II 段 1 时限动作
17	高零流 II 段 2 时限	高零流 II 段 2 时限动作
18	高零流 III 段	高零流 III 段动作
19	反时限过励磁	反时限过励磁动作
20	高断路器失灵联跳	高断路器失灵联跳动作
21	中相间阻抗 1 时限	中相间阻抗 1 时限动作
22	中相间阻抗 2 时限	中相间阻抗 2 时限动作
23	中相间阻抗 3 时限	中相间阻抗 3 时限动作
24	中相间阻抗 4 时限	中相间阻抗 4 时限动作
25	中接地阻抗 1 时限	中接地阻抗 1 时限动作
26	中接地阻抗 2 时限	中接地阻抗 2 时限动作
27	中接地阻抗 3 时限	中接地阻抗 3 时限动作
28	中接地阻抗 4 时限	中接地阻抗 4 时限动作
29	中复压过流	中复压过流动作
30	中零流 I 段 1 时限	中零流 II 段 1 时限动作
31	中零流 I 段 2 时限	中零流 II 段 2 时限动作
32	中零流 I 段 3 时限	中零流 II 段 3 时限动作
33	中零流 II 段 1 时限	中零流 II 段 1 时限动作
34	中零流 II 段 2 时限	中零流 II 段 2 时限动作
35	中零流 II 段 3 时限	中零流 II 段 3 时限动作
36	中零流 III 段	中零流 III 段动作
37	中断路器失灵联跳	中失灵联跳动作
38	低绕组过流 1 时限	低绕组过流 1 时限动作
39	低绕组过流 2 时限	低绕组过流 2 时限动作
40	低绕组复流 1 时限	低绕组复流 1 时限动作
41	低绕组复流 2 时限	低绕组复流 2 时限动作
42	低过流 1 时限	低过流 1 时限动作
43	低过流 2 时限	低过流 2 时限动作
44	低复流 1 时限	低复流 1 时限动作
45	低复流 2 时限	低复流 2 时限动作
46	公共绕组零序过流	公共绕组零序过流动作

（4）750kV 变压器保护动作信息输出如表 10-14 所示。

表 10-14　　　　　　　　常规变电站 750kV 变压器保护动作信息输出表

序号	信息名称	说　明
1	纵差动速断	纵差动速断动作
2	纵差保护	纵差比率差动动作
3	故障分量差动	故障分量差动动作
4	分相差动速断	分相差动速断动作
5	分相差动	分相差动动作
6	分侧差动	分侧差动动作
7	低压侧小区差动	低压侧小区差动动作
8	零序分量差动	零序分量差动动作
9	高相间阻抗 1 时限	高相间阻抗 1 时限动作
10	高相间阻抗 2 时限	高相间阻抗 2 时限动作
11	高接地阻抗 1 时限	高接地阻抗 1 时限动作
12	高接地阻抗 2 时限	高接地阻抗 2 时限动作
13	高复压过流	高复压过流动作
14	高零流 I 段	高零流 I 段动作
15	高零流 II 段	高零流 II 段动作
16	反时限过励磁	反时限过励磁动作
17	高断路器失灵联跳	高断路器失灵联跳动作
18	中相间阻抗 1 时限	中相间阻抗 1 时限动作
19	中相间阻抗 2 时限	中相间阻抗 2 时限动作
20	中相间阻抗 3 时限	中相间阻抗 3 时限动作
21	中相间阻抗 4 时限	中相间阻抗 4 时限动作
22	中接地阻抗 1 时限	中接地阻抗 1 时限动作
23	中接地阻抗 2 时限	中接地阻抗 2 时限动作
24	中接地阻抗 3 时限	中接地阻抗 3 时限动作
25	中接地阻抗 4 时限	中接地阻抗 4 时限动作
26	中复压过流	中复压过流动作
27	中零流 I 段 1 时限	中零流 I 段 1 时限动作
28	中零流 I 段 2 时限	中零流 I 段 2 时限动作
29	中零流 I 段 3 时限	中零流 I 段 3 时限动作
30	中零流 I 段 4 时限	中零流 I 段 4 时限动作
31	中零流 II 段 1 时限	中零流 II 段 1 时限动作
32	中零流 II 段 2 时限	中零流 II 段 2 时限动作
33	中零流 II 段 3 时限	中零流 II 段 3 时限动作
34	中零流 II 段 4 时限	中零流 II 段 4 时限动作
35	中断路器失灵联跳	中失灵联跳动作
36	低绕组过流 1 时限	低绕组过流 1 时限动作
37	低绕组过流 2 时限	低绕组过流 2 时限动作
38	低绕组复流 1 时限	低绕组复流 1 时限动作
39	低绕组复流 2 时限	低绕组复流 2 时限动作
40	低 1 过流 1 时限	低 1 分支过流 1 时限动作
41	低 1 过流 2 时限	低 1 分支过流 2 时限动作
42	低 1 复流 1 时限	低 1 分支复流 1 时限动作

序号	信息名称	说　明
43	低1复流2时限	低1分支复流2时限动作
44	低2过流1时限	低2分支过流1时限动作
45	低2过流2时限	低2分支过流2时限动作
46	低2复流1时限	低2分支复流1时限动作
47	低2复流2时限	低2分支复流2时限动作
48	公共绕组零序过流	公共绕组零序过流动作

2. 常规变电站变压器保护告警信息

（1）220kV 变压器保护告警信息输出如表 10-15 所示。

表 10-15　　　　**常规变电站 220kV 变压器保护告警信息输出表**

序号	信息名称	说　明
1	模拟量采集错	模拟量采集错
2	保护 CPU 插件异常	保护 CPU 插件出现异常，主要包括程序、定值、数据存储器出错等
3	开出异常	开出回路发生异常
4	高压侧 TV 断线	高压侧 TV 断线
5	中压侧 TV 断线	中压侧 TV 断线
6	低压1分支 TV 断线	低压1分支 TV 断线
7	低压2分支 TV 断线	低压2分支 TV 断线
8	高压1侧 TA 断线	高压1侧 TA 断线
9	高压2侧 TA 断线	高压2侧 TA 断线
10	中压侧 TA 断线	中压侧 TA 断线
11	低压1分支 TA 断线	低压1分支 TA 断线
12	低压2分支 TA 断线	低压2分支 TA 断线
13	差流越限	差流越限
14	管理 CPU 插件异常	管理 CPU 插件上有关芯片出现异常
15	开入异常	开入回路发生异常
16	高压侧过负荷	高压侧过负荷
17	中压侧过负荷	中压侧过负荷
18	低压侧过负荷	低压侧过负荷
19	公共绕组过负荷	自耦变压器
20	对时异常	对时异常

（2）500kV（330kV）变压器保护告警信息输出如表 10-16 所示。

表 10-16　　　　**常规变电站 500kV（330kV）变压器保护告警信息输出表**

序号	信息名称	说　明
1	模拟量采集错	模拟量采集错
2	保护 CPU 插件异常	保护 CPU 插件出现异常，主要包括程序、定值、数据存储器出错等
3	开出异常	开出回路发生异常

序号	信息名称	说　明
4	高压侧 TV 断线	高压侧 TV 断线
5	中压侧 TV 断线	中压侧 TV 断线
6	低压侧 TV 断线	低压侧 TV 断线
7	高压 1 侧 TA 断线	高压 1 侧 TA 断线
8	高压 2 侧 TA 断线	高压 2 侧 TA 断线
9	中压侧 TA 断线	中压侧 TA 断线
10	低压侧 TA 断线	低压侧 TA 断线
11	公共绕组 TA 断线	公共绕组 TA 断线
12	低压绕组 TA 断线	低压绕组 TA 断线
13	纵差差流越限	纵差差流越限
14	分相差差流越限	分相差动差流越限
15	低小区差差流越限	低小区差差流越限
16	分侧差差流越限	分侧差差流越限
17	管理 CPU 插件异常	管理 CPU 插件上有关芯片出现异常
18	开入异常	开入回路发生异常
19	高压侧过负荷	高压侧过负荷
20	中压侧过负荷	中压侧过负荷
21	低压侧过负荷	低压侧过负荷
22	公共绕组过负荷	自耦变压器
23	对时异常	对时异常

注　12 项、14 项和 15 项仅适用于 500kV 变压器保护。

（3）750kV 变压器保护告警信息输出如表 10-17 所示。

表 10-17　　　　　常规变电站 750kV 变压器保护告警信息输出表

序号	信息名称	说　明
1	模拟量采集错	模拟量采集错
2	保护 CPU 插件异常	保护 CPU 插件出现异常，主要包括程序、定值、数据存储器出错等
3	开出异常	开出回路发生异常
4	高压侧 TV 断线	高压侧 TV 断线
5	中压侧 TV 断线	中压侧 TV 断线
6	低压 1 分支 TV 断线	低压 1 分支 TV 断线
7	低压 2 分支 TV 断线	低压 2 分支 TV 断线
8	高压 1 侧 TA 断线	高压 1 侧 TA 断线
9	高压 2 侧 TA 断线	高压 2 侧 TA 断线
10	中压 1 侧 TA 断线	中压 1 侧 TA 断线
11	中压 2 侧 TA 断线	中压 2 侧 TA 断线
12	低压 1 分支 TA 断线	低压 1 分支 TA 断线
13	低压 2 分支 TA 断线	低压 2 分支 TA 断线
14	公共绕组 TA 断线	公共绕组 TA 断线
15	低压绕组 TA 断线	低压绕组 TA 断线
16	纵差差流越限	纵差差流越限

续表

序号	信息名称	说　明
17	分相差差流越限	分相差动差流越限
18	低小区差差流越限	低小区差差流越限
19	分侧差差流越限	分侧差差流越限
20	管理 CPU 插件异常	管理 CPU 插件上有关芯片出现异常
21	开入异常	开入回路发生异常
22	高压侧过负荷	高压侧过负荷
23	中压侧过负荷	中压侧过负荷
24	低压侧过负荷	低压侧过负荷
25	公共绕组过负荷	自耦变压器
26	对时异常	对时异常

3. 常规变电站变压器保护状态变位信息

（1）220kV 变压器保护状态变位信息输出如表 10-18 所示。

表 10-18　　　　常规变电站 **220kV** 变压器保护状态变位信息输出表

序号	信息名称	说　明
1	主保护软压板	软压板
2	高压侧后备保护软压板	
3	中压侧后备保护软压板	
4	低压1分支后备保护软压板	
5	低压2分支后备保护软压板	
6	低1电抗器后备保护软压板	
7	低2电抗器后备保护软压板	
8	公共绕组后备保护软压板	
9	接地变后备保护软压板	
10	远方投退压板软压板	软压板，远方不可投退
11	远方切换定值区软压板	
12	远方修改定值软压板	
13	主保护硬压板	硬压板
14	高压侧后备保护硬压板	
15	高压侧电压硬压板	
16	中压侧后备保护硬压板	
17	中压侧电压硬压板	
18	低压1分支后备保护硬压板	
19	低压1分支电压硬压板	
20	低压2分支后备保护硬压板	
21	低压2分支电压硬压板	
22	低1电抗器后备保护硬压板	
23	低2电抗器后备保护硬压板	
24	公共绕组后备保护硬压板	
25	接地变后备保护硬压板	

序号	信息名称	说　明
26	高压侧失灵联跳开入	开入
27	中压侧失灵联跳开入	
28	远方操作硬压板	硬压板
29	保护检修状态硬压板	

（2）330kV 变压器保护状态变位信息输出如表 10-19 所示。

表 10-19　　　　　　　常规变电站 330kV 变压器保护状态变位信息输出表

序号	信息名称	说　明
1	主保护软压板	软压板
2	高压侧后备保护软压板	
3	中压侧后备保护软压板	
4	低压侧后备保护软压板	
5	公共绕组后备保护软压板	
6	远方投退压板软压板	软压板，远方不可投退
7	远方切换定值区软压板	
8	远方修改定值软压板	
9	主保护硬压板	硬压板
10	高压侧后备保护硬压板	
11	高压侧电压硬压板	
12	中压侧后备保护硬压板	
13	中压侧电压硬压板	
14	低压侧后备保护硬压板	
15	低压侧电压硬压板	
16	公共绕组后备保护硬压板	
17	高压侧失灵联跳开入	开入
18	中压侧失灵联跳开入	
19	远方操作硬压板	硬压板
20	保护检修状态硬压板	

（3）500kV 变压器保护状态变位信息输出如表 10-20 所示。

表 10-20　　　　　　　常规变电站 500kV 变压器保护状态变位信息输出表

序号	信息名称	说　明
1	主保护软压板	软压板
2	高压侧后备保护软压板	
3	中压侧后备保护软压板	
4	低压绕组后备保护软压板	
5	低压侧后备保护软压板	
6	公共绕组后备保护软压板	
7	远方投退压板软压板	软压板，远方不可投退
8	远方切换定值区软压板	
9	远方修改定值软压板	

续表

序号	信息名称	说　明
10	主保护硬压板	硬压板
11	高压侧后备保护硬压板	
12	高压侧电压硬压板	
13	中压侧后备保护硬压板	
14	中压侧电压硬压板	
15	低压绕组后备保护硬压板	
16	低压侧后备保护硬压板	
17	低压侧电压硬压板	
18	公共绕组后备保护硬压板	
19	高压侧失灵联跳开入	开入
20	中压侧失灵联跳开入	
21	远方操作硬压板	硬压板
22	保护检修状态硬压板	

（4）750kV 变压器保护状态变位信息输出如表 10-21 所示。

220

表 10-21　　　　常规变电站 750kV 变压器保护状态变位信息输出表

序号	信息名称	说　明
1	主保护软压板	软压板
2	高压侧后备保护软压板	
3	中压侧后备保护软压板	
4	低压绕组后备保护软压板	
5	低压 1 分支后备保护软压板	
6	低压 2 分支后备保护软压板	
7	公共绕组后备保护软压板	
8	远方投退压板软压板	软压板，远方不可投退
9	远方切换定值区软压板	
10	远方修改定值软压板	
11	主保护硬压板	硬压板
12	高压侧后备保护硬压板	
13	高压侧电压硬压板	
14	中压侧后备保护硬压板	
15	中压侧电压硬压板	
16	低压绕组后备保护硬压板	
17	低压 1 分支后备保护硬压板	
18	低压 1 分支电压硬压板	
19	低压 2 分支后备保护硬压板	
20	低压 2 分支电压硬压板	
21	公共绕组后备保护硬压板	
22	高压侧失灵联跳开入	开入
23	中压侧失灵联跳开入	
24	远方操作硬压板	硬压板
25	保护检修状态硬压板	

4. 常规变电站变压器保护中间节点信息输出（见表 10-22）

表 10-22　　　　　常规变电站变压器保护中间节点信息输出表

序号	信息名称	说　　明
1	保护启动	保护启动
2	纵差 A 相闭锁	纵差励磁涌流其他原理闭锁
3	纵差 B 相闭锁	
4	纵差 C 相闭锁	
5	纵差 A 相二次谐波闭锁	纵差励磁涌流二次谐波闭锁
6	纵差 B 相二次谐波闭锁	
7	纵差 C 相二次谐波闭锁	
8	TA 断线闭锁纵差	TA 断线闭锁纵差
9	纵差 A 相动作	纵差动作
10	纵差 B 相动作	
11	纵差 C 相动作	
12	纵差速断 A 相动作	纵差速断动作
13	纵差速断 B 相动作	
14	纵差速断 C 相动作	
15	故障分量 A 相动作	故障分量动作
16	故障分量 B 相动作	
17	故障分量 C 相动作	
18	分相差动 A 相闭锁	分相差动励磁涌流其他原理闭锁
19	分相差动 B 相闭锁	
20	分相差动 C 相闭锁	
21	分相 A 相二次谐波	分相二次谐波闭锁
22	分相 B 相二次谐波	
23	分相 C 相二次谐波	
24	分相差动 A 相动作	分相差动动作
25	分相差动 B 相动作	
26	分相差动 C 相动作	
27	分相速断 A 相动作	分相速断动作
28	分相速断 B 相动作	
29	分相速断 C 相动作	
30	低压侧小区差 A 相动作	低压侧小区差动动作
31	低压侧小区差 B 相动作	
32	低压侧小区差 C 相动作	
33	分侧差动 A 相动作	分侧差动动作
34	分侧差动 B 相动作	
35	分侧差动 C 相动作	
36	零序分量差动	
37	高相间阻抗动作	
38	高接地阻抗动作	
39	高复压过流动作	
40	高零序过流动作	

序号	信息名称	说　明
41	高间隙过流动作	
42	高零序过压动作	
43	反时限过励磁动作	
44	高失灵联跳	
45	中相间阻抗动作	
46	中接地阻抗动作	
47	中复压过流动作	
48	中零序过流动作	
49	中间隙过流动作	
50	中零序过压动作	
51	中失灵联跳	
52	低绕组过流动作	
53	低绕组复流动作	
54	低1过流动作	
55	低1复流动作	
56	低2过流动作	
57	低2复流动作	
58	公共绕组零序过流动作	

注　以上包含了220～750kV电压等级的中间节点，依据保护配置不同选择，后备按段按时限输出。

10.3.2　智能变电站变压器保护信息

1. 智能变电站变压器保护动作信息

（1）220kV变压器保护动作信息输出如表10-23所示。

表10-23　　　　　　　　智能变电站220kV变压器保护动作信息输出表

序号	信息名称	说　明
1	纵差差动速断	纵差差动速断动作
2	纵差保护	纵差保护动作
3	故障分量差动	故障分量差动动作
4	高复流Ⅰ段1时限	高复流Ⅰ段1时限动作
5	高复流Ⅰ段2时限	高复流Ⅰ段2时限动作
6	高复流Ⅰ段3时限	高复流Ⅰ段3时限动作
7	高复流Ⅱ段1时限	高复流Ⅱ段1时限动作
8	高复流Ⅱ段2时限	高复流Ⅱ段2时限动作
9	高复流Ⅱ段3时限	高复流Ⅱ段3时限动作
10	高复流Ⅲ段1时限	高复流Ⅲ段1时限动作
11	高复流Ⅲ段2时限	高复流Ⅲ段2时限动作
12	高零流Ⅰ段1时限	高零流Ⅰ段1时限动作
13	高零流Ⅰ段2时限	高零流Ⅰ段2时限动作
14	高零流Ⅰ段3时限	高零流Ⅰ段3时限动作
15	高零流Ⅱ段1时限	高零流Ⅱ段1时限动作

续表

序号	信息名称	说　明
16	高零流Ⅱ段2时限	高零流Ⅱ段3时限动作
17	高零流Ⅱ段3时限	高零流Ⅲ段1时限动作
18	高零流Ⅲ段1时限	高零流Ⅲ段2时限动作
19	高零流Ⅲ段2时限	高断路器失灵联跳动作
20	高断路器失灵联跳	高间隙过流动作
21	高间隙过流	高零序过压动作
22	高零序过压	中复流Ⅰ段1时限动作
23	中复流Ⅰ段1时限	中复流Ⅰ段2时限动作
24	中复流Ⅰ段2时限	中复流Ⅰ段3时限动作
25	中复流Ⅰ段3时限	中复流Ⅱ段1时限动作
26	中复流Ⅱ段1时限	中复流Ⅱ段2时限动作
27	中复流Ⅱ段2时限	中复流Ⅱ段3时限动作
28	中复流Ⅱ段3时限	中复流Ⅲ段1时限动作
29	中复流Ⅲ段1时限	中复流Ⅲ段2时限动作
30	中复流Ⅲ段2时限	中零流Ⅰ段1时限动作
31	中零流Ⅰ段1时限	中零流Ⅰ段2时限动作
32	中零流Ⅰ段2时限	中零流Ⅰ段3时限动作
33	中零流Ⅰ段3时限	中零流Ⅱ段1时限动作
34	中零流Ⅱ段1时限	中零流Ⅱ段2时限动作
35	中零流Ⅱ段2时限	中零流Ⅱ段3时限动作
36	中零流Ⅱ段3时限	中零流Ⅲ段1时限动作
37	中零流Ⅲ段1时限	中零流Ⅲ段2时限动作
38	中零流Ⅲ段2时限	中断路器失灵联跳动作
39	中断路器失灵联跳	中间隙过流1时限动作
40	中间隙过流1时限	中间隙过流2时限动作
41	中间隙过流2时限	中零序过压1时限动作
42	中零序过压1时限	中零序过压2时限动作
43	中零序过压2时限	低1复流Ⅰ段1时限动作
44	低1复流Ⅰ段1时限	低1复流Ⅰ段2时限动作
45	低1复流Ⅰ段2时限	低1复流Ⅰ段3时限动作
46	低1复流Ⅰ段3时限	低1复流Ⅱ段1时限动作
47	低1复流Ⅱ段1时限	低1复流Ⅱ段2时限动作
48	低1复流Ⅱ段2时限	低1复流Ⅱ段3时限动作
49	低1复流Ⅱ段3时限	低2复流Ⅰ段1时限动作
50	低2复流Ⅰ段1时限	高零流Ⅱ段2时限动作
51	低2复流Ⅰ段2时限	低2复流Ⅰ段2时限动作
52	低2复流Ⅰ段3时限	低2复流Ⅰ段3时限动作
53	低2复流Ⅱ段1时限	低2复流Ⅱ段1时限动作
54	低2复流Ⅱ段2时限	低2复流Ⅱ段2时限动作
55	低2复流Ⅱ段3时限	低2复流Ⅱ段3时限动作
56	高相间阻抗1时限	高相间阻抗1时限动作
57	高相间阻抗2时限	高相间阻抗2时限动作

序号	信息名称	说　明
58	高相间阻抗 3 时限	高相间阻抗 3 时限动作
59	高接地阻抗 1 时限	高接地阻抗 1 时限动作
60	高接地阻抗 2 时限	高接地阻抗 2 时限动作
61	高接地阻抗 3 时限	高接地阻抗 3 时限动作
62	低 1 零流 1 时限	低 1 零流 1 时限动作
63	低 1 零流 2 时限	低 1 零流 2 时限动作
64	低 2 零流 1 时限	低 2 零流 1 时限动作
65	低 2 零流 2 时限	低 2 零流 2 时限动作
66	接地变电流速断	接地变电流速断动作
67	接地变过流	接地变过流动作
68	接地变零流Ⅰ段 1 时限	接地变零流Ⅰ段 1 时限动作
69	接地变零流Ⅰ段 2 时限	接地变零流Ⅰ段 2 时限动作
70	接地变零流Ⅰ段 3 时限	接地变零流Ⅰ段 3 时限动作
71	接地变零流Ⅱ段	接地变零流Ⅱ段动作
72	低 1 电抗器复流 1 时限	低 1 电抗器复流 1 时限动作
73	低 1 电抗器复流 2 时限	低 1 电抗器复流 2 时限动作
74	低 2 电抗器复流 1 时限	低 1 电抗器复流 1 时限动作
75	低 2 电抗器复流 2 时限	低 1 电抗器复流 2 时限动作
76	公共绕组零序过流	公共绕组零序过流动作

（2）330kV 变压器保护动作信息输出如表 10-24 所示。

表 10-24　　　　　　智能变电站 330kV 变压器保护动作信息输出表

序号	信息名称	说　明
1	纵差差动速断	纵差差动速断动作
2	纵差保护	纵差比率差动动作
3	故障分量差动	故障分量差动动作
4	零序分量差动	零序分量差动动作
5	分侧差动	分侧差动动作
6	高相间阻抗 1 时限	高相间阻抗 1 时限动作
7	高相间阻抗 2 时限	高相间阻抗 2 时限动作
8	高相间阻抗 3 时限	高相间阻抗 3 时限动作
9	高相间阻抗 4 时限	高相间阻抗 4 时限动作
10	高接地阻抗 1 时限	高接地阻抗 1 时限动作
11	高接地阻抗 2 时限	高接地阻抗 2 时限动作
12	高接地阻抗 3 时限	高接地阻抗 3 时限动作
13	高接地阻抗 4 时限	高接地阻抗 4 时限动作
14	高复压过流 1 时限	高复压过流 1 时限动作
15	高复压过流 2 时限	高复压过流 2 时限动作
16	高零流Ⅰ段 1 时限	高零流Ⅰ段 1 时限动作
17	高零流Ⅰ段 2 时限	高零流Ⅰ段 2 时限动作
18	高零流Ⅰ段 3 时限	高零流Ⅰ段 3 时限动作

224

续表

序号	信息名称	说　明
19	高零流Ⅰ段4时限	高零流Ⅰ段4时限动作
20	高零流Ⅱ段1时限	高零流Ⅱ段1时限动作
21	高零流Ⅱ段2时限	高零流Ⅱ段2时限动作
22	反时限过励磁	反时限过励磁动作
23	高断路器失灵联跳	高断路器失灵联跳动作
24	高间隙过流	高间隙过流动作
25	高零序过压	高零序过压动作
26	中相间阻抗Ⅰ段1时限	中相间阻抗Ⅰ段1时限动作
27	中相间阻抗Ⅰ段2时限	中相间阻抗Ⅰ段2时限动作
28	中相间阻抗Ⅰ段3时限	中相间阻抗Ⅰ段3时限动作
29	中相间阻抗Ⅰ段4时限	中相间阻抗Ⅰ段4时限动作
30	中相间阻抗Ⅱ段1时限	中相间阻抗Ⅱ段1时限动作
31	中相间阻抗Ⅱ段2时限	中相间阻抗Ⅱ段2时限动作
32	中相间阻抗Ⅱ段3时限	中相间阻抗Ⅱ段3时限动作
33	中相间阻抗Ⅱ段4时限	中相间阻抗Ⅱ段4时限动作
34	中接地阻抗Ⅰ段1时限	中接地阻抗Ⅰ段1时限动作
35	中接地阻抗Ⅰ段2时限	中接地阻抗Ⅰ段2时限动作
36	中接地阻抗Ⅰ段3时限	中接地阻抗Ⅰ段3时限动作
37	中接地阻抗Ⅰ段4时限	中接地阻抗Ⅰ段4时限动作
38	中接地阻抗Ⅱ段1时限	中接地阻抗Ⅱ段1时限动作
39	中接地阻抗Ⅱ段2时限	中接地阻抗Ⅱ段2时限动作
40	中接地阻抗Ⅱ段3时限	中接地阻抗Ⅱ段3时限动作
41	中接地阻抗Ⅱ段4时限	中接地阻抗Ⅱ段4时限动作
42	中复压过流1时限	中复压过流1时限动作
43	中复压过流2时限	中复压过流2时限动作
44	中零流Ⅰ段1时限	中零流Ⅰ段1时限动作
45	中零流Ⅰ段2时限	中零流Ⅰ段2时限动作
46	中零流Ⅰ段3时限	中零流Ⅰ段3时限动作
47	中零流Ⅰ段4时限	中零流Ⅰ段4时限动作
48	中零流Ⅱ段1时限	中零流Ⅱ段1时限动作
49	中零流Ⅱ段2时限	中零流Ⅱ段2时限动作
50	中零流Ⅱ段3时限	中零流Ⅱ段3时限动作
51	中零流Ⅱ段4时限	中零流Ⅱ段4时限动作
52	中断路器失灵联跳	中断路器失灵联跳动作
53	中间隙过流1时限	中间隙过流1时限动作
54	中间隙过流2时限	中间隙过流2时限动作
55	中零序过压1时限	中零序过压1时限动作
56	中零序过压2时限	中零序过压2时限动作
57	低过流1时限	低过流1时限动作
58	低过流2时限	低过流2时限动作
59	低复流1时限	低复压过流1时限动作
60	低复流2时限	低复压过流2时限动作
61	公共绕组零序过流1时限	公共绕组零序过流1时限动作
62	公共绕组零序过流2时限	公共绕组零序过流2时限动作

（3）500kV 变压器保护动作信息输出如表 10-25 所示。

表 10-25　　　　　　　智能变电站 500kV 变压器保护动作信息输出表

序号	信息名称	说　明
1	纵差差动速断	纵差差动速断动作
2	纵差保护	纵差比率差动动作
3	故障分量差动	故障分量差动动作
4	分相差动速断	分相差动速断动作
5	分相差动	分相差动动作
6	分侧差动	分侧差动动作
7	低压侧小区差动	低压侧小区差动动作
8	零序分量差动	零序分量差动动作
9	高相间阻抗 1 时限	高相间阻抗 1 时限动作
10	高相间阻抗 2 时限	高相间阻抗 2 时限动作
11	高接地阻抗 1 时限	高接地阻抗 1 时限动作
12	高接地阻抗 2 时限	高接地阻抗 2 时限动作
13	高复压过流	高复压过流动作
14	高零流Ⅰ段 1 时限	高零流Ⅰ段 1 时限动作
15	高零流Ⅰ段 2 时限	高零流Ⅰ段 2 时限动作
16	高零流Ⅱ段 1 时限	高零流Ⅱ段 1 时限动作
17	高零流Ⅱ段 2 时限	高零流Ⅱ段 2 时限动作
18	高零流Ⅲ段	高零流Ⅲ段动作
19	反时限过励磁	反时限过励磁动作
20	高断路器失灵联跳	高断路器失灵联跳动作
21	中相间阻抗 1 时限	中相间阻抗 1 时限动作
22	中相间阻抗 2 时限	中相间阻抗 2 时限动作
23	中相间阻抗 3 时限	中相间阻抗 3 时限动作
24	中相间阻抗 4 时限	中相间阻抗 4 时限动作
25	中接地阻抗 1 时限	中接地阻抗 1 时限动作
26	中接地阻抗 2 时限	中接地阻抗 2 时限动作
27	中接地阻抗 3 时限	中接地阻抗 3 时限动作
28	中接地阻抗 4 时限	中接地阻抗 4 时限动作
29	中复压过流	中复压过流动作
30	中零流Ⅰ段 1 时限	中零流Ⅱ段 1 时限动作
31	中零流Ⅰ段 2 时限	中零流Ⅱ段 2 时限动作
32	中零流Ⅰ段 3 时限	中零流Ⅱ段 3 时限动作
33	中零流Ⅱ段 1 时限	中零流Ⅱ段 1 时限动作
34	中零流Ⅱ段 2 时限	中零流Ⅱ段 2 时限动作
35	中零流Ⅱ段 3 时限	中零流Ⅱ段 3 时限动作
36	中零流Ⅲ段	中零流Ⅲ段动作
37	中断路器失灵联跳	中失灵联跳动作
38	低绕组过流 1 时限	低绕组过流 1 时限动作
39	低绕组过流 2 时限	低绕组过流 2 时限动作
40	低绕组复流 1 时限	低绕组复流 1 时限动作

序号	信息名称	说　明
41	低绕组复流 2 时限	低绕组复流 2 时限动作
42	低过流 1 时限	低过流 1 时限动作
43	低过流 2 时限	低过流 2 时限动作
44	低复流 1 时限	低复流 1 时限动作
45	低复流 2 时限	低复流 2 时限动作
46	公共绕组零序过流	公共绕组零序过流动作

（4）750kV 变压器保护动作信息输出如表 10-26 所示。

表 10-26　　　　　智能变电站 750kV 变压器保护动作信息输出表

序号	信息名称	说　明
1	纵差差动速断	纵差差动速断动作
2	纵差保护	纵差比率差动动作
3	故障分量差动	故障分量差动动作
4	分相差动速断	分相差动速断动作
5	分相差动	分相差动动作
6	分侧差动	分侧差动动作
7	低压侧小区差动	低压侧小区差动动作
8	零序分量差动	零序分量差动动作
9	高相间阻抗 1 时限	高相间阻抗 1 时限动作
10	高相间阻抗 2 时限	高相间阻抗 2 时限动作
11	高接地阻抗 1 时限	高接地阻抗 1 时限动作
12	高接地阻抗 2 时限	高接地阻抗 2 时限动作
13	高复压过流	高复压过流动作
14	高零流 I 段	高零流 I 段动作
15	高零流 II 段	高零流 II 段动作
16	反时限过励磁	反时限过励磁动作
17	高断路器失灵联跳	高断路器失灵联跳动作
18	中相间阻抗 1 时限	中相间阻抗 1 时限动作
19	中相间阻抗 2 时限	中相间阻抗 2 时限动作
20	中相间阻抗 3 时限	中相间阻抗 3 时限动作
21	中相间阻抗 4 时限	中相间阻抗 4 时限动作
22	中接地阻抗 1 时限	中接地阻抗 1 时限动作
23	中接地阻抗 2 时限	中接地阻抗 2 时限动作
24	中接地阻抗 3 时限	中接地阻抗 3 时限动作
25	中接地阻抗 4 时限	中接地阻抗 4 时限动作
26	中复压过流	中复压过流动作
27	中零流 I 段 1 时限	中零流 I 段 1 时限动作
28	中零流 I 段 2 时限	中零流 I 段 2 时限动作
29	中零流 I 段 3 时限	中零流 I 段 3 时限动作
30	中零流 I 段 4 时限	中零流 I 段 4 时限动作
31	中零流 II 段 1 时限	中零流 II 段 1 时限动作

序号	信息名称	说　明
32	中零流Ⅱ段2时限	中零流Ⅱ段2时限动作
33	中零流Ⅱ段3时限	中零流Ⅱ段3时限动作
34	中零流Ⅱ段4时限	中零流Ⅱ段4时限动作
35	中断路器失灵联跳	中失灵联跳动作
36	低绕组过流1时限	低绕组过流1时限动作
37	低绕组过流2时限	低绕组过流2时限动作
38	低绕组复流1时限	低绕组复流1时限动作
39	低绕组复流2时限	低绕组复流2时限动作
40	低1过流1时限	低1分支过流1时限动作
41	低1过流2时限	低1分支过流2时限动作
42	低1复流1时限	低1分支复流1时限动作
43	低1复流2时限	低1分支复流2时限动作
44	低2过流1时限	低2分支过流1时限动作
45	低2过流2时限	低2分支过流2时限动作
46	低2复流1时限	低2分支复流1时限动作
47	低2复流2时限	低2分支复流2时限动作
48	公共绕组零序过流	公共绕组零序过流动作

2. 智能变电站变压器保护告警信息

（1）220kV变压器保护告警信息输出如表10-27所示。

表10-27　　　　　智能变电站220kV变压器保护告警信息输出表

序号	信息名称	说　明
1	保护CPU插件异常	保护CPU插件出现异常，主要包括程序、定值、数据存储器出错等
2	高压侧TV断线	高压侧TV断线
3	中压侧TV断线	中压侧TV断线
4	低压1分支TV断线	低压1分支TV断线
5	低压2分支TV断线	低压2分支TV断线
6	高压1侧TA断线	高压1侧TA断线
7	高压2侧TA断线	高压2侧TA断线
8	中压侧TA断线	中压侧TA断线
9	低压1分支TA断线	低压1分支TA断线
10	低压2分支TA断线	低压2分支TA断线
11	差流越限	差流越限
12	管理CPU插件异常	管理CPU插件上有关芯片出现异常
13	开入异常	失灵GOOSE长期开入
14	高压侧过负荷	高压侧过负荷
15	中压侧过负荷	中压侧过负荷
16	低压侧过负荷	低压侧过负荷
17	公共绕组过负荷	自耦变
18	对时异常	对时异常

序号	信息名称	说　明
19	SV 总告警	SV 所有异常的总报警
20	GOOSE 总告警	GOOSE 所有异常的总报警
21	SV 采样数据异常	SV 数据异常的信号
22	SV 采样链路中断	链路中断，任意链路中断均要报警
23	GOOSE 数据异常	GOOSE 异常的信号
24	GOOSE 链路中断	链路中断

（2）500kV（330kV）变压器保护告警信息输出如表 10-28 所示。

表 10-28　　智能变电站 500kV（330kV）变压器保护告警信息输出表

序号	信息名称	说　明
1	保护 CPU 插件异常	保护 CPU 插件出现异常，主要包括程序、定值、数据存储器出错等
2	高压侧 TV 断线	高压侧 TV 断线
3	中压侧 TV 断线	中压侧 TV 断线
4	低压侧 TV 断线	低压侧 TV 断线
5	高压 1 侧 TA 断线	高压 1 侧 TA 断线
6	高压 2 侧 TA 断线	高压 2 侧 TA 断线
7	中压侧 TA 断线	中压侧 TA 断线
8	低压侧 TA 断线	低压侧 TA 断线
9	公共绕组 TA 断线	公共绕组 TA 断线
10	低压绕组 TA 断线	低压绕组 TA 断线
11	纵差差流越限	纵差差流越限
12	分相差差流越限	分相差动差流越限
13	低小区差差流越限	低小区差差流越限
14	分侧差差流越限	分侧差差流越限
15	管理 CPU 插件异常	管理 CPU 插件上有关芯片出现异常
16	开入异常	失灵 GOOSE 长期开入
17	高压侧过负荷	高压侧过负荷
18	中压侧过负荷	中压侧过负荷
19	低压侧过负荷	低压侧过负荷
20	公共绕组过负荷	自耦变
21	对时异常	对时异常
22	SV 总告警	SV 所有异常的总报警
23	GOOSE 总告警	GOOSE 所有异常的总报警
24	SV 采样数据异常	SV 数据异常的信号
25	SV 采样链路中断	链路中断，任意链路中断均要报警
26	GOOSE 数据异常	GOOSE 异常的信号
27	GOOSE 链路中断	链路中断

注　10 项、12 项和 13 项仅适用于 500kV 变压器保护。

（3）750kV 变压器保护告警信息输出如表 10-29 所示。

229

表 10-29　　　　　智能变电站 750kV 变压器保护告警信息输出表

序号	信息名称	说　明
1	保护 CPU 插件异常	保护 CPU 插件出现异常，主要包括程序、定值、数据存储器出错等
2	高压侧 TV 断线	高压侧 TV 断线
3	中压侧 TV 断线	中压侧 TV 断线
4	低压 1 分支 TV 断线	低压 1 分支 TV 断线
5	低压 2 分支 TV 断线	低压 2 分支 TV 断线
6	高压 1 侧 TA 断线	高压 1 侧 TA 断线
7	高压 2 侧 TA 断线	高压 2 侧 TA 断线
8	中压 1 侧 TA 断线	中压 1 侧 TA 断线
9	中压 2 侧 TA 断线	中压 2 侧 TA 断线
10	低压 1 分支 TA 断线	低压 1 分支 TA 断线
11	低压 2 分支 TA 断线	低压 2 分支 TA 断线
12	公共绕组 TA 断线	公共绕组 TA 断线
13	低压绕组 TA 断线	低压绕组 TA 断线
14	纵差差流越限	纵差差流越限
15	分相差差流越限	分相差动差流越限
16	低小区差差流越限	低小区差差流越限
17	分侧差差流越限	分侧差差流越限
18	管理 CPU 插件异常	管理 CPU 插件上有关芯片出现异常
19	开入异常	失灵 GOOSE 长期开入等
20	高压侧过负荷	高压侧过负荷
21	中压侧过负荷	中压侧过负荷
22	低压侧过负荷	低压侧过负荷
23	公共绕组过负荷	自耦变
24	对时异常	对时异常
25	SV 总告警	SV 所有异常的总报警
26	GOOSE 总告警	GOOSE 所有异常的总报警
27	SV 采样数据异常	SV 数据异常的信号
28	SV 采样链路中断	链路中断，任意链路中断均要报警
29	GOOSE 数据异常	GOOSE 异常的信号
30	GOOSE 链路中断	链路中断

3. 智能变电站变压器保护状态变位信息

（1）220kV 变压器保护状态变位信息输出如表 10-30 所示。

表 10-30　　　　　智能变电站 220kV 变压器保护状态变位信息输出表

序号	信息名称	说　明
1	主保护软压板	功能软压板
2	高压侧后备保护软压板	
3	高压侧电压软压板	
4	中压侧后备保护软压板	
5	中压侧电压软压板	

序号	信息名称	说　明
6	低压 1 分支后备保护软压板	功能软压板
7	低压 1 分支电压软压板	
8	低压 2 分支后备保护软压板	
9	低压 2 分支电压软压板	
10	低 1 电抗器后备保护软压板	
11	低 2 电抗器后备保护软压板	
12	公共绕组后备保护软压板	
13	接地变后备保护软压板	
14	高压侧电压 SV 接收软压板	SV 接收软压板
15	高压 1 侧电流 SV 接收软压板	
16	高压 2 侧电流 SV 接收软压板	
17	中压侧 SV 接收软压板	
18	低压 1 侧电流 SV 接收软压板	
19	低压 2 侧电流 SV 接收软压板	
20	接地变 SV 接收软压板	
21	高压 1 侧失灵联跳开入软压板	GOOSE 开入软压板
22	高压 2 侧失灵联跳开入软压板	
23	中压侧失灵联跳开入软压板	
24	跳高压 1 侧断路器软压板	GOOSE 出口软压板
25	启动高压 1 侧失灵软压板	
26	跳高压 2 侧断路器软压板	
27	启动高压 2 侧失灵软压板	
28	跳高压侧母联 1 软压板	
29	跳高压侧母联 2 软压板	
30	跳高压侧分段 1 软压板	
31	跳高压侧分段 2 软压板	
32	跳中压侧断路器软压板	
33	启动中压侧失灵软压板	
34	跳中压侧母联 1 软压板	
35	跳中压侧母联 2 软压板	
36	跳中压侧分段 1 软压板	
37	跳中压侧分段 2 软压板	
38	闭锁中压侧备自投软压板	
39	跳低压 1 分支断路器软压板	
40	跳低压 1 分支分段软压板	
41	闭锁低压 1 分支备自投软压板	
42	跳低压 2 分支断路器软压板	
43	跳低压 2 分支分段软压板	
44	闭锁低压 2 分支备自投软压板	
45	跳闸备用 1 软压板	
46	跳闸备用 2 软压板	
47	跳闸备用 3 软压板	
48	跳闸备用 4 软压板	

序号	信息名称	说　明
49	远方投退压板软压板	软压板，远方不可投退
50	远方切换定值区软压板	
51	远方修改定值软压板	
52	高压 1 侧失灵联跳开入	开入
53	高压 2 侧失灵联跳开入	
54	中压侧失灵联跳开入	
55	远方操作硬压板	硬压板
56	保护检修状态硬压板	

（2）330kV 变压器保护状态变位信息输出如表 10-31 所示。

表 10-31　　　　　智能变电站 330kV 变压器保护状态变位信息输出表

序号	信息名称	说　明
1	主保护软压板	功能软压板
2	高压侧后备保护软压板	
3	高压侧电压软压板	
4	中压侧后备保护软压板	
5	中压侧电压软压板	
6	低压侧后备保护软压板	
7	低压侧电压软压板	
8	公共绕组后备保护软压板	
9	高压侧电压 SV 接收软压板	SV 接收压板
10	高压 1 侧电流 SV 接收软压板	
11	高压 2 侧电流 SV 接收软压板	
12	中压侧 SV 接收软压板	
13	低压侧 SV 接收软压板	
14	公共绕组 SV 接收软压板	
15	高压 1 侧失灵联跳开入软压板	GOOSE 开入软压板
16	高压 2 侧失灵联跳开入软压板	
17	中压侧失灵联跳开入软压板	
18	跳高压 1 侧断路器软压板	GOOSE 出口软压板
19	启动高压 1 侧失灵软压板	
20	跳高压 2 侧断路器软压板	
21	启动高压 2 侧失灵软压板	
22	跳高压侧母联 1 软压板	
23	跳高压侧母联 2 软压板	
24	跳高压侧分段 1 软压板	
25	跳高压侧分段 2 软压板	
26	跳中压侧断路器软压板	
27	启动中压侧失灵软压板	
28	跳中压侧母联 1 软压板	
29	跳中压侧母联 2 软压板	
30	跳中压侧分段 1 软压板	

续表

序号	信息名称	说　明
31	跳中压侧分段 2 软压板	
32	跳低压侧断路器软压板	
33	跳闸备用 1 软压板	GOOSE 出口软压板
34	跳闸备用 2 软压板	
35	跳闸备用 3 软压板	
36	跳闸备用 4 软压板	
37	远方投退压板软压板	
38	远方切换定值区软压板	软压板，远方不可投退
39	远方修改定值软压板	
40	高压 1 侧失灵联跳开入	
41	高压 2 侧失灵联跳开入	开入
42	中压侧失灵联跳开入	
43	远方操作硬压板	硬压板
44	保护检修状态硬压板	

（3）500kV 变压器保护状态变位信息输出如表 10-32 所示。

表 10-32　　　　　　智能变电站 500kV 变压器保护状态变位信息输出表

序号	信息名称	说　明
1	主保护软压板	
2	高压侧后备保护软压板	
3	高压侧电压软压板	
4	中压侧后备保护软压板	
5	中压侧电压软压板	功能软压板
6	低压绕组后备保护软压板	
7	低压侧后备保护软压板	
8	低压侧电压软压板	
9	公共绕组后备保护软压板	
10	高压侧电压 SV 接收软压板	
11	高压 1 侧电流 SV 接收软压板	
12	高压 2 侧电流 SV 接收软压板	SV 接收软压板
13	中压侧 SV 接收软压板	
14	低压侧 SV 接收软压板	
15	低压套管/公共绕组 SV 接收软压板	
16	高压 1 侧失灵联跳开入软压板	
17	高压 2 侧失灵联跳开入软压板	GOOSE 开入软压板
18	中压侧失灵联跳开入软压板	
19	跳高压 1 侧断路器软压板	
20	启动高压 1 侧失灵软压板	
21	跳高压 2 侧断路器软压板	GOOSE 出口软压板
22	启动高压 2 侧失灵软压板	
23	跳中压侧断路器软压板	
24	启动中压侧失灵软压板	

序号	信息名称	说　明
25	跳中压侧母联 1 软压板	
26	跳中压侧母联 2 软压板	
27	跳中压侧分段 1 软压板	
28	跳中压侧分段 2 软压板	
29	跳低压侧断路器软压板	GOOSE 出口软压板
30	跳闸备用 1 软压板	
31	跳闸备用 2 软压板	
32	跳闸备用 3 软压板	
33	跳闸备用 4 软压板	
34	远方投退压板软压板	
35	远方切换定值区软压板	软压板，远方不可投退
36	远方修改定值软压板	
37	高压 1 侧失灵联跳开入	
38	高压 2 侧失灵联跳开入	开入
39	中压侧失灵联跳开入	
40	远方操作硬压板	硬压板
41	保护检修状态硬压板	

（4）750kV 变压器保护状态变位信息输出如表 10-33 所示。

表 10-33　　　　　　智能变电站 750kV 变压器保护状态变位信息输出表

序号	信息名称	说　明
1	主保护软压板	
2	高压侧后备保护软压板	
3	高压侧电压软压板	
4	中压侧后备保护软压板	
5	中压侧电压软压板	
6	低压绕组后备保护软压板	功能软压板
7	低压 1 分支后备保护软压板	
8	低压 1 分支电压软压板	
9	低压 2 分支后备保护软压板	
10	低压 2 分支电压软压板	
11	公共绕组后备保护软压板	
12	高压侧电压 SV 接收软压板	
13	高压 1 侧电流 SV 接收软压板	
14	高压 2 侧电流 SV 接收软压板	
15	中压侧电压 SV 接收软压板	
16	中压 1 侧电流 SV 接收软压板	SV 接收软压板
17	中压 2 侧电流 SV 接收软压板	
18	低压 1 分支 SV 接收软压板	
19	低压 2 分支 SV 接收软压板	
20	低压套管/公共绕组 SV 接收软压板	

序号	信息名称	说　明
21	高压 1 侧失灵联跳开入软压板	GOOSE 开入软压板
22	高压 2 侧失灵联跳开入软压板	
23	中压 1 侧失灵联跳开入软压板	
24	中压 2 侧失灵联跳开入软压板	
25	跳高压 1 侧断路器软压板	GOOSE 出口软压板
26	启高压 1 侧断路器失灵软压板	
27	跳高压 2 侧断路器软压板	
28	启高压 2 侧断路器失灵软压板	
29	跳中压 1 侧断路器软压板	
30	启中压 1 侧断路器失灵软压板	
31	跳中压 2 侧断路器软压板	
32	启中压 2 侧断路器失灵软压板	
33	跳中压侧母联 1 软压板	
34	跳中压侧母联 2 软压板	
35	跳中压侧分段 1 软压板	
36	跳中压侧分段 2 软压板	
37	跳低压 1 分支断路器软压板	
38	跳低压 2 分支断路器软压板	
39	跳闸备用 1 软压板	
40	跳闸备用 2 软压板	
41	跳闸备用 3 软压板	
42	跳闸备用 4 软压板	
43	远方投退压板软压板	软压板，远方不可投退
44	远方切换定值区软压板	
45	远方修改定值软压板	
46	高压 1 侧失灵联跳开入	开入
47	高压 2 侧失灵联跳开入	
48	中压 1 侧失灵联跳开入	
49	中压 2 侧失灵联跳开入	
50	远方操作硬压板	硬压板
51	保护检修状态硬压板	

（5）智能变电站变压器保护中间节点信息输出如表 10-34 所示。

表 10-34　　　　　　　智能变电站变压器保护中间节点信息输出表

序号	信息名称	说　明
1	保护启动	保护启动
2	纵差 A 相闭锁	纵差励磁涌流其他原理闭锁
3	纵差 B 相闭锁	
4	纵差 C 相闭锁	
5	纵差 A 相二次谐波闭锁	纵差励磁涌流二次谐波闭锁
6	纵差 B 相二次谐波闭锁	
7	纵差 C 相二次谐波闭锁	
8	TA 断线闭锁纵差	TA 断线闭锁纵差

续表

序号	信息名称	说　明
9	纵差 A 相动作	纵差动作
10	纵差 B 相动作	
11	纵差 C 相动作	
12	纵差速断 A 相动作	纵差速断动作
13	纵差速断 B 相动作	
14	纵差速断 C 相动作	
15	故障分量 A 相动作	故障分量动作
16	故障分量 B 相动作	
17	故障分量 C 相动作	
18	分相差动 A 相闭锁	分相差动励磁涌流其他原理闭锁
19	分相差动 B 相闭锁	
20	分相差动 C 相闭锁	
21	分相 A 相二次谐波	分相二次谐波闭锁
22	分相 B 相二次谐波	
23	分相 C 相二次谐波	
24	分相差动 A 相动作	分相差动动作
25	分相差动 B 相动作	
26	分相差动 C 相动作	
27	分相速断 A 相动作	分相速断动作
28	分相速断 B 相动作	
29	分相速断 C 相动作	
30	低压侧小区差 A 相动作	低压侧小区差动动作
31	低压侧小区差 B 相动作	
32	低压侧小区差 C 相动作	
33	分侧差动 A 相动作	分侧差动动作
34	分侧差动 B 相动作	
35	分侧差动 C 相动作	
36	零序分量差动	
37	高相间阻抗动作	
38	高接地阻抗动作	
39	高复压过流动作	
40	高零序过流动作	
41	高间隙过流动作	
42	高零序过压动作	
43	反时限过励磁动作	
44	高失灵联跳	
45	中相间阻抗动作	
46	中接地阻抗动作	
47	中复压过流动作	
48	中零序过流动作	
49	中间隙过流动作	
50	中零序过压动作	

序号	信息名称	说　明
51	中失灵联跳	
52	低绕组过流动作	
53	低绕组复流动作	
54	低1过流动作	
55	低1复流动作	
56	低2过流动作	
57	低2复流动作	
58	公共绕组零序过流动作	

注　以上包含了220～750kV电压等级的中间节点，依据保护配置不同选择，后备按段按时限输出。

10.3.3　变压器保护原理

变压器是电力系统中最主要的电气设备。尽管它是静止设备，结构可靠，但运行经验表明，仍可能发生各种故障和不正常的运行状况。因此，必须根据变压器的容量和重要程度装设可靠的保护装置。常见的变压器保护装置（与发电机保护合并）如图10-9所示，非电量保护如图10-10所示，分别为南瑞继保公司生产的 RCS-985 和 RCS-974 型号的产品。

变压器保护一般包括纵差动保护、本体主保护以及后备保护等。

1. 纵差动保护

变压器纵差动保护，是变压器内部及引出线上短路故障的主保护，它能反应变压器内部及引出线上的相间短路、匝间短路及大电流系统侧的单相接地短路故障。另外，还能躲过变压器空充电及外部故障切除后的励磁涌流。

图 10-9　变压器保护装置

图 10-10　变压器非电量保护装置

变压器纵差保护，按比较变压器各侧同名相电流之间的大小及相位构成。以三卷变压器为例，其一相差动的交流接入回路示意图如图10-11所示。

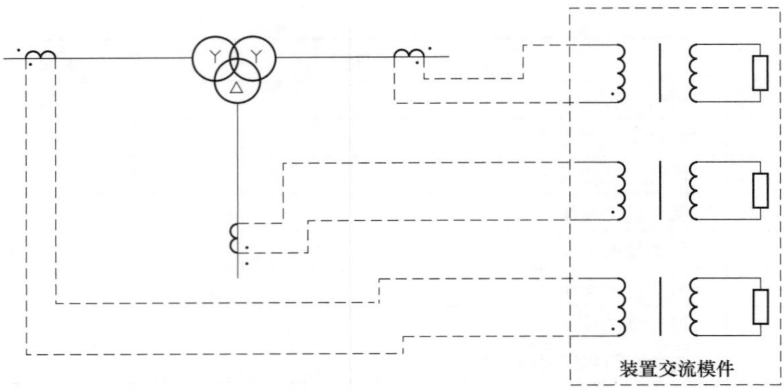

图 10-11 变压器差动保护交流接入回路示意图

变压器纵差保护由差动元件、涌流判别元件及差动速断元件三个部分构成。

（1）差动元件。

在保护装置中，可以提供两类差动元件，即比率制动式和标积制动式。

1）动作方程。

$$\begin{cases} I_d > I_q & ; I_z < I_g \\ I_d > K_z(I_z - I_g) + I_g; & I_z > I_g \end{cases}$$

$$I_d = |\dot{I}_1 + \dot{I}_2 + \dot{I}_3 \cdots 1$$

式中：I_d 为动作电流（即差流）；I_z 为制动电流；K_z、I_q、I_g 为差动保护整定值。

比率制动特性的差动为

$$I_z = \max\{|\dot{I}_1|、|\dot{I}_2|、|\dot{I}_3|\cdots\}$$

标积制动特性的差动为

$$I_z = \sqrt{\max(\dot{I}_1、\dot{I}_2、\dot{I}_3\cdots)[(\dot{I}_1 + \dot{I}_2 + \dot{I}_3\cdots) - \max(\dot{I}_1、\dot{I}_2、\dot{I}_3\cdots)]\cos(180° - \phi)}$$

式中：$\dot{I}_1$、$\dot{I}_2$、$\dot{I}_3\cdots$ 分别为变压器某同名相的各侧电流；$\max\{|\dot{I}_1|、|\dot{I}_2|、|\dot{I}_3|\cdots\}$ 为取某同名相各侧电流中最大者；φ 为某同名相各侧电流最大者与其他侧反方向电流的夹角。

当 $|\phi| < 90°$ 时，式中根号值取实际值；而当 $|\phi| > 90°$ 时，根号值取 0。

2）动作特性。

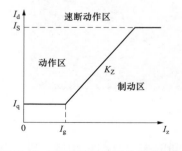

图 10-12 变压器差动保护动作特性

根据公式作出变压器纵差保护差动元件动作特性如图 10-12 所示，有两部分构成：无制动部分和比率制动部分。速断动作区为差动速断元件动作特性。

（2）涌流判别元件。

本装置提供两种励磁涌流判别方法：二次谐波制动原理和波形对称原理。在装置定义下载时，可以根据用户要求选择其中一种。

238

1）二次谐波制动原理。

比较各相差流中二次谐波分量对基波分量百分比（即 $I_{2\omega}/I_{1\omega}$）与整定值的大小。当其大于整定值时，认为该相差流为励磁涌流。闭锁差动元件。

判别方程（制动方程）

$$I_{2\omega} \geqslant \eta I_{1\omega}$$

式中：$I_{2\omega}$、$I_{1\omega}$ 为某相差流中的二次谐波电流和基波电流；η 为整定的二次谐波制动比。

2）波形对称原理。

通常，励磁涌流的波形是偏于时间轴一侧且有间断的波形，其正、负半周的波形相差甚大。波形对称原理的实质是：比较一个周波内电流正半波与负半波的波形是否与横轴对称。根据两个波形的差异程度，来识别形成差流的原因（是内部故障还是励磁涌流），当识别到差流是由励磁涌流产生时，立即闭锁差动元件。

判别方法及动作方程如下：将差流微分，除去直流分量，然后比较微分后差流波形每个周期内的前半波和后半波。设微分后某个周波内前半波上的其一点电流值为 I_j，后半波对应点的电流值为 I_{j+180}，如果

$$\left| \frac{I_j + I_{j+180}}{I_j - I_{j+180}} \right| < K$$

式中：K 为不对称系数。

则认为波形是对称的，即差流是由短路故障形成的。否则，则认为差流是励磁涌流，将差动元件闭锁。

因为上式实质是偶次谐波与奇次谐波之比，因此仍然可以应用谐波的概念来整定。

3）涌流制动方式。

本装置提供两种谐波制动方式，即"分相"制动式和"或门"制动式。

所谓分相制动式，是指某一相差流中的二次谐波电流，只对本相的差动元件有制动作用，而对其他相无作用。而"或门"制动方式，是指在三相差流中，只要某一相差流中的二次谐波电流对基波电流之比大于整定值，便将三相差动元件闭锁。

用户可根据变压器的容量、变压器所在系统的特点，选择适宜的制动方式。

（3）差动速断元件。

差动速断元件，其动作不受差流波形畸变或差流中谐波的影响，而只反应差电流的有效值。当某一相差流的有效值大于整定值时，立即作用出口。

2. 本体主保护

变压器非电量的本体主保护有反映变压器油箱内部故障的温度、油位、油流、气流等的本体重气体、有载调压重气体和压力释放。三个本体保护均按开关量光隔输入的方法引入保护的输入端，来实现保护的出口跳闸与发信。发信的轻气体仅作为遥信开关量由微机监控系统采集。

3. 后备保护

（1）复合电压闭锁方向过流保护。

本保护是利用正序低电压和负序过电压，反映系统故障防止保护系统误动作的对称

序电压。

（2）过负荷保护。

变压器过负荷保护一般仅取 B 相电流，一段用于发告警信号，二段用于启动风扇冷却器，三段用于闭锁有载调压。上送的信息包括：××主变压器第×套保护过负荷告警、××主变压器第×套保护过负荷跳闸出口等。

（3）零序保护。

主变压器零序保护由主变压器零序电流、主变压器零序电压、主变压器间隙零序电流元件构成，根据不同的主变压器接地方式分别设置三种保护形式，即中性点直接接地保护方式、中性点不接地保护方式、中性点经间隙接地的保护方式。

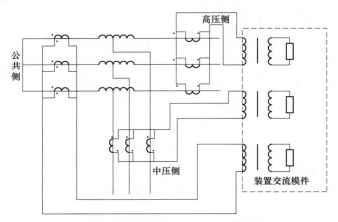

图 10-13　自耦变压器零差保护交流接入回路示意图

1）动作方程。

为确保变压器大电流系统侧内部接地故障时零差保护的动作灵敏度及区外接地故障时零差保护可靠不动作，应采用具有比率制动特性的零差保护。其动作方程为

$$\begin{cases} I_d > I_q \quad I_z < I_g \\ I_d > K_z(I_z - I_g) + I_q \quad I_z > I_g \\ I_d > I_s \quad I_d > I_s \end{cases}$$

$$I_d = | \dot{I}_{oh} + \dot{I}_{om} + \dot{I}_{oT} |$$

$$I_z = \max\{| \dot{I}_{oh} |、| \dot{I}_{om} |、| \dot{I}_{oT} |\}$$

式中：I_d 为零差保护的零序差电流；I_z 为零差保护的零序制动电流；$\dot{I}_{oh}$、$\dot{I}_{om}$、$\dot{I}_{oT}$ 为分别为自耦变压器高压侧、中压侧、公共绕组的零序电流；$\max\{| \dot{I}_{oh} |、| \dot{I}_{om} |、| \dot{I}_{oT} |\}$ 为取三侧零序电流中的最大者；K_z、I_q、I_g、I_s 为零差保护整定值。

2）动作特性。

动作特性见图 10-14。

（4）过激磁保护（包括发电机、变压器）。

发电机或变压器过激磁运行时，电流会很大，电流波

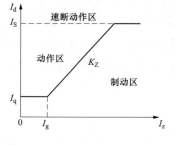

图 10-14　变压器零差保护动作特性

形将发生严重畸变，漏磁大大增加，长时间运行损坏发电机或变压器。因此，对于大容量发电机及变压器，装设过激磁保护非常有必要。

过激磁保护反映的是过激磁倍数，而过激磁倍数等于电压与频率之比。发电机或变压器的电压升高或频率降低，可能产生过激磁。即

$$U_\mathrm{f} = U/f = \frac{B}{B_\mathrm{e}} = \frac{U_*}{f_*}$$

式中：U_f 为过激磁倍数；B、B_e 分别为铁芯工作磁密及额定磁密；U、f、U_*、f_* 分别为电压、频率及其以额定电压及额定频率为基准的标么值。

10.4　母　线　保　护

10.4.1　常规变电站母线保护信息

1. 常规变电站母线保护动作信息

（1）双母（双母双分段）接线母线保护动作信息输出如表 10-35 所示。

表 10-35　　常规变电站双母（双母双分段）接线母线保护动作信息输出表

序号	信息名称	说　　明
1	保护启动	保护启动元件动作
2	差动保护启动	差动保护启动元件动作
3	Ⅰ母差动动作	Ⅰ母区内故障，Ⅰ母差动保护动作
4	Ⅱ母差动动作	Ⅱ母区内故障，Ⅱ母差动保护动作
5	Ⅰ母差动跳母联	Ⅰ母区内故障，Ⅰ母差动出口跳开母联断路器，隔离故障母线
6	Ⅱ母差动跳母联	Ⅱ母区内故障，Ⅱ母差动出口跳开母联断路器，隔离故障母线
7	Ⅰ母差动跳分段1	Ⅰ母区内故障，Ⅰ母差动出口跳开分段断路器1，隔离故障母线
8	Ⅱ母差动跳分段2	Ⅱ母区内故障，Ⅱ母差动出口跳开分段断路器1，隔离故障母线
9	大差后备动作	
10	失灵保护启动	失灵保护启动元件动作
11	Ⅰ母失灵保护动作	失灵保护动作，经失灵出口长延时断开失灵母线连接所有断路器
12	Ⅱ母失灵保护动作	
13	母联失灵动作	母联（分段）失灵跳相关母线所有断路器
14	分段1失灵动作	
15	分段2失灵动作	
16	失灵保护跳母联	失灵保护动作，经失灵出口短延时出口跳母联（分段）断路器
17	失灵保护跳分段1	
18	失灵保护跳分段2	

序号	信息名称	说　明
19	变压器 1 失灵联跳	变压器支路失灵保护动作，经长延时出口联跳变压器各侧断路器
20	变压器 2 失灵联跳	
21	变压器 3 失灵联跳	
22	变压器 4 失灵联跳	
23	充电过流Ⅰ段跳母联	
24	充电过流Ⅱ段跳母联	
25	充电零序过流跳母联	
26	非全相跳母联	
27	充电过流Ⅰ段跳分段 1	
28	充电过流Ⅱ段跳分段 1	
29	充电零序过流跳分段 1	
30	非全相跳分段 1	
31	充电过流Ⅰ段跳分段 2	
32	充电过流Ⅱ段跳分段 2	
33	充电零序过流跳分段 2	
34	非全相跳分段 2	

注　有 1 项，可无 2 项和 10 项；同时有 2 项和 10 项，可无 1 项。

（2）双母（双母单分段）接线母线保护动作信息输出如表 10-36 所示。

表 10-36　　　**常规变电站双母（双母单分段）接线母线保护动作信息输出表**

序号	信息名称	说　明
1	保护启动	保护启动元件动作
2	差动保护启动	差动保护启动元件动作
3	Ⅰ母差动动作	Ⅰ母区内故障，Ⅰ母差动保护动作
4	Ⅱ母差动动作	Ⅱ母区内故障，Ⅱ母差动保护动作
5	Ⅲ母差动动作	Ⅲ母区内故障，Ⅲ母差动保护动作
6	Ⅰ母差动跳母联 1	Ⅰ母区内故障，Ⅰ母差动出口跳开Ⅰ/Ⅱ母联断路器，隔离故障母线
7	Ⅰ母差动跳分段	Ⅰ母区内故障，Ⅰ母差动出口跳开Ⅰ/Ⅲ分段 1 断路器，隔离故障母线
8	Ⅱ母差动跳母联 1	Ⅱ母区内故障，Ⅱ母差动出口跳开Ⅰ/Ⅱ母联断路器，隔离故障母线
9	Ⅱ母差动跳母联 2	Ⅱ母区内故障，Ⅱ母差动出口跳开Ⅱ/Ⅲ分段 2 断路器，隔离故障母线
10	Ⅲ母差动跳分段	Ⅲ母区内故障，Ⅲ母差动出口跳开Ⅰ/Ⅲ分段 1 断路器，隔离故障母线
11	Ⅲ母差动跳母联 2	Ⅲ母区内故障，Ⅲ母差动出口跳开Ⅱ/Ⅲ分段 2 断路器，隔离故障母线
12	大差后备动作	
13	失灵保护启动	失灵保护启动元件动作

242

序号	信息名称	说　明
14	Ⅰ母失灵保护动作	失灵保护动作，经失灵出口长延时断开失灵母线连接所有断路器
15	Ⅱ母失灵保护动作	
16	Ⅲ母失灵保护动作	
17	母联 1 失灵保护动作	母联（分段）失灵跳相关母线所有断路器
18	分段失灵保护动作	
19	母联 2 失灵保护动作	
20	失灵动作跳母联 1	失灵保护动作，经失灵出口短延时出口跳母联（分段 1，分段 2）断路器
21	失灵动作跳分段	
22	失灵动作跳母联 2	
23	变压器 1 失灵联跳	变压器支路失灵保护动作，经长延时出口联跳变压器各侧断路器
24	变压器 2 失灵联跳	
25	变压器 3 失灵联跳	
26	变压器 4 失灵联跳	
27	充电过流Ⅰ段跳母联 1	
28	充电过流Ⅱ段跳母联 1	
29	充电零序过流跳母联 1	
30	非全相跳母联 1	
31	充电过流Ⅰ段跳分段	
32	充电过流Ⅱ段跳分段	
33	充电零序过流跳分段	
34	非全相跳分段	
35	充电过流Ⅰ段跳母联 2	
36	充电过流Ⅱ段跳母联 2	
37	充电零序过流跳母联 2	
38	非全相跳母联 2	

注　有 1 项，可无 2 项和 13 项；同时有 2 项和 13 项，可无 1 项。

（3）3/2 接线母线保护动作信息输出如表 10-37 所示。

表 10-37　　　　常规变电站 3/2 接线母线保护动作信息输出表

序号	信息名称	说　明
1	保护启动	保护启动元件动作
2	差动保护启动	差动保护启动元件动作
3	差动保护动作	区内故障，差动保护动作
4	失灵联跳启动	失灵联跳启动元件动作
5	失灵联跳动作	失灵联跳动作，经失灵出口延时断开失灵母线连接所有断路器

注　有 1 项，可无 2 项和 4 项；同时有 2 项和 4 项，可无 1 项。

2. 常规变电站母线保护告警信息

（1）双母（双母双分段）接线母线保护告警信息输出如表 10-38 所示。

表 10-38　　　常规变电站双母（双母双分段）接线母线保护告警信息输出表

序号	信息名称	说　明
1	采样数据异常	采样自检校验出错，退出保护功能
2	保护 CPU 插件异常	保护 CPU 插件出现异常，主要包括程序、定值、数据存储器出错等
3	开出异常	开出回路发生异常
4	支路 TA 断线（线路、变压器）	线路（变压器）支路 TA 断线告警，闭锁母差保护
5	母联/分段 TA 断线	母线保护不进行故障母线选择，大差比率动作切除互联母线
6	I 母 TV 断线	保护元件中该段母线 TV 断线
7	II 母 TV 断线	保护元件中该段母线 TV 断线
8	管理 CPU 插件异常	管理 CPU 插件上有关芯片出现异常
9	通讯中断	管理 CPU 和保护 CPU 通讯异常
10	母联失灵启动异常	
11	分段 1 失灵启动异常	
12	分段 2 失灵启动异常	
13	失灵启动开入异常	各支路启动失灵开入异常总信号
14	失灵解除电压闭锁异常	
15	支路刀闸位置异常	开入板件校验异常，相关开入接点误启动，保护已记忆原初始状态
16	母联手合开入异常	
17	分段 1 手合开入异常	
18	分段 2 手合开入异常	
19	母线互联运行	
20	对时异常	GPS 对时异常
21	母联跳位异常	
22	分段 1 跳位异常	
23	分段 2 跳位异常	
24	母联非全相异常	
25	分段 1 非全相异常	
26	分段 2 非全相异常	

注　13 项启动失灵开入异常可分单相和三相。

（2）双母（双母单分段）接线母线保护告警信息输出如表 10-39 所示。

表 10-39　　　常规变电站双母（双母单分段）接线母线保护告警信息输出表

序号	信息名称	说　明
1	采样数据异常	采样自检校验出错，退出保护功能
2	保护 CPU 插件异常	保护 CPU 插件出现异常，主要包括程序、定值、数据存储器出错等
3	开出异常	开出回路发生异常
4	支路 TA 断线（线路、变压器）	线路支路 TA 断线告警，闭锁母差保护
5	母联/分段 TA 断线	母线保护不进行故障母线选择，大差比率动作切除互联母线

序号	信息名称	说　　明
6	Ⅰ母 TV 断线	保护元件中该段母线 TV 断线
7	Ⅱ母 TV 断线	保护元件中该段母线 TV 断线
8	Ⅲ母 TV 断线	保护元件中该段母线 TV 断线
9	管理 CPU 插件异常	管理 CPU 插件上有关芯片出现异常
10	通信中断	管理 CPU 和保护 CPU 通信异常
11	母联 1 失灵启动异常	
12	分段失灵启动异常	
13	母联 2 失灵启动异常	
14	失灵启动开入异常	各支路启动失灵开入异常总信号
15	失灵解除电压闭锁异常	
16	支路隔离开关位置异常	开入板件校验异常，相关开入接点误启动，保护已记忆原初始状态
17	母联 1 手合开入异常	
18	分段手合开入异常	
19	母联 2 手合开入异常	
20	母线互联运行	
21	对时异常	GPS 对时异常
22	母联 1 跳位异常	
23	分段跳位异常	
24	母联 2 跳位异常	
25	母联 1 非全相异常	
26	分段非全相异常	
27	母联 2 非全相异常	

（3）3/2 接线母线保护告警信息输出如表 10-40 所示。

表 10-40　　　　　　　　3/2 接线母线保护告警信息输出表

序号	信息名称	说　　明
1	采样数据异常	采样自检校验出错，退出保护功能
2	保护 CPU 插件异常	保护 CPU 插件出现异常，主要包括程序、定值、数据存储器出错等
3	开出异常	开出回路发生异常
4	TA 断线	TA 断线告警，闭锁母差保护
5	管理 CPU 插件异常	管理 CPU 插件上有关芯片出现异常
6	通信中断	管理 CPU 和保护 CPU 通信异常
7	边断路器失灵开入异常	
8	对时异常	GPS 对时异常

3. 常规变电站母线保护状态变位信息

（1）双母（双母双分段）接线母线保护状态变位信息输出如表 10-41 所示。

245

表 10-41 常规变电站双母（双母双分段）接线母线保护状态变位信息输出表

序号	信息名称	说　明
1	差动保护软压板	压板投入或退出
2	失灵保护软压板	
3	母线互联软压板	
4	母联充电过流保护软压板	
5	母联非全相保护软压板	
6	分段 1 充电过流保护软压板	
7	分段 1 非全相保护软压板	
8	分段 2 充电过流保护软压板	
9	分段 2 非全相保护软压板	
10	远方修改定值软压板	
11	远方切换定值区软压板	
12	远方投退压板软压板	
13	远方操作硬压板	开入投入或退出
14	保护检修状态硬压板	
15	差动保护硬压板	
16	失灵保护硬压板	
17	母线互联硬压板	
18	母联充电过流保护硬压板	
19	母联非全相保护硬压板	
20	分段 1 充电过流保护硬压板	
21	分段 1 非全相保护硬压板	
22	分段 2 充电过流保护硬压板	
23	分段 2 非全相保护硬压板	
24	母联分列硬压板	
25	分段 1 分列硬压板	
26	分段 2 分列硬压板	
27	母联 TWJ	
28	母联 SHJ	
29	分段 1TWJ	
30	分段 1SHJ	
31	分段 2TWJ	
32	分段 2SHJ	
33	支路 XX _ 1G 隔离开关位置	
34	支路 XX _ 2G 隔离开关位置	
35	解除电压闭锁开入	
36	支路 XX _ A 相启动失灵开入	
37	支路 XX _ B 相启动失灵开入	
38	支路 XX _ C 相启动失灵开入	
39	支路 XX _ 三相启动失灵开入	
40	母联 THWJ	
41	分段 1THWJ	
42	分段 2THWJ	

（2）双母（双母单分段）接线母线保护状态变位信息输出如表10-42所示。

表 10-42　　常规变电站双母（双母单分段）接线母线保护状态变位信息输出表

序号	信息名称	说　明
1	差动保护软压板	压板投入或退出
2	失灵保护软压板	
3	母联 1 互联软压板	
4	分段互联软压板	
5	母联 2 互联软压板	
6	母联 1 充电过流保护软压板	
7	母联 1 非全相保护软压板	
8	分段充电过流保护软压板	
9	分段非全相保护软压板	
10	母联 2 充电过流保护软压板	
11	母联 2 非全相保护软压板	
12	远方修改定值软压板	
13	远方切换定值区软压板	
14	远方投退压板软压板	
15	远方操作硬压板	开入投入或退出
16	保护检修状态硬压板	
17	差动保护硬压板	
18	失灵保护硬压板	
19	母联 1 互联硬压板	
20	分段互联硬压板	
21	母联 2 互联硬压板	
22	母联 1 充电过流保护硬压板	
23	母联 1 非全相保护硬压板	
24	分段充电过流保护硬压板	
25	分段非全相保护硬压板	
26	母联 2 充电过流保护硬压板	
27	母联 2 非全相保护硬压板	
28	母联分列硬压板	
29	分段 1 分列硬压板	
30	分段 2 分列硬压板	
31	母联 1TWJ	
32	母联 1SHJ	
33	分段 TWJ	
34	分段 SHJ	
35	母联 2TWJ	
36	母联 2SHJ	
37	支路 XX_1G 隔离开关位置	
38	支路 XX_2G 隔离开关位置	
39	解除电压闭锁开入	
40	支路 XX_A 相启动失灵开入	

序号	信息名称	说　明
41	支路 XX＿B 相启动失灵开入	
42	支路 XX＿C 相启动失灵开入	
43	支路 XX＿三相启动失灵开入	开入投入或退出
44	母联 1THWJ	
45	分段 THWJ	
46	母联 2THWJ	

（3）3/2 接线母线保护状态变位信息输出如表 10-43 所示。

表 10-43　　　　　　　3/2 接线母线保护状态变位信息输出表

序号	信息名称	说　明
1	差动保护软压板	
2	失灵经母差跳闸软压板	
3	远方修改定值软压板	压板投入或退出
4	远方切换定值区软压板	
5	远方投退压板软压板	
6	远方操作硬压板	
7	保护检修状态硬压板	
8	差动保护硬压板	开入投入或退出
9	失灵经母差跳闸硬压板	
10	失灵联跳	

4. 常规变电站母线保护中间节点信息输出（表 10-44）

表 10-44　　　　　　常规变电站母线保护中间节点信息输出表

序号	信息名称	说　明
1	Ⅰ母 A 相电压突变	
2	Ⅰ母 B 相电压突变	
3	Ⅰ母 C 相电压突变	
4	Ⅱ母 A 相电压突变	
5	Ⅱ母 B 相电压突变	
6	Ⅱ母 C 相电压突变	母线电压元件
7	Ⅰ母差动电压开放	
8	Ⅱ母差动电压开放	
9	Ⅰ母失灵电压开放	
10	Ⅱ母失灵电压开放	
11	A 相Ⅰ母区外故障	
12	A 相Ⅱ母区外故障	
13	B 相Ⅰ母区外故障	区外故障
14	B 相Ⅱ母区外故障	
15	C 相Ⅰ母区外故障	
16	C 相Ⅱ母区外故障	

续表

序号	信息名称	说　明
17	A 相 Ⅰ 母 TA 饱和	TA 饱和
18	A 相 Ⅱ 母 TA 饱和	
19	B 相 Ⅰ 母 TA 饱和	
20	B 相 Ⅱ 母 TA 饱和	
21	C 相 Ⅰ 母 TA 饱和	
22	C 相 Ⅱ 母 TA 饱和	
23	A 相 Ⅰ 母差动动作	区内差动动作
24	A 相 Ⅱ 母差动动作	
25	B 相 Ⅰ 母差动动作	
26	B 相 Ⅱ 母差动动作	
27	C 相 Ⅰ 母差动动作	
28	C 相 Ⅱ 母差动动作	

注　以双母线接线为例，双母单分段接线应增加Ⅲ母相关信息。

10.4.2　智能变电站母线保护信息

1. 智能变电站母线保护动作信息

（1）双母（双母双分段）接线母线保护动作信息输出如表 10-45 所示。

表 10-45　　　智能变电站双母（双母双分段）接线母线保护动作信息输出表

序号	信息名称	说　明
1	保护启动	保护启动元件动作
2	差动保护启动	差动保护启动元件动作
3	Ⅰ母差动动作	Ⅰ母区内故障，Ⅰ母差动保护动作
4	Ⅱ母差动动作	Ⅱ母区内故障，Ⅱ母差动保护动作
5	Ⅰ母差动跳母联	Ⅰ母区内故障，Ⅰ母差动出口跳开母联断路器，隔离故障母线
6	Ⅱ母差动跳母联	Ⅱ母区内故障，Ⅱ母差动出口跳开母联断路器，隔离故障母线
7	Ⅰ母差动跳分段 1	Ⅰ母区内故障，Ⅰ母差动出口跳开分段断路器 1，隔离故障母线
8	Ⅱ母差动跳分段 2	Ⅱ母区内故障，Ⅱ母差动出口跳开分段断路器 2，隔离故障母线
9	大差后备动作	
10	失灵保护启动	失灵保护启动元件动作
11	Ⅰ母失灵保护动作	失灵保护动作，经失灵出口长延时断开失灵母线连接所有断路器
12	Ⅱ母失灵保护动作	
13	母联失灵动作	母联（分段）失灵跳相关母线所有断路器
14	分段 1 失灵动作	
15	分段 2 失灵动作	

序号	信息名称	说　明
16	失灵保护跳母联	失灵保护动作，经失灵出口短延时出口跳母联（分段）断路器
17	失灵保护跳分段 1	
18	失灵保护跳分段 2	
19	变压器 1 失灵联跳	变压器支路失灵保护动作，经长延时出口联跳变压器各侧断路器
20	变压器 2 失灵联跳	
21	变压器 3 失灵联跳	
22	变压器 4 失灵联跳	
23	充电过流Ⅰ段跳母联	
24	充电过流Ⅱ段跳母联	
25	充电零序过流跳母联	
26	非全相跳母联	
27	充电过流Ⅰ段跳分段 1	
28	充电过流Ⅱ段跳分段 1	
29	充电零序过流跳分段 1	
30	非全相跳分段 1	
31	充电过流Ⅰ段跳分段 2	
32	充电过流Ⅱ段跳分段 2	
33	充电零序过流跳分段 2	
34	非全相跳分段 2	

注　有 1 项，可无 2 项和 10 项；同时有 2 项和 10 项，可无 1 项。

（2）双母（双母单分段）接线母线保护动作信息输出如表 10-46 所示。

表 10-46　　　　智能变电站双母（双母单分段）接线母线保护动作信息输出表

序号	信息名称	说　明
1	保护启动	保护启动元件动作
2	差动保护启动	差动保护启动元件动作
3	Ⅰ母差动动作	Ⅰ母区内故障，Ⅰ母差动保护动作
4	Ⅱ母差动动作	Ⅱ母区内故障，Ⅱ母差动保护动作
5	Ⅲ母差动动作	Ⅲ母区内故障，Ⅲ母差动保护动作
6	Ⅰ母差动跳母联 1	Ⅰ母区内故障，Ⅰ母差动出口跳开Ⅰ/Ⅱ母联断路器，隔离故障母线
7	Ⅰ母差动跳分段	Ⅰ母区内故障，Ⅰ母差动出口跳开Ⅰ/Ⅲ分段 1 断路器，隔离故障母线
8	Ⅱ母差动跳母联 1	Ⅱ母区内故障，Ⅱ母差动出口跳开Ⅰ/Ⅱ母联断路器，隔离故障母线
9	Ⅱ母差动跳母联 2	Ⅱ母区内故障，Ⅱ母差动出口跳开Ⅱ/Ⅲ分段 2 断路器，隔离故障母线
10	Ⅲ母差动跳分段	Ⅲ母区内故障，Ⅲ母差动出口跳开Ⅰ/Ⅲ分段 1 断路器，隔离故障母线
11	Ⅲ母差动跳母联 2	Ⅲ母区内故障，Ⅲ母差动出口跳开Ⅱ/Ⅲ分段 2 断路器，隔离故障母线
12	大差后备动作	

续表

序号	信息名称	说　明
13	失灵保护启动	失灵保护启动元件动作
14	Ⅰ母失灵保护动作	失灵保护动作，经失灵出口长延时断开失灵母线连接所有断路器
15	Ⅱ母失灵保护动作	
16	Ⅲ母失灵保护动作	
17	母联1失灵保护动作	母联（分段）失灵跳相关母线所有断路器
18	分段失灵保护动作	
19	母联2失灵保护动作	
20	失灵动作跳母联1	失灵保护动作，经失灵出口短延时出口跳母联（分段1，分段2）断路器
21	失灵动作跳分段	
22	失灵动作跳母联2	
23	变压器1失灵联跳	变压器支路失灵保护动作，经长延时出口联跳变压器各侧断路器
24	变压器2失灵联跳	
25	变压器3失灵联跳	
26	变压器4失灵联跳	
27	充电过流Ⅰ段跳母联1	
28	充电过流Ⅱ段跳母联1	
29	充电零序过流跳母联1	
30	非全相跳母联1	
31	充电过流Ⅰ段跳分段	
32	充电过流Ⅱ段跳分段	
33	充电零序过流跳分段	
34	非全相跳分段	
35	充电过流Ⅰ段跳母联2	
36	充电过流Ⅱ段跳母联2	
37	充电零序过流跳母联2	
38	非全相跳母联2	

注　有1项，可无2项和13项；同时有2项和13项，可无1项。

（3）3/2接线母线保护动作信息输出如表10-47所示。

表10-47　　　　　　　　智能变电站3/2接线母线保护动作信息输出表

序号	信息名称	说　明
1	保护启动	保护启动元件动作
2	差动保护启动	差动保护启动元件动作
3	差动保护动作	区内故障，差动保护动作
4	失灵联跳启动	失灵联跳启动元件动作
5	失灵联跳动作	失灵联跳动作，经失灵出口断开失灵母线连接所有断路器

注　有1项，可无2项和4项；同时有2项和4项，可无1项。

2. 智能变电站母线保护告警信息

（1）双母（双母双分段）接线母线保护告警信息输出如表10-48所示。

表 10-48　　智能变电站双母（双母双分段）接线母线保护告警信息输出表

序号	信息名称	说　明
1	保护 CPU 插件异常	保护 CPU 插件出现异常，主要包括程序、定值、数据存储器出错等
2	支路 TA 断线（线路、变压器）	线路（变压器）支路 TA 断线告警，闭锁母差保护
3	母联/分段 TA 断线	母线保护不进行故障母线选择，大差比率动作切除互联母线
4	Ⅰ母 TV 断线	保护元件中该段母线 TV 断线
5	Ⅱ母 TV 断线	保护元件中该段母线 TV 断线
6	管理 CPU 插件异常	管理 CPU 插件上有关芯片出现异常
7	通信中断	管理 CPU 和保护 CPU 通信异常
8	母联失灵启动异常	
9	分段 1 失灵启动异常	
10	分段 2 失灵启动异常	
11	失灵启动开入异常	各支路启动失灵开入异常总信号
12	支路刀闸位置异常	开入板件校验异常，相关开入接点误启动，保护已记忆原初始状态
13	母联跳位异常	母联跳位有流报警
14	分段 1 跳位异常	
15	分段 2 跳位异常	
16	母联非全相异常	母联非全相开入异常
17	分段 1 非全相异常	
18	分段 2 非全相异常	
19	母联手合开入异常	
20	分段 1 手合开入异常	
21	分段 2 手合开入异常	
22	母线互联运行	
23	对时异常	GPS 对时异常
24	SV 总告警	SV 所有异常的总报警
25	GOOSE 总告警	GOOSE 所有异常的总报警
26	SV 采样数据异常	SV 数据异常的信号
27	SV 采样链路中断	链路中断，任意链路中断均要报警
28	GOOSE 数据异常	GOOSE 异常的信号
29	GOOSE 链路中断	链路中断

（2）双母（双母单分段）接线母线保护告警信息输出如表 10-49 所示。

表 10-49　　智能变电站双母（双母单分段）接线母线保护告警信息输出表

序号	信息名称	说　明
1	保护 CPU 插件异常	保护 CPU 插件出现异常，主要包括程序、定值、数据存储器出错等
2	支路 TA 断线（线路、变压器）	线路支路 TA 断线告警，闭锁母差保护
3	母联/分段 TA 断线	母线保护不进行故障母线选择，大差比率动作切除互联母线

续表

序号	信息名称	说　明
4	Ⅰ母 TV 断线	保护元件中该段母线 TV 断线
5	Ⅱ母 TV 断线	保护元件中该段母线 TV 断线
6	Ⅲ母 TV 断线	保护元件中该段母线 TV 断线
7	管理 CPU 插件异常	管理 CPU 插件上有关芯片出现异常
8	通信中断	管理 CPU 和保护 CPU 通信异常
9	母联 1 失灵启动异常	
10	分段失灵启动异常	
11	母联 2 失灵启动异常	
12	失灵启动开入异常	各支路启动失灵开入异常总信号
13	支路刀闸位置异常	开入板件校验异常，相关开入接点误启动，保护已记忆原初始状态
14	母联 1 跳位异常	
15	分段跳位异常	母联跳位有流报警
16	母联 2 跳位异常	
17	母联 1 非全相异常	
18	分段非全相异常	母联非全相开入异常
19	母联 2 非全相异常	
20	母联 1 手合开入异常	
21	分段手合开入异常	
22	母联 2 手合开入异常	
23	母线互联运行	
24	对时异常	GPS 对时异常
25	SV 总告警	SV 所有异常的总报警
26	GOOSE 总告警	GOOSE 所有异常的总报警
27	SV 采样数据异常	SV 数据异常的信号
28	SV 采样链路中断	链路中断，任意链路中断均要报警
29	GOOSE 数据异常	GOOSE 异常的信号
30	GOOSE 链路中断	链路中断

253

（3）3/2 接线母线保护告警信息输出如表 10-50 所示。

表 10-50　　　　　智能变电站 3/2 接线母线保护告警信息输出表

序号	信息名称	说　明
1	保护 CPU 插件异常	保护 CPU 插件出现异常，主要包括程序、定值、数据存储器出错等
2	TA 断线	TA 断线告警，闭锁母差保护
3	管理 CPU 插件异常	管理 CPU 插件上有关芯片出现异常
4	通信中断	管理 CPU 和保护 CPU 通信异常
5	边断路器失灵开入异常	
6	对时异常	GPS 对时异常
7	SV 总告警	SV 所有异常的总报警
8	GOOSE 总告警	GOOSE 所有异常的总报警

序号	信息名称	说　明
9	SV 采样数据异常	SV 数据异常的信号
10	SV 采样链路中断	链路中断，任意链路中断均要报警
11	GOOSE 数据异常	GOOSE 异常的信号
12	GOOSE 链路中断	链路中断

3. 智能变电站母线保护状态变位信息

（1）双母（双母双分段）接线母线保护状态变位信息输出如表 10-51 所示。

表 10-51　　智能变电站双母（双母双分段）接线母线保护状态变位信息输出表

序号	信息名称	说　明
1	差动保护软压板	
2	失灵保护软压板	
3	母联充电过流保护软压板	
4	母联非全相保护软压板	
5	分段 1 充电过流保护软压板	
6	分段 1 非全相保护软压板	
7	分段 2 充电过流保护软压板	
8	分段 2 非全相保护软压板	
9	母线互联软压板	
10	母联分列软压板	压板投入或退出
11	分段 1 分列软压板	
12	分段 2 分列软压板	
13	远方修改定值软压板	
14	远方切换定值区软压板	
15	远方投退压板软压板	
16	支路 XX _ SV 接收软压板	
17	支路 XX _ 保护跳闸软压板	
18	支路 XX _ 启动失灵开入软压板	
19	远方操作硬压板	
20	保护检修状态硬压板	
21	支路 XX _ 1G 刀闸位置	
22	支路 XX _ 2G 刀闸位置	
23	支路 XX _ A 相启动失灵开入	
24	支路 XX _ B 相启动失灵开入	
25	支路 XX _ C 相启动失灵开入	
26	支路 XX _ 三相启动失灵开入	开入投入或退出
27	母联 TWJa	
28	母联 TWJb	
29	母联 TWJc	
30	母联 HWJa	
31	母联 HWJb	
32	母联 HWJc	

254

序号	信息名称	说　明
33	分段 1TWJa	
34	分段 1TWJb	
35	分段 1TWJc	
36	分段 1HWJa	
37	分段 1HWJb	
38	分段 1HWJc	开入投入或退出
39	分段 2TWJa	
40	分段 2TWJb	
41	分段 2TWJc	
42	分段 2HWJa	
43	分段 2HWJb	
44	分段 2HWJc	

（2）双母（双母单分段）接线母线保护状态变位信息输出如表 10-52 所示。

表 10-52　智能变电站双母（双母单分段）接线母线保护状态变位信息输出表

序号	信息名称	说　明
1	差动保护软压板	
2	失灵保护软压板	
3	母联 1 充电过流保护软压板	
4	母联 1 非全相保护软压板	
5	分段充电过流保护软压板	
6	分段非全相保护软压板	
7	母联 2 充电过流保护软压板	
8	母联 2 非全相保护软压板	
9	母联 1 互联软压板	
10	分段互联软压板	
11	母联 2 互联软压板	压板投入或退出
12	母联 1 分列软压板	
13	分段分列软压板	
14	母联 2 分列软压板	
15	远方修改定值软压板	
16	远方切换定值区软压板	
17	远方投退压板软压板	
18	支路 XX_SV 接收软压板	
19	支路 XX_保护跳闸软压板	
20	支路 XX_启动失灵开入软压板	
21	远方操作硬压板	
22	保护检修状态硬压板	
23	支路 XX_1G 刀闸位置	开入投入或退出
24	支路 XX_2G 刀闸位置	
25	支路 XX_A 相启动失灵开入	

序号	信息名称	说　明
26	支路 XX＿B 相启动失灵开入	
27	支路 XX＿C 相启动失灵开入	
28	支路 XX＿三相启动失灵开入	
29	母联 1TWJa	
30	母联 1TWJb	
31	母联 1TWJc	
32	母联 1HWJa	
33	母联 1HWJb	
34	母联 1HWJc	
35	分段 TWJa	
36	分段 TWJb	开入投入或退出
37	分段 TWJc	
38	分段 HWJa	
39	分段 HWJb	
40	分段 HWJc	
41	母联 2TWJa	
42	母联 2TWJb	
43	母联 2TWJc	
44	母联 2HWJa	
45	母联 2HWJb	
46	母联 2HWJc	

（3）3/2 接线母线保护状态变位信息输出如表 10-53 所示。

表 10-53　　　　智能变电站 3/2 接线母线保护状态变位信息输出表

序号	信息名称	说　明
1	差动保护软压板	
2	失灵经母差跳闸软压板	
3	支路 XX＿SV 接收软压板	
4	支路 XX＿保护跳闸软压板	压板投入或退出
5	远方修改定值软压板	
6	远方切换定值区软压板	
7	远方投退压板软压板	
8	远方操作硬压板	
9	保护检修状态硬压板	开入投入或退出
10	支路 XX＿失灵联跳	

4. 智能变电站母线保护中间节点信息输出（见表 10-54）

表 10-54　　　　智能变电站母线保护中间节点信息输出表

序号	信息名称	说　明
1	Ⅰ母 A 相电压突变	
2	Ⅰ母 B 相电压突变	
3	Ⅰ母 C 相电压突变	母线电压元件
4	Ⅱ母 A 相电压突变	

序号	信息名称	说　　明
5	Ⅱ母 B 相电压突变	母线电压元件
6	Ⅱ母 C 相电压突变	
7	Ⅰ母差动电压开放	
8	Ⅱ母差动电压开放	
9	Ⅰ母失灵电压开放	
10	Ⅱ母失灵电压开放	
11	A 相Ⅰ母区外故障	区外故障
12	A 相Ⅱ母区外故障	
13	B 相Ⅰ母区外故障	
14	B 相Ⅱ母区外故障	
15	C 相Ⅰ母区外故障	
16	C 相Ⅱ母区外故障	
17	A 相Ⅰ母 TA 饱和	TA 饱和
18	A 相Ⅱ母 TA 饱和	
19	B 相Ⅰ母 TA 饱和	
20	B 相Ⅱ母 TA 饱和	
21	C 相Ⅰ母 TA 饱和	
22	C 相Ⅱ母 TA 饱和	
23	A 相Ⅰ母差动动作	区内差动动作
24	A 相Ⅱ母差动动作	
25	B 相Ⅰ母差动动作	
26	B 相Ⅱ母差动动作	
27	C 相Ⅰ母差动动作	
28	C 相Ⅱ母差动动作	

　　注　以双母线接线为例，双母单分段接线应增加Ⅲ母相关信息。

10.4.3　母线保护原理

　　母线保护是电力系统继电保护的重要组成部分。母线是电力系统的重要设备，在整个输配电中起着非常重要的作用。母线故障是电力系统中非常严重的故障，它直接影响母线上所连接的所有设备的安全、可靠运行，导致大面积事故停电或设备的严重损坏，对于整个电力系统的危害极大。常见的母线保护装置如图 10-15 所示，分别为深圳南瑞公司生产的 BP-2B 型号和许继电气公司生产的 WMH-800A 型号的产品。

　　母线保护中最主要和最重要的保护为差动保护，还有母联失灵保护和死区保护等。

1. 主保护

　　装置的主保护采用分相式快速虚拟比相式电流突变量保护和比率制动式电流差动保护原理。快速虚拟比相式电流突变量保护仅在故障开始时投入，然后改用比率制动式电流差动保护。两种原理保护均设有大差启动元件、小差选择元件和电压闭锁元件。大差启动元件和小差选择元件中有反映任意一相电流突变或电压突变的启动量，它和差动动作判据一起在每个采样中断中实时进行判断，以确保内部故障时电流保护正确动作，在同时满足电压闭锁开放条件时跳开故障母线上所有断路器。其出口逻辑如图 10-16 所示。

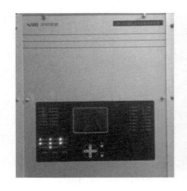 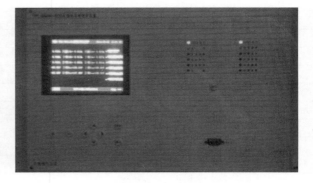

图 10-15 母线保护装置

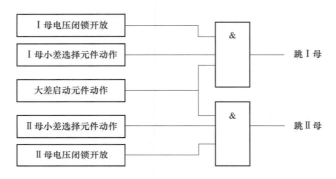

图 10-16 双母线方式的保护出口逻辑图

比率制动式电流差动保护基于电流采样值构建，采取持续多点满足动作条件才开放母线保护电流元件方式实现。下面的原理分析对于每一个采样时刻均成立，因此在部分公式中省去了采样时刻标识。

2. 比率制动式电流差动保护原理

装置的稳态判据采用常规比率制动原理。母线在正常工作或其保护范围外部故障时所有流入及流出母线的电流之和为零（差动电流为零），而在内部故障情况下所有流入及流出母线的电流之和不再为零（差动电流不为零）。基于这个前提，差动保护可以正确地区分母线内部和外部故障。

比率制动式电流差动保护的基本判据为

$$| i_1 + i_2 + \cdots + i_n | \geqslant I_0 \tag{10-1}$$

$$| i_1 + i_2 + \cdots + i_n | \geqslant K \cdot (| i_1 | + | i_2 | + \cdots + | i_n |) \tag{10-2}$$

式中：i_1、i_2、$\cdots$、i_n 为支路电流；K 为制动系数；I_0 为差动电流门坎值。

式（10-1）的动作条件是由不平衡差动电流决定的，而式（10-2）的动作条件是由母线所有元件的差动电流和制动电流的比率决定的。在外部故障短路电流很大时，不平衡差动电流较大，式（10-1）易于满足，但不平衡差动电流占制动电流的比率很小，因而式（10-2）不会满足，装置的动作条件由上述两判据"与"门输出，提高了差动保护的可靠性，所以当外部故障短路电流较大时，由于式（10-2）使得保护不误动，而内部

故障时，式（10-2）易于满足，只要同时满足式（10-1）提供的差动电流动作门槛，保护就能正确动作，这样提高了差动保护的可靠性。比率制动式电流差动保护动作曲线如图 10-17 所示，其中 $i_d = |i_1 + i_2 + \cdots + i_n|$ 为差动电流，$i_f = |i_1| + |i_2| + \cdots + |i_n|$ 为制动电流，K 为制动系数。

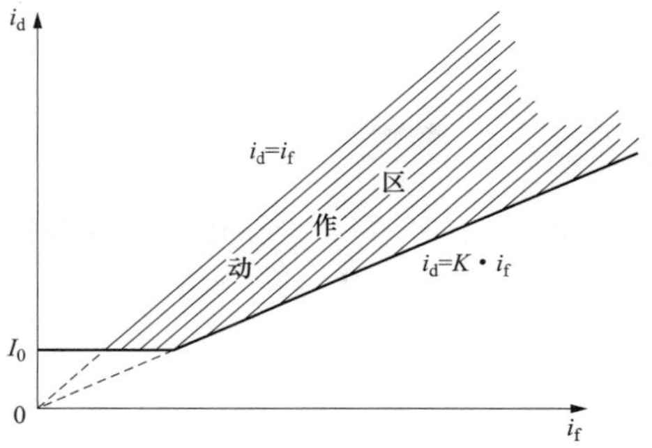

图 10-17　比率制动式电流差动保护动作曲线

3. 虚拟比相式电流突变量保护原理

为了加快差动保护的动作速度，提高重负荷、高阻接地及系统功角摆开时常规比率制动式差动保护的灵敏度，装置采用了快速虚拟比相式电流突变量保护，该保护和制动系数为 0.3 的高灵敏度常规比率制动原理配合使用。

假设 t 时刻母线系统故障，各支路电流为 i_{1t}，i_{2t}，$\cdots$，i_{nt}，突变量为 Δi_{1t}，Δi_{2t}，$\cdots$，Δi_{nt}，前一周正常负荷电流为 $i_{1(t-T)}$，$i_{2(t-T)}$，$\cdots$，$i_{n(t-T)}$，母线 t 时刻的故障电流为 $i_{dt} = \sum\limits_{j=1}^{n} i_{jt} = \sum\limits_{j=1}^{n} (i_{j(t-T)} + \Delta i_{jt}) = \sum\limits_{j=1}^{n} i_{j(t-T)} + \sum\limits_{j=1}^{n} \Delta i_{jt} = \sum\limits_{j=1}^{n} \Delta i_{jt} = \sum\limits_{j=1}^{n} \Delta i_{jt+} - \sum\limits_{j=1}^{n} \Delta i_{jt-}$。把同一时刻所有电流正突变量之和 $\sum\limits_{j=1}^{n} \Delta i_{jt+}$ 虚拟成流入电流，所有电流负突变量之和 $\sum\limits_{j=1}^{n} \Delta i_{jt-}$ 虚拟成流出电流，当母线发生区外故障时每一时刻均满足 $i_{dt} = \sum\limits_{j=1}^{n} \Delta i_{jt+} - \sum\limits_{j=1}^{n} \Delta i_{jt-} = 0$，虚拟流入电流等于虚拟流出电流，即 $\dfrac{\left| \sum\limits_{j=1}^{n} \Delta i_{jt+} \right|}{\left| \sum\limits_{j=1}^{n} \Delta i_{jt-} \right|} = 1$，此时虚拟流入电流和虚拟流出电流的对应关系如图 10-18 所示；当母线发生区内故障时 $i_{dt} = \sum\limits_{j=1}^{n} \Delta i_{jt+} - \sum\limits_{j=1}^{n} \Delta i_{jt-} \neq 0$，虚拟流入电流不等于虚拟流出电流，即 $\dfrac{\left| \sum\limits_{j=1}^{n} \Delta i_{jt+} \right|}{\left| \sum\limits_{j=1}^{n} \Delta i_{jt-} \right|} \neq 1$，若各支路系统参数一致则满足

$$\dfrac{\left| \sum\limits_{j=1}^{n} \Delta i_{jt+} \right|}{\left| \sum\limits_{j=1}^{n} \Delta i_{jt-} \right|} = \infty \text{ 或 } \dfrac{\left| \sum\limits_{j=1}^{n} \Delta i_{jt+} \right|}{\left| \sum\limits_{j=1}^{n} \Delta i_{jt-} \right|} = 0\text{，若考虑各支路系统参数之间的差异，则 } \dfrac{\left| \sum\limits_{j=1}^{N} \Delta i_{jt+} \right|}{\left| \sum\limits_{j=1}^{N} \Delta i_{jt-} \right|} > 1$$

或 $\dfrac{\left| \sum\limits_{j=1}^{N} \Delta i_{jt+} \right|}{\left| \sum\limits_{j=1}^{N} \Delta i_{jt-} \right|} < 1$，此时虚拟流入电流和虚拟流出电流的对应关系如图 10-19 所示。因此快速虚拟比相式电流突变量保护的主要判据为

$$\frac{\left|\sum_{j=1}^{n}\Delta i_{jt+}\right|}{\left|\sum_{j=1}^{n}\Delta i_{jt-}\right|}\geqslant K \text{ 或 } \frac{\left|\sum_{j=1}^{n}\Delta i_{jt+}\right|}{\left|\sum_{j=1}^{n}\Delta i_{jt-}\right|}\leqslant\frac{1}{K}$$

其中，K 为大于 1 的常数，该常数根据系统结构和短路容量确定。

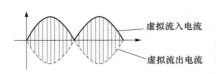

图 10-18　母线区外故障时虚拟流入电流和虚拟流出电流对照图

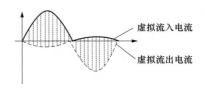

图 10-19　母线区内故障时虚拟流入电流和虚拟流出电流对照图

4. TA 变比的自动调整

母线保护因所连接的支路负载情况不同，所选 TA 也不尽相同。本装置根据用户整定的一次 TA 变比自动进行换算，使得二次电流满足基尔霍夫定理。假设支路 1 的 TA 变比为 TA_1，支路 2 的 TA 变比为 TA_2，支路 n 的 TA 变比为 TA_n 等，装置选取最大变比或指定变比作为基准变比 TA_{base}，选择完基准变比后，TA 变比的归算方法为

$$TA_{1r}=\frac{TA_1}{TA_{\text{base}}}$$

$$TA_{2r}=\frac{TA_2}{TA_{\text{base}}}$$

$$\vdots$$

$$TA_{nr}=\frac{TA_n}{TA_{\text{base}}}$$

差动电流和制动电流是基于变换后的 TA 二次相对变比而得的。TA_{1r}、TA_{2r}、…、TA_{nr} 为折算系数。

5. 电压闭锁

装置电压闭锁采用的是复合电压闭锁，它由低电压、零序电压和负序电压判据组成，其中任一判据满足动作条件即开放该段母线的电压闭锁元件。当用在大接地系统时，低电压闭锁判据采用的是相电压。当用在小接地电流系统时，低电压闭锁判据采用线电压，并且取消零序电压判据。电压闭锁开放逻辑图如图 10-20 所示。

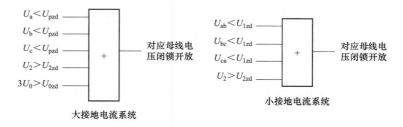

图 10-20　电压闭锁开放逻辑图

母线 TV 断线时开放对应母线段的电压闭锁元件，但双母线（分段母线）接线型式在通过母联/分段断路器或其他支路刀闸双跨互联运行时，若某段母线 TV 断线，电压闭锁元件自动切换使用正常母线段电压决定是否开放电压闭锁。

6. 母线运行方式字的识别

双母线运行的一个特点是操作灵活、多变，但是运行的灵活却给保护的配置带来了一定的困难，常规保护中通过引入隔离开关辅助触点的方法来动态跟踪现场的运行工况，如图 10-21 所示。L 为连接在双母线上的一条支路，G_1、G_2 是 L 的隔离开关，将 G_1、G_2 辅助触点的状态送到母线保护的开关量输入端子，若用高电平"1"表示开关合上，低电平"0"表示开关断开，则保护可将 L 的运行状态表述为如表 10-55 所示。

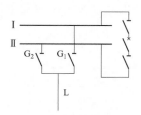

图 10-21　双母线运行方式示意图

表 10-55　　　　　L 的运行状态

G_1	G_2	说　明
0	0	L 停运
0	1	L 运行在 II 母
1	0	L 运行在 I 母
1	1	L 同时运行在 I、II 母（倒闸操作）

微机母线保护通过其开关量输入读取各支路状态，形成 I 母运行方式字和 II 母运行方式字，同时辅以电流校验，实时跟踪母线运行方式。装置配备了母线运行方式显示屏，对应于某种运行方式，在电流不平衡时会出现告警，提醒用户进行干预。用户可以根据现场的运行方式选择自动、强合、强分来干预显示屏上每个隔离开关辅助触点，使得运行方式识别准确可靠。装置在支路有电流但其隔离开关辅助触点信号因故消失时可以通过记忆保持正常状态。另外针对因隔离开关辅助触点工作电源丢失而导致的所有隔离开关位置都为 0 的情况，装置能够记忆掉电前的隔离开关位置和母线运行方式字直到开入电源恢复正常为止，使得母线保护在该状态下仍可以正确跳闸。

下面简单介绍双母线不同运行方式下差动电流、制动电流的处理方法，正、负电流突变量之和处理类同。

7. 双母线专用母联方式

双母线专用母联接线图如图 10-22 所示。在此种接线型式下所有支路的 I 母刀、II 母刀均应作为确定母线运行方式字的输入量，大差差动电流和制动电流均不计及母联电流，各段小差差动电流和制动电流均应根据母联刀闸辅助触点的状态、母联断路器跳位和母联 TA 的极性计及母联电流。N 单元双母线专用母联差动电流和制动电流表述为

$$i_d = | K_{ml} \cdot i_{ml} + K_1 \cdot i_1 + \cdots + K_{N-1} \cdot i_{N-1} |$$

$$i_f = | K_{ml} | \cdot | i_{ml} | + K_1 \cdot | i_1 | + \cdots + K_{N-1} \cdot | i_{N-1} |$$

式中：K_{ml} 为母联支路系数；K_1，…，K_{N-1} 为非母联支路系数；i_{ml}，i_1，…，i_{N-1} 为经过换算后的一次电流或二次电流。

计算大差差动电流和制动电流时 $K_{ml}=0$，$K_1=\cdots=K_{N-1}=1$；计算 I 母差动电流和制动电流时 K_1，…，K_{N-1} 根据对应支路运行于 I 母取 1，不运行于 I 母取 0，当母联投入运行时，若母联 TA 极性与 I 母一致则 $K_{ml}=1$，若母联 TA 极性与 II 母一致则 $K_{ml}=$

261

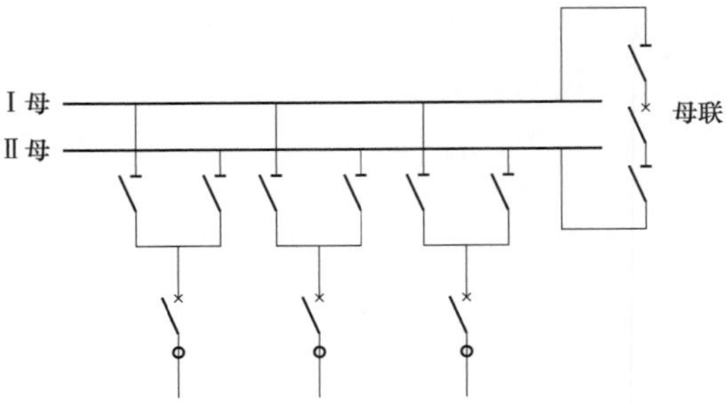

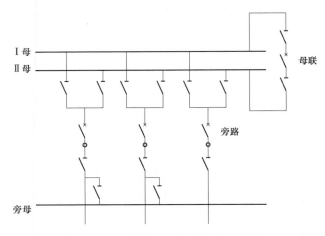

图 10-22 双母线专用母联接线

−1，当母联退出运行时 $K_{ml}=0$。而计算Ⅱ母差动电流和制动电流时 K_1，⋯，K_{N-1}根据对应支路运行于Ⅱ母取 1，不运行于Ⅱ母取 0，当母联投入运行时，若母联 TA 极性与Ⅰ母一致则 $K_{ml}=-1$，若母联 TA 极性与Ⅱ母一致则 $K_{ml}=1$，当母联退出运行时 $K_{ml}=0$。

8. 双母线专用母联专用旁路方式

双母线专用母联专用旁路接线图如图 10-23 所示。在这种接线型式下，所有支路的Ⅰ母刀、Ⅱ母刀均应作为确定母线运行方式字的输入量，旁路按非母联支路处理，其电流参与大、小差差动电流和制动电流计算，处理方法同双母线专用母联方式。

9. 双母线母联兼旁路方式

双母线母联兼旁路方式分Ⅰ母带旁路和Ⅱ母带旁路两种，在此种接线型式下，应根据"母联旁路运行"压板状态和各元件Ⅰ母刀、Ⅱ母刀状态来确定母线运行方式字。

（1）Ⅰ母带旁路。

图 10-23 双母线专用联专用旁路接线图

双母线母联兼旁路（Ⅰ母带旁路）接线图如图 10-24 所示。母联兼旁路支路作母联时该支路旁母刀断开，"母联旁路运行"压板退出，电流处理如同双母线专用母联。作旁路时母联兼旁路支路Ⅰ母刀和旁母刀合上，Ⅱ母刀断开，"母联旁路运行"压板投入，此时计算大差和Ⅰ母差动电流和制动电流时应计及该支路电流，计算Ⅱ母差动电流和制动电流时不需计及该支路电流。假设该支路编号为 1，其余支路编号为 2，⋯，N，则作旁路时差动电流和制动电流表述为

$$i_d=|K_1 \cdot i_1+K_2 \cdot i_2+\cdots+K_N \cdot i_N|$$

$$i_f=|K_1| \cdot |i_1|+K_2 \cdot |i_2|+\cdots+K_N \cdot |i_N|$$

式中：K_1，K_2，⋯，K_N 为支路系数；i_1，i_2，⋯，i_N 为经过换算后的一次电流或二次电流。

若母联兼旁路 TA 极性与Ⅰ母一致，则计算大差差动电流和制动电流时 $K_1=K_2=\cdots=K_N=1$，计算Ⅰ母差动电流和制动电流时 $K_1=1$，K_2，⋯，K_N 根据对应支路运行于Ⅰ母取 1，不运行于Ⅰ母取 0，而计算Ⅱ母差动电流和制动电流时 $K_1=0$，K_2，⋯，K_N 根据对应支路运行于Ⅱ母取 1，不运行于Ⅱ母取 0；若母联 TA 极性与Ⅱ母一致，则计算大差差动电流和制动电流时 $K_1=-1$，$K_2=\cdots=K_N=1$，计算Ⅰ母差动电流和制动电流时

$K_1=-1$，K_2，…，K_N 根据对应支路运行于Ⅰ母取 1，不运行于Ⅰ母取 0，而计算Ⅱ母差动电流和制动电流时 $K_1=0$，K_2，…，K_N 根据对应支路运行于Ⅱ母取 1，不运行于Ⅱ母取 0。

（2）Ⅱ母带旁路。

双母线母联兼旁路（Ⅱ母带旁路）接线图如图 10-25 所示。母联兼旁路支路作母联时该支路旁母刀断开，"母联旁路运行"压板退出，电

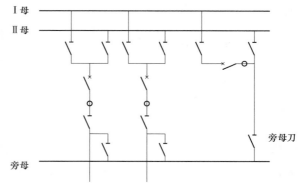

图 10-24　双母线母联兼旁路（Ⅰ母带旁路）接线图

流处理如同双母线专用母联。作旁路时母联兼旁路支路Ⅱ母刀和旁母刀合上，Ⅰ母刀断开，"母联旁路运行"压板投入，此时计算大差和Ⅱ母差动电流和制动电流时应计及该支路电流，计算Ⅰ母差动电流和制动电流时不需计及该支路电流。假设该支路编号为 1，其余支路编号为 2，…，N，则作旁路时差动电流和制动电流表述为

$$i_d=|K_1 \cdot i_1+K_2 \cdot i_2+\cdots+K_N \cdot i_N|$$
$$i_f=|K_1| \cdot |i_1|+K_2 \cdot |i_2|+\cdots+K_N \cdot |i_N|$$

式中：K_1，K_2，…，K_N 为支路系数，i_1，i_2，…，i_N 为经过换算后的一次电流或二次电流。

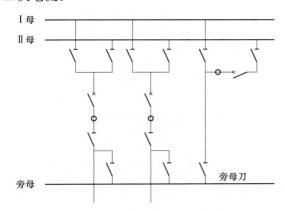

图 10-25　双母线母联兼旁路（Ⅱ母兼旁路）接线图

若母联兼旁路 TA 极性与Ⅰ母一致，则计算大差差动电流和制动电流时 $K_1=-1$，$K_2=\cdots=K_N=1$，计算Ⅰ母差动电流和制动电流时 $K_1=0$，K_2，…，K_N 根据对应支路运行于Ⅰ母取 1，不运行于Ⅰ母取 0，而计算Ⅱ母差动电流和制动电流时 $K_1=-1$，K_2，…，K_N 根据对应支路运行于Ⅱ母取 1，不运行于Ⅱ母取 0；若母联 TA 极性与Ⅱ母一致，则计算大差差动电流和制动电流时 $K_1=K_2=\cdots=K_N=1$，计算Ⅰ母差动电流和制动电流时 $K_1=0$，K_2，…，K_N 根据对应支路运行于Ⅰ母取 1，不运行于Ⅰ母取 0，而计算Ⅱ母差动电流和制动电流时 $K_1=1$，K_2，…，K_N 根据对应支路运行于Ⅱ母取 1，不运行于Ⅱ母取 0。

10. 双母线旁路兼母联方式

双母线旁路兼母联方式分旁路至Ⅰ母有跨条和旁路至Ⅱ母有跨条两种。在此种接线型式下，应根据"母联旁路运行"压板状态和各元件Ⅰ母刀、Ⅱ母刀状态来确定母线运行方式字。

（1）旁路至Ⅰ母有跨条。

双母线旁路兼母联（旁路至Ⅰ母有跨条）接线图如图 10-26 所示。旁路兼母联支路

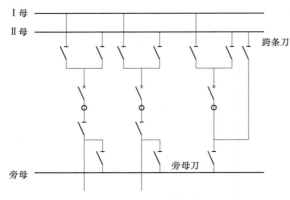

图 10-26 双母线旁路兼母联（旁路
至 I 母有跨条）接线

作旁路时跨条刀断开，"母联旁路运行"压板投入，该支路电流处理同双母线专用旁路方式。作母联时旁路兼母联支路 I 母刀和旁母刀断开，II 母刀和跨条刀合上，"母联旁路运行"压板退出，此时差动电流和制动电流处理同双母线专用母联方式。

（2）旁路至 II 母有跨条。

双母线旁路兼母联（旁路至 II 母有跨条）接线图如图 10-27 所示。旁路兼母联支路作旁路时跨条刀断开，"母联旁路运行"压板投入，该支路电流处理同双母线专用旁路方式。作母联时旁路兼母联支路 II 母刀和旁母刀断开，I 母刀和跨条刀合上，"母联旁路运行"压板退出，此时差动电流和制动电流处理同双母线专用母联方式。

11. 母线兼旁母方式

母线兼旁母方式就是以线路跨条代替旁母的运行方式，其接线图如图 10-28 所示。假设跨条连接于 I 母，合跨条刀前应将所有支路倒闸操作到 II 母上，然后断开除母联支路外其他支路的 I 母刀，再合上跨条刀，最后拉开需检修的隔离开关和它的 II 母刀。在整个倒闸操作过程中，跨条未合上按双母线专用母联处理电流，跨条合上后母联支路作为普通支路，按

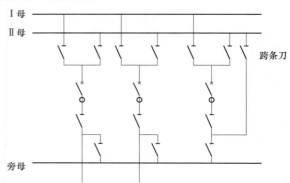

图 10-27 双母线旁路兼母联（旁路至 II 母有跨条）
接线图

单母线运行方式处理，此时在处理母联电流时应注意母联 TA 的极性，因此跨条刀的状态影响母线的运行方式，应作为确定运行方式的输入量。跨条刀合上后差动电流和制动电流分别为

$$i_d = i_1 + \cdots + i_{N-1} + K_{ml} \cdot i_{ml}$$

$$i_f = | i_1 | + \cdots + | i_{N-1} | + | i_{ml} |$$

假设跨条连接于 I 母，若母联 TA 极性与 I 母一致，则在计算差动电流时 $K_{ml} = -1$，若母联 TA 极性与 II 母一致，则在计算差动电流时 $K_{ml} = 1$；假设跨条连接于 II 母，若母联 TA 极性与 I 母一致，则在计算差动电流时 $K_{ml} = 1$，若母联 TA 极性与 II 母一致，则在计算差动电流时

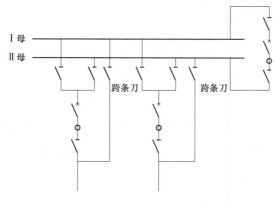

图 10-28 母线兼旁母接接图

264

$K_{\mathrm{ml}} = -1$。

12. 双母单分段

双母单分段接线图如图 10-29 所示。在此种接线型式下所有支路的隔离开关辅助触点均应作为确定母线运行方式字的输入量，大差差动电流和制动电流均不计及母联电流和分段电流，各段小差差动电流和制动电流均应根据母联/分段隔离开关辅助触点的状态、母联/分段断路器跳位和母联/分段 TA 的极性计及母联或分段电流。N 单元双母单分段差动电流和制动电流分别为

$$i_{\mathrm{d}} = | K_{\mathrm{ml1}} \cdot i_{\mathrm{ml1}} + K_{\mathrm{ml2}} \cdot i_{\mathrm{ml2}} + K_{\mathrm{fd}} \cdot i_{\mathrm{fd}} + K_1 \cdot i_1 + \cdots + K_{N-3} \cdot i_{N-3} |$$

$$i_{\mathrm{f}} = | K_{\mathrm{ml1}} | \cdot | i_{\mathrm{ml1}} | + | K_{\mathrm{ml2}} | \cdot | i_{\mathrm{ml2}} | + | K_{\mathrm{fd}} | \cdot | i_{\mathrm{fd}} | + | K_1 | \cdot | i_1 | + \cdots + | K_{N-3} | \cdot | i_{N-3} |$$

式中：K_{ml1}、K_{ml2} 为母联支路系数；K_{fd} 为分段支路系数；$K_1, \cdots, K_{N-3}$ 为非母联/分段支路系数，i_{ml1}，i_{ml2}，i_{fd}，i_1，$\cdots$，i_{N-3} 为经过换算后的一次电流或二次电流。

计算大差差动电流和制动电流时 $K_{\mathrm{ml1}} = 0$，$K_{\mathrm{ml2}} = 0$，$K_{\mathrm{fd}} = 0$，$K_1 = \cdots = K_{N-3} = 1$；固定母联 1TA 极性与 Ⅰ 母一致，母联 2TA 极性与 Ⅲ 母一致，分段 TA 极性与 Ⅰ 母一致，计算 Ⅰ 母差动电流和制动电流时，$K_1, \cdots, K_{N-3}$ 根据对应支路运行于 Ⅰ 母取 1，不运行于 Ⅰ 母取 0，当母联 1 的 Ⅰ 母刀或 Ⅱ 母刀状态为 1 且母联 1 跳位无效时 $K_{\mathrm{ml1}} = 1$，否则 $K_{\mathrm{ml1}} = 0$，当分段的 Ⅰ 母刀或 Ⅲ 母刀状态为 1 且分段跳位无效时 $K_{\mathrm{fd}} = 1$，否则 $K_{\mathrm{fd}} = 0$；计算 Ⅱ 母差动电流和制动电流时，$K_1, \cdots, K_{N-3}$ 根据对应支路运行于 Ⅱ 母取 1，不运行于 Ⅱ 母取 0，当母联 1 的 Ⅰ 母刀或 Ⅱ 母刀状态为 1 且母联 1 跳位无效时 $K_{\mathrm{ml1}} = -1$，否则 $K_{\mathrm{ml1}} = 0$，当母联 2 的 Ⅱ 母刀或 Ⅲ 母刀状态为 1 且母联 2 跳位无效时 $K_{\mathrm{ml2}} = -1$，否则 $K_{\mathrm{ml2}} = 0$；计算 Ⅲ 母差动电流和制动电流时，$K_1, \cdots, K_{N-3}$ 根据对应支路运行于 Ⅲ 母取 1，不运行于 Ⅲ 母取 0，当分段的 Ⅰ 母刀或 Ⅲ 母刀状态为 1 且分段跳位无效时 $K_{\mathrm{fd}} = -1$，否则 $K_{\mathrm{fd}} = 0$，当母联 2 的 Ⅱ 母刀或 Ⅲ 母刀状态为 1 且母联 2 跳位无效时 $K_{\mathrm{ml2}} = 1$，否则 $K_{\mathrm{ml2}} = 0$。

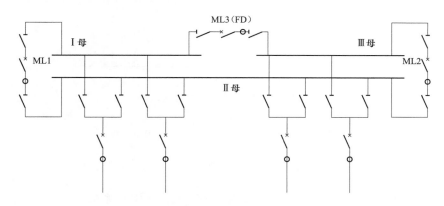

图 10-29　双母单分段接线图

13. 双母双分段

双母双分段接线如图 10-30 所示。在此种接线型式下按两个双母线系统配置两套母线保护。每套母线保护均应把两个分段回路视为两个非母联单元对待，这两个单元为固定连接，不可倒闸。综合分段失灵和死区保护，建议每套保护将母联设为元件 1，分段Ⅰ设为元件 2，分段Ⅱ设为元件 3。

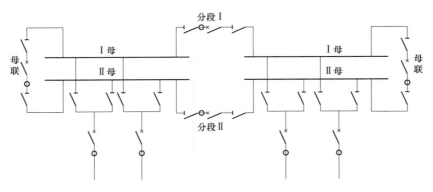

图 10-30 双母分段接线图

14. 单母分段带旁母

单母分段带旁母接线图如图 10-31 所示。在此种接线型式下除分段断路器外均为固定连接方式，所以只需考虑分段断路器两侧的隔离开关位置和旁母刀闸状态来决定分段 TA 电流的计算范围，分段支路的 Ia 母刀、Ib 母刀、旁路刀 3G、4G 均应作为确定分段支路运行状态的输入量。大差差动电流和制动电流均不计及分段电流，各段小差差动电流和制动电流均应根据分段刀闸辅助触点的状态、旁母刀状态和分段 TA 的极性计及分段电流。假设 N 单元单母分段系统有 N1 条支路运行于 Ia 母，N2 条支路运行于 Ib 母，则差动电流和制动电流分别为：

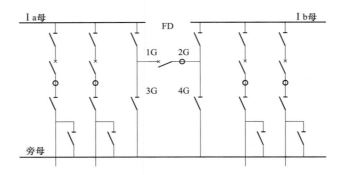

图 10-31 单母分段带旁母接线图

$$i_{\mathrm{d}} = \left| K_1 \cdot \sum_{j=1}^{N1} i_j + K_2 \cdot \sum_{j=1}^{N2} i_j + K_{\mathrm{fd}} \cdot i_{\mathrm{fd}} \right|$$

$$i_{\mathrm{f}} = K_1 \cdot \sum_{j=1}^{N1} |i_j| + K_2 \cdot \sum_{j=1}^{N2} |i_j| + |K_{\mathrm{fd}}| \cdot |i_{\mathrm{fd}}|$$

式中：K_{fd} 为分段支路系数；K_1 为 Ia 母系数；K_2 为 Ib 母系数。

计算大差差动电流和制动电流时 $K_1 = K_2 = 1$；计算 Ia 母差动电流和制动电流时，$K_1 = 1$，$K_2 = 0$；计算 Ib 母差动电流和制动电流时，$K_1 = 0$，$K_2 = 1$；分段电流根据分段运行状态及 TA 极性分别计入大差、Ia、Ib 的差动电流和制动电流。当运行于分段状态（3G、4G 分），计算大差差动电流和制动电流时 $K_{\mathrm{fd}} = 0$；计算 Ia 母差动电流和制动电流时，分段跳位有效 $K_{\mathrm{fd}} = 0$，分段断路器跳位无效，若分段 TA 极性与 Ia 一致时 $K_{\mathrm{fd}} = 1$，与 Ib 一致时 $K_{\mathrm{fd}} = -1$；计算 Ib 母差动电流和制动电流时，分段跳位有效时 $K_{\mathrm{fd}} = 0$，分段断路器跳位无效，若分段 TA 极性与 Ia 一致时 $K_{fd}=-1$，与 Ib 一致时 $K_{fd}=1$。当运行于旁路状态，Ia 母带路时（1G、4G 合而 2G、3G 分），在计算大差和 Ia 母差动电流和制动电流时若分段 TA 极性与 Ia 母一致则 $K_{fd}=1$，否则 $K_{fd}=-1$，计算 Ib 母差动电流和制动电流时 $K_{fd}=0$；Ib 母带路时（2G、3G 合而 1G、4G 分），在计算 Ia 母差动电流和制动电流时 $K_{fd}=0$，计算大差和 Ib 母差动电流和制动电流时，若分段 TA 极性与 Ib 母一致则 $K_{fd}=1$，否则 $K_{fd}=-1$。

15. 饱和判别

为防止母线保护在母线近端发生区外故障时，由于 TA 严重饱和形成的差动电流而引起母线保护误动作，根据 TA 饱和发生后二次电流波形的特点，装置设置了 TA 饱和检测元件，用来区分区外 TA 饱和与母线区内故障。

区外故障 TA 饱和虽然产生差动电流，但即使最严重的 TA 饱和，在电流的过零点和故障初始阶段，仍存在线性传变区。在该传变区内差动电流为零，过了该区就会产生差动电流。TA 饱和检测元件就是利用该特点，通过实时处理线性传变区内的各种变量关系，包括电压突变量、差动电流、制动电流突变量、差动电流变化率、制动电流变化率等，形成几个并行的 TA 饱和判据，根据不同判据的特点，赋予不同的同步因子。通过同步因子和时间变量的关系来准确地鉴别 TA 饱和发生的时刻，加上差动电流谐波量的谐波分析，使得该 TA 饱和检测元件具有极强的抗 TA 饱和能力，能够鉴别 2ms TA 饱和。对于饱和相区外转区内故障，由于采用波形识别技术，可以快速切除故障。

16. TA 断线判别

装置的 TA 断线判别分为告警段和闭锁段两段。告警段差动电流越限定值低于闭锁段差动电流越限定值，用户可以根据需要，通过设置控制字进行各段功能投退。告警段和闭锁段均经固定延时 10s 发信号，在闭锁段投入时判断 TA 断线后按相按段闭锁装置，TA 断线消失后，自动解除闭锁。母联 TA 断线后，只告警不闭锁装置。TA 断线逻辑图如图 10-32 和图 10-33 所示。

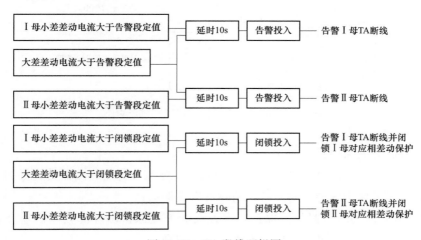

图 10-32 TA 段线逻辑图

17. TV 断线判别

（1）中性点直接接地系统（大接地电流系统）TV 断线判据。

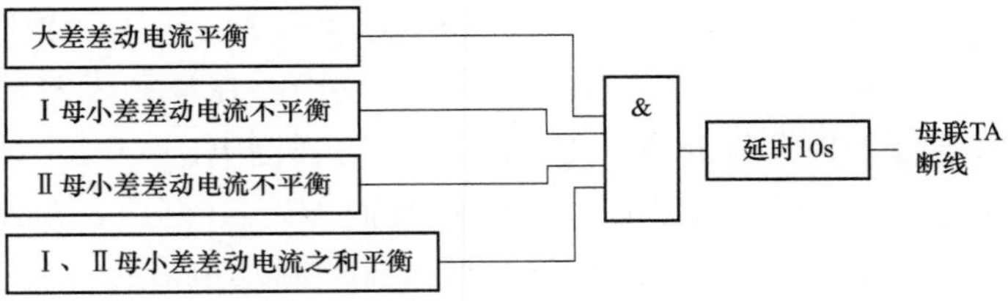

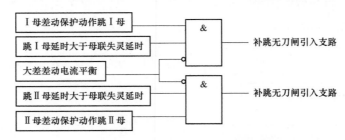

图 10-33　母联 TA 断线逻辑图

1) 三相 TV 断线：三相母线电压均小于 8V 且运行于该母线上的支路电流不全为 0。

2) 单相或两相 TV 断线：自产 $3U_0$ 大于 7V。

(2) 中性点不直接接地系统（小接地电流系统）TV 断线判据。

1) 三相 TV 断线：三相母线电压均小于 8V 且运行于该母线上的支路电流不全为 0。

2) 单相或两相 TV 断线：自产 $3U_0$ 大于 7V 且线电压两两模值之差中有一者大于 18V。

持续 10s 满足以上判据确定母线 TV 断线，TV 断线后电压闭锁元件对电压回路自动进行切换，并发告警信号，但不闭锁保护。

18. 刀闸双跨

在线路倒闸操作出现刀闸双跨时，装置采取将两段母线合并为一段母线，其实现方法完全等同于大差，此时小差失去选择性。在母线发生区外故障时差动保护可靠不动作，发生区内故障时跳开所有连接在母线上的断路器。

19. 差动保护补跳功能

在双母线运行方式下，装置的动作跳闸逻辑如下：

(1) 差动保护动作速动跳开运行于故障母线上的所有支路；

(2) 差动保护动作跳闸后经母联失灵延时判别大差差动电流是否平衡，若不平衡则补跳无刀闸引入（既不在I母也不在II母上）的其他支路。差动保护补跳逻辑如图 10-34 所示。

```
Ⅰ母差动保护动作跳Ⅰ母 ──┐
                        &├── 补跳无刀闸引入支路
跳Ⅰ母延时大于母联失灵延时 ──┤
                        
大差差动电流平衡 ──────────┤
                        &├── 补跳无刀闸引入支路
跳Ⅱ母延时大于母联失灵延时 ──┤
Ⅱ母差动保护动作跳Ⅱ母 ──┘
```

图 10-34　双母线差动保护出口补跳逻辑图

20. 辅助功能

(1) 断路器失灵保护。

装置在应用于 110kV 及以上母线时，配置了无电流元件的断路器失灵保护和有电流元件的断路器失灵保护两种启动方式的断路器失灵保护：

1) 无电流元件的断路器失灵保护，该方式的失灵保护由外部失灵启动装置启动本装置失灵保护，本装置无电流元件，不进行电流判别；

2) 有电流元件的断路器失灵保护，该方式的失灵保护由线路保护装置或元件保护装置跳闸接点启动本装置失灵保护，电流判别及失灵逻辑由本装置自身完成。

用户可以根据各自的需要通过设置控制字选择断路器失灵保护电流判别元件是否投入。断路器失灵保护具有独立的复合电压闭锁元件，该元件在双母线运行方式母线互联运行（母联断路器闭合或非母联间隔刀闸双跨）TV 异常时自动进行 TV 切换。此外断路器失灵保护还具有失灵启动开入超时告警并闭锁失灵保护功能。

（2）无电流判别元件的断路器失灵保护。

无电流元件的断路器失灵保护本身只完成选择失灵元件所在的母线段以及复合电压闭锁功能。断路器失灵保护检查有失灵启动开入且复合电压闭锁元件开放时按如下逻辑出口，其出口逻辑图如图 10-35 所示。

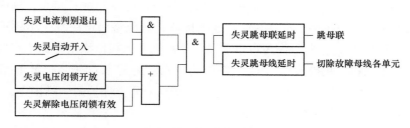

图 10-35　无电流判别断路器失灵保护动作逻辑图

1）经较短的时间延时跳开母联断路器；

2）经较长的时间延时跳开与该支路所在同一母线上的所有支路断路器。

（3）有电流判别元件的断路器失灵保护。

具有电流判别元件的断路器失灵保护，是由线路保护（跳 A、跳 B、跳 C）或元件保护（三跳）出口继电器动作启动的。开入持续有效、跳闸相有故障电流且复合电压闭锁元件开放时，断路器失灵保护确定失灵元件、完成选择失灵元件所在的母线段并按以下逻辑出口，其出口逻辑图如图 10-36 所示。

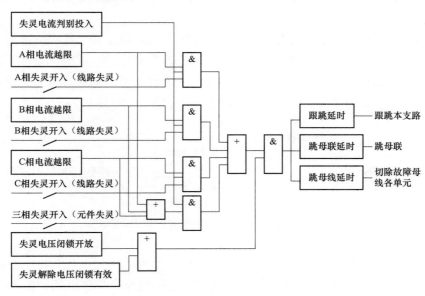

图 10-36　有电流判别断路器失灵保护动作逻辑图

1）在整定的时间内跟跳本断路器；

2）若经延时确定故障还未切除，则以较短的时间跳开母联断路器，以较长的时间跳开与该支路所在同一母线上的所有支路断路器。

（4）断路器失灵保护开入设置。

为了方便用户灵活使用，同时实现硬件的统一性，断路器失灵保护无论是否具有电流判别元件，每一支路失灵启动开入均设置为 3 个端子。对于线路支路，若断路器失灵保护无电流判别元件，则元件失灵 A 端子、失灵 B 端子和失灵 C 端子并联后接至对应的外部失灵启动装置开出接点，若断路器失灵保护有电流判别元件，则元件失灵 A 端子、失灵 B 端子和失灵 C 端子分别接对应的线路保护跳 A、跳 B 和跳 C 接点，这满足与绝大多数线路保护配合（当线路上没有装设并联电抗器、而线路保护在发三相跳闸命令同时启动跳 A、跳 B 和跳 C），若不满足可以通过灵活添加开入板以满足特殊工程要求（提供跳 A、跳 B、跳 C 和三跳接入）。对于元件支路，元件失灵 A 端子、失灵 B 端子和失灵 C 端子并联后接至对应的外部失灵启动装置开出接点或元件保护的三跳接点。

（5）断路器失灵保护解除电压闭锁。

为了解决变压器或发电机-变压器组支路低压侧故障时高压侧断路器失灵而复合电压闭锁不能开放时，断路器失灵保护可靠动作，对应支路除提供启动母线保护装置失灵开入外，还必须提供一个开入供断路器失灵保护解除电压闭锁用。装置提供两种解除变压器或发电机-变压器组支路断路器失灵保护电压闭锁的方式，用户可以根据需要通过设置控制位进行选择（特殊定制）。

1）外部解除电压闭锁。

装置预留 4 个解除电压闭锁开入（解除电压闭锁 1、2、3、4）分别对应元件 4、5、6、7。此种方式当元件支路断路器失灵时，若复合电压闭锁不满足开放条件，而解除电压闭锁开入存在，则失灵保护开放电压闭锁元件，使得失灵保护可靠动作。

2）内部解除电压闭锁。

装置端子接元件支路断路器合位，当对应支路失灵启动开入有效、位置接点开入有效且对应支路零序电流或负序电流越限时解除断路器失灵保护电压闭锁元件，保证断路器失灵保护可靠动作。位置接点消失后，解除电压闭锁无效，该支路的失灵启动回路退出运行。断路器失灵保护内部解除电压闭锁逻辑图如图 10-37 所示。

图 10-37 元件支路失灵内部解除电压闭锁逻辑图

（6）复合电压闭锁。

失灵保护采用复合电压闭锁判据，主要有低电压判据、负序电压判据和零序电压判据。

失灵保护复合电压闭锁开放逻辑同母线保护复合电压闭锁开放逻辑。

（7）母联失灵和死区保护。

1）母联失灵保护。

在双母线运行方式下，当母线差动保护、母联充电保护、母联过流保护（通过设置"过流保护控制字"中"过流启动母联失灵投入/退出"控制位来启停母联失灵保护）动作时均启动母联失灵保护。当某段母线发生区内故障差动保护动作或母联充电到故障母线上充电保护动作跳母联或母联过流保护动作跳母联后经延时确认母联支路电流是否大于母联失灵电流定值，若满足过电流条件，说明母联断路器失灵，经差动电压闭锁开放跳开母线上所连的所有断路器，起到母联失灵保护的作用。母联失灵保护逻辑如图10-38所示。

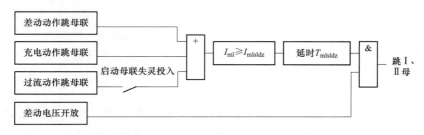

图 10-38　双母线母联失灵保护逻辑图

2）母联死区保护。

在双母线运行方式下，当某段母线发生区内故障跳开母联后，通过监视母联断路器是否三相全部断开来实现母联死区保护。当监视到母联断路器三相全部跳开后，封母联TA，若死区故障，则差动动作跳开健全段母线上所连的所有断路器，起到母联死区保护的作用，母联死区保护逻辑图如图10-39所示。

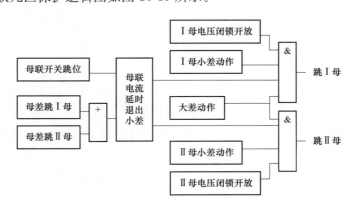

图 10-39　双母线母联死区保护逻辑图

3）双母双分段方式下分段失灵和死区保护。

双母双分段接线的母线保护按两个双母线系统配置，每个双母线系统配置一套母线保护。为了实现分段失灵和死区保护，必须将一套母线保护分段Ⅰ或分段Ⅱ的出口接点接至另一套母线保护的"启动分段Ⅰ失灵或死区"开入或"启动分段Ⅱ失灵或死区"开入，当装置检测到此类开入后启动本装置对应分段单元的失灵和死区保护，然后按双母线母联失灵或死区保护逻辑判别是否跳该分段所连接的母线。双母双分段系统分段失灵和死区保护逻辑图如图 10-40 所示。

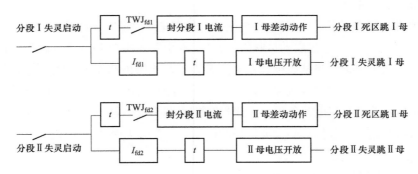

图 10-40 双母双分段系统分段失灵和死区保护逻辑图

注：分段Ⅰ失灵启动、分段Ⅱ失灵启动是由另一套母线保护分段Ⅰ或分段Ⅱ出口跳闸接点构成。

（8）母联充电保护。

装置对双母线运行方式下的Ⅰ段、Ⅱ段母线充电保护设置了充电保护自动短时开放模式，用户可以根据需要选用，通过设置软硬压板和对应的控制位对充电保护进行投退选择。

自动短时开放模式是在充电保护功能投入且控制位有效的情况下，自动监测以下条件是否满足，若满足即启动充电保护功能。这些条件是：

1）一段母线正常运行，另一段母线停运；

2）母联断路器断开；

3）母联电流从无到有。

满足以上条件时充电保护投入并自动展宽 300ms，当母联电流大于充电保护电流定值且充电延时到后跳开母联开关，用户可以根据控制字选择 300ms 内是否闭锁差动保护。

另外，针对特殊定制，装置可以提供手合充电模式，当手合充电开入有效时按充电保护逻辑完成充电保护功能，另外装置还可以设置一个闭锁差动开入端子用作外部充电保护闭锁母线差动保护，当该端子有开入超过设定时限后不管开入是否存在差动保护均恢复正常。

充电保护的电流定值一般按充电保护对空母线充电有灵敏度整定。如果需要对带变压器或线路的母线充电，建议使用母联过流保护。

（9）母联过流保护。

装置设置了两段母联过流保护和两段母联零流保护，每段可以独立整定。用户可以根据需要选用，通过设置软硬压板和控制字中对应的控制位来实现。在整定延时内，母联电流越限即跳开母联断路器。

（10）母联非全相保护。

用户可根据需要选用有母联零序电流和三相位置不一致接点组成的非全相保护。

10.5 母联（分段）保护

10.5.1 常规变电站母联（分段）保护

1. 常规变电站母联（分段）保护动作信息输出（见表 10-56）

表 10-56 常规变电站母联（分段）保护动作信息输出表

序号	信息名称	说 明
1	保护启动	保护启动
2	充电过流Ⅰ段动作	充电时过流保护动作
3	充电过流Ⅱ段动作	
4	充电零序过流动作	

2. 常规变电站母联（分段）保护告警信息输出（见表 10-57）

表 10-57 常规变电站母联（分段）保护告警信息输出表

序号	信息名称	说 明
1	模拟量采集错	保护的数据采集系统出错
2	开出异常	开出回路发生异常
3	保护 CPU 插件异常	保护 CPU 插件出现异常，主要包括程序、定值、数据存储器出错等
4	TA 断线	电流回路断线
5	TA 异常	TA 回路异常或采样回路异常
6	管理 CPU 插件异常	管理 CPU 插件上有关芯片出现异常
7	对时异常	GPS 对时异常

3. 常规变电站母联（分段）保护状态变位信息输出（见表 10-58）

表 10-58 常规变电站母联（分段）保护状态变位信息输出表

序号	信息名称	说 明
1	充电过流保护	压板投入或退出
2	远方修改定值软压板	
3	远方切换定值区软压板	压板投入或退出
4	远方投退压板软压板	
5	充电过流保护硬压板	压板投入或退出
6	信号复归	开入投入或退出
7	远方操作硬压板	开入投入或退出
8	保护检修状态硬压板	开入投入或退出

4. 常规变电站母联（分段）保护中间节点信息输出（见表 10-59）

表 10-59 常规变电站母联（分段）保护中间节点信息输出表

序号	信息名称	说　明
1	保护启动	
2	充电过流Ⅰ段启动	
3	充电过流Ⅱ段启动	
4	充电过流零序启动	充电过流保护部分（其中，满足该段保护条件后启动）
5	充电过流Ⅰ段动作	
6	充电过流Ⅱ段动作	
7	充电零序过流动作	

10.5.2　智能变电站母联（分段）保护

1. 智能变电站母联（分段）保护动作信息输出（见表 10-60）

表 10-60 智能变电站母联（分段）保护动作信息输出表

序号	信息名称	说　明
1	保护启动	保护启动
2	充电过流Ⅰ段动作	
3	充电过流Ⅱ段动作	充电时过流保护动作
4	充电零序过流动作	

2. 智能变电站母联（分段）保护告警信息输出（见表 10-61）

表 10-61 智能变电站母联（分段）保护告警信息输出表

序号	信息名称	说　明
1	保护 CPU 插件异常	保护 CPU 插件出现异常，主要包括程序、定值、数据存储器出错等
2	TA 断线	电流回路断线
3	TA 异常	TA 回路异常或采样回路异常
4	管理 CPU 插件异常	管理 CPU 插件上有关芯片出现异常
5	对时异常	GPS 对时异常
6	SV 总告警	SV 所有异常的总报警
7	GOOSE 总告警	GOOSE 所有异常的总报警
8	SV 采样数据异常	SV 数据异常的信号
9	SV 采样链路中断	链路中断，任意链路中断均要报警
10	GOOSE 数据异常	GOOSE 异常的信号
11	GOOSE 链路中断	链路中断

3. 智能变电站母联（分段）保护状态变位信息输出（见表 10-62）

表 10-62 智能变电站母联（分段）保护状态变位信息输出表

序号	信息名称	说　明
1	充电过流保护软压板	
2	远方修改定值软压板	
3	远方切换定值区软压板	压板投入或退出
4	远方投退压板软压板	

序号	信息名称	说　明
5	信号复归	
6	远方操作硬压板	开入投入或退出
7	保护检修状态硬压板	

4. 智能变电站母联（分段）保护中间节点信息输出（见表10-63）

表10-63　　　　智能变电站母联（分段）保护中间节点信息输出表

序号	信息名称	说　明
1	保护启动	
2	充电过流Ⅰ段启动	
3	充电过流Ⅱ段启动	
4	充电零序过流启动	充电过流保护部分（其中，满足该段保护条件后启动）
5	充电过流Ⅰ段动作	
6	充电过流Ⅱ段动作	
7	充电零序过流动作	

275

10.5.3　母联（分段）保护原理

母联保护其实就是过电流保护，在此不做重复介绍。

10.6　断 路 器 保 护

10.6.1　常规变电站断路器保护

1. 常规变电站断路器保护动作信息输出（见表10-64）

表10-64　　　　常规变电站断路器保护动作信息输出表

序号	信息名称	说　明
1	保护启动	保护启动
2	A相跟跳动作	A相瞬时跟跳动作
3	B相跟跳动作	B相瞬时跟跳动作
4	C相跟跳动作	C相瞬时跟跳动作
5	三相跟跳动作	三相跟跳本断路器
6	两相联跳三相动作	
7	失灵跳本开关动作	失灵保护跳本开关
8	失灵保护动作	失灵保护跳相邻开关
9	死区保护动作	死区保护跳相邻开关
10	充电过流Ⅰ段动作	
11	充电过流Ⅱ段动作	充电时过流保护动作，含各段相过流动作及零序过流动作
12	充电零序过流动作	
13	三相不一致保护动作	三相不一致保护动作

序号	信息名称	说　明
14	沟通三相跳闸动作	跳本开关三相
15	重合闸动作	发出重合闸命令
16	不对应启动重合闸	开关位置与合后位置不对应时发出重合闸命令，具体报文可区分单相或三相

2. 常规变电站断路器保护告警信息输出（见表10-65）

表 10-65　　　　　常规变电站断路器保护告警信息输出表

序号	信息名称	说　明
1	模拟量采集错	保护的数据采集系统出错，仅常规站保护有此信号
2	保护CPU插件异常	保护CPU插件出现异常，主要包括程序、定值、数据存储器出错等
3	开出异常	开出回路发生异常
4	TV断线	保护用的电压回路断线
5	同期电压异常	同期判断用的电压回路断线，通常为单相电压
6	TA断线	电流回路断线
7	TA异常	TA回路异常或采样回路异常
8	TV异常	TV回路异常或采样回路异常
9	管理CPU插件异常	管理CPU插件上有关芯片出现异常
10	开入异常	开入回路发生异常
11	重合方式整定出错	重合闸控制字整定出错
12	对时异常	对时异常

3. 常规变电站断路器保护状态变位信息输出（见表10-66）

表 10-66　　　　　常规变电站断路器保护状态变位信息输出表

序号	信息名称	说　明
1	充电过流保护软压板	压板投入或退出
2	停用重合闸软压板	
3	远方投退压板软压板	
4	远方切换定值区软压板	
5	远方修改定值软压板	
6	信号复归	开入投入或退出
7	充电过流保护硬压板	
8	停用重合闸硬压板	
9	远方操作硬压板	
10	保护检修状态硬压板	
11	分相跳闸位置 TWJa	
12	分相跳闸位置 TWJb	
13	分相跳闸位置 TWJc	
14	保护三相跳闸输入	
15	保护跳闸输入 Ta	

276

续表

序号	信息名称	说　明
16	保护跳闸输入 Tb	
17	保护跳闸输入 Tc	开入投入或退出
18	闭锁重合闸	
19	低气压闭锁重合闸	
20	重合闸充电完成	重合闸充电完成

注　8项"停用重合闸"与闭"锁重合闸"共用时，仅输出一个信号，信号名称为"停用/闭锁重合闸"。

4. 常规变电站断路器保护中间节点信息输出（见表10-67）

表 10-67　　　　　　常规变电站断路器保护中间节点信息输出表

序号	信息名称	说　明
1	重合闸充电完成	
2	单相 TWJ 启动重合	
3	三相 TWJ 启动重合	重合闸部分
4	闭锁重合闸	
5	不一致启动	三相不一致保护部分
6	不一致动作	
7	失灵保护动作	失灵保护动作
8	死区保护动作	死区保护动作
9	充电 I 段过流启动	充电过流保护部分（其中，满足该段保护条件后启动）
10	充电 II 段过流启动	
11	充电零序过流启动	
12	充电过流 I 段动作	
13	充电过流 II 段动作	
14	充电零序过流动作	

10.6.2　智能变电站断路器保护

1. 智能变电站断路器保护动作信息输出（见表10-68）

表 10-68　　　　　　智能变电站断路器保护动作信息输出表

序号	信息名称	说　明
1	保护启动	保护启动
2	A 相跟跳动作	A 相瞬时跟跳动作
3	B 相跟跳动作	B 相瞬时跟跳动作
4	C 相跟跳动作	C 相瞬时跟跳动作
5	三相跟跳动作	三相跟跳本断路器
6	两相联跳三相动作	
7	失灵跳本开关动作	失灵保护跳本开关
8	失灵保护动作	失灵保护跳相邻开关
9	死区保护动作	死区保护跳相邻开关

续表

序号	信息名称	说　明
10	充电过流Ⅰ段动作	充电时过流保护动作,含各段相过流动作及零序过流动作
11	充电过流Ⅱ段动作	
12	充电零序过流动作	
13	三相不一致保护动作	三相不一致保护动作
14	沟通三相跳闸动作	跳本开关三相
15	重合闸动作	发出重合闸命令
16	不对应启动重合闸	开关位置与合后位置不对应时发出重合闸命令,具体报文可区分单相或三相

2. 智能变电站断路器保护告警信息输出（见表 10-69）

表 10-69　　　　智能变电站断路器保护告警信息输出表

序号	信息名称	说　明
1	保护 CPU 插件异常	保护 CPU 插件出现异常,主要包括程序、定值、数据存储器出错等
2	TV 断线	保护用的电压回路断线
3	同期电压异常	同期判断用的电压回路断线,通常为单相电压
4	TA 断线	电流回路断线
5	TA 异常	TA 回路异常或采样回路异常
6	TV 异常	TV 回路异常或采样回路异常
7	管理 CPU 插件异常	管理 CPU 插件上有关芯片出现异常
8	开入异常	开入回路发生异常
9	重合方式整定出错	重合闸控制字整定出错
10	对时异常	对时异常
11	SV 总告警	SV 所有异常的总报警
12	GOOSE 总告警	GOOSE 所有异常的总报警
13	SV 采样数据异常	SV 数据异常的信号
14	SV 采样链路中断	链路中断,任意链路中断均要报警
15	GOOSE 数据异常	GOOSE 异常的信号
16	GOOSE 链路中断	链路中断

3. 智能变电站断路器保护状态变位信息输出（见表 10-70）

表 10-70　　　　智能变电站断路器保护状态变位信息输出表

序号	信息名称	说　明
1	充电过流保护软压板	压板投入或退出
2	停用重合闸软压板	
3	远方投退压板软压板	
4	远方切换定值区软压板	
5	远方修改定值软压板	
6	信号复归	开入投入或退出
7	远方操作硬压板	
8	保护检修状态硬压板	

278

序号	信息名称	说　明
9	分相跳闸位置 TWJa	开入投入或退出
10	分相跳闸位置 TWJb	
11	分相跳闸位置 TWJc	
12	保护三相跳闸输入	
13	保护跳闸输入 Ta	
14	保护跳闸输入 Tb	
15	保护跳闸输入 Tc	
16	闭锁重合闸	
17	低气压闭锁重合闸	
18	重合闸充电完成	重合闸充电完成

4. 智能变电站断路器保护中间节点信息输出（见表 10-71）

表 10-71　　　　　　　智能变电站断路器保护中间节点信息输出表

序号	信息名称	说　明
1	重合闸充电完成	重合闸部分
2	单相 TWJ 启动重合	
3	三相 TWJ 启动重合	
4	闭锁重合闸	
5	不一致启动	三相不一致保护部分
6	不一致动作	
7	失灵保护动作	失灵保护动作
8	死区保护动作	死区保护动作
9	充电过流 I 段启动	充电过流保护部分（其中，满足该段保护条件后启动）
10	充电过流 II 段启动	
11	充电零序过流启动	
12	充电过流 I 段动作	
13	充电过流 II 段动作	
14	充电零序过流动作	

10.6.3　断路器保护原理

断路器保护是保障断路器安全可靠运行以及分合闸的保护装置。断路器保护装置如图 10-41 所示，为南瑞继保公司生产的 RCS-921 型号产品。

断路器保护一般主要为零序过流保护、速断保护和失灵保护。

1. 断路器失灵保护

为了增加失灵保护的可靠性，一般设置两种启动元件（突变量启动、零序电流启动）来开放失灵保护（发变失灵保护除外）。断路器失灵保护按照如下几种情况来考虑：

（1）失灵保护跳闸逻辑。

1）第一级为收到保护跳闸信号且相应相电流大于失灵电流定值，瞬时重跳本断路器相应相；

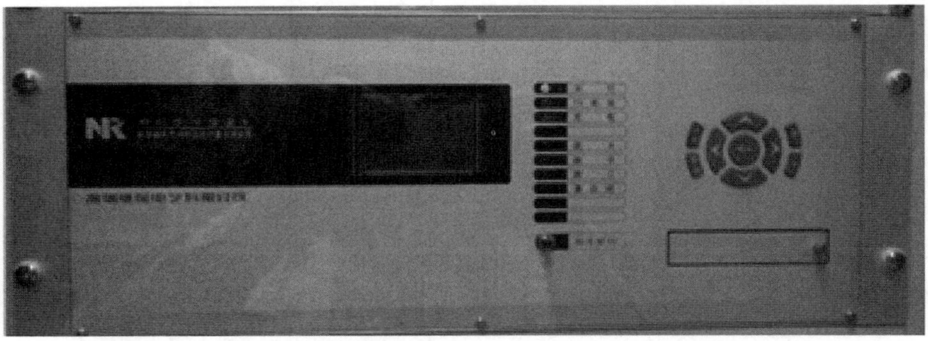

图 10-41 断路器保护装置

2）第二级为判断本断路器未能跳开时，经整定值"失灵跳本开关延时"出口跳本断路器三相，并闭锁重合闸；

3）第三级为判断本断路器未能断开时，经整定值"失灵保护延时"出口跳开相邻断路器，并闭锁重合闸。

（2）失灵保护功能分类。

1）故障相失灵：按相对应的线路保护跳闸接点和失灵电流定值都动作后动作。

2）非故障相失灵：由三相跳闸输入接点保持失灵电流动作元件，并且非故障相失灵电流元件连续动作后动作。

3）发变三跳失灵：由发变三跳启动的失灵保护，不受相电流突变量或零序启动元件的闭锁。

（3）瞬时重跳功能。

可分为单相重跳、两相跳闸联跳三相、三相重跳功能。

两相跳闸联跳三相功能：当收到而且仅收到两相跳闸信号且失灵电流元件动作时，经短延时联切三相。联跳三相回路中 A、B、C 相跳闸均保持信号，两两相与后，分别为 AB、BC、CA 两相的跳闸保持信号，如有两相跳闸，这时三相不动作且线路任一相电流大于失灵电流定值，则短延时后发三相跳闸。

（4）失灵保护整组复归条件：

1）未收到保护跳闸信号；

2）无电流突变量；

3）零序电流小于零序电流启动定值；

4）以上条件都满足，连续 15s 后整组复归。

若无电流突变量满足，而零序电流大于零序电流起动定值，20s 后报 TA 不平衡。

2. 死区保护

在某些接线方式下可能存在死区，（如断路器在 TA 与线路之间）断路器和 TA 之间发生故障，虽然故障线路的保护能快速动作，但本断路器跳开后，故障并不能切除。此时需要失灵保护动作跳开有关断路器。考虑到以上站内故障，故障电流较大，对系统影响比较大。失灵保护一般动作时间都比较长，所以增设了比失灵保护动作快的死区保护。启动元件、整组复归条件、出口跳闸接点均与失灵保护相同。

3. 三相不一致保护

由于引入了开关的分相位置接点（任一相 TWJ 动作且无流时确认该相开关在跳闸位置），当任一相或任两相在跳闸位置，而三相不全在跳闸位置，则认为三相不一致。经可整定的不一致动作延时出口跳闸驱动 SBJ 继电器，跳本断路器三相。除用 TWJ 来判断外，还可以采用外部三相不一致专用开入，经可整定的不一致动作延时出口跳闸驱动 SBJ 继电器，跳本断路器三相。

以上两种方式可以通过控制字来选择，且都可以通过控制字选择是否经零序或负序电流来开放，以提高三相不一致保护动作的可靠性。

注意以下几点：

1）当三相不一致保护选择经零序或负序电流时，若零序或负序过流不满足条件，发"三相不一致异常"事件，但不闭锁保护；

2）如果 TWJ 开入异常闭锁三相不一致保护；

3）当有三相不一致专用开入时，三相都有流，发"三相不一致"事件，且闭锁保护；

4）由于不接入单重启动的闭锁接点 CQJ，三相不一致动作延时值要躲过最长的单相重合闸时间。

4. 充电保护

充电保护可以设定为短时或长时投入（可以由控制字选择投入）两种，两种充电保护共用电流定值，可以根据现场实际情况来整定，且都是无方向的过流保护。短时投入的充电保护动作延时不能整定，开放时间为 500ms，经短延时出口，可以由充电保护压板及短时投入控制字决定是否投入；长时投入的充电保护，经整定出口动作延时动作。可以由充电保护压板及短时投入控制字决定是否投入。

充电保护中还设有三段独立的相过流和零序过流保护，可以由过流压板投入及相应控制字来决定是否投入。每段电流及动作时间都可独立整定。

5. 自动重合闸

重合闸由两种方式启动，一是由保护跳闸启动重合闸；二是由"位置"不对应启动重合闸。重合闸方式分为单重方式、综重方式、三重方式及停用方式四种。可以通过以下三种方式来实现（需通过定值中控制字来整定）："外部重合闸方式开关"、"内部重合闸方式开关"、"内外重合闸方式开关"。当采用"内部重合闸方式开关"时，因当重合闸方式在运行中不会改变时，用整定控制字比由重合闸切换把手经光耦输入更为可靠，另外用"内置重合闸方式开关"可实现远方重合闸方式的改变。当控制字为"内置重合闸方式开关"，整定控制字确定重合闸方式，而不管外部重合闸方式切换开关处于什么位置。"内置重合闸方式开关"置投入时，"投单重方式"、"投三重方式"、"投综重方式"、"投停用方式"；当控制字为"外部重合方式开关"则重合闸方式由外部切换开关决定，定值中与重合闸方式。

10.7 高 抗 保 护

10.7.1 常规变电站高抗保护

1. 常规变电站高抗保护动作信息输出（见表 10-72）

表 10-72 　　　　　常规变电站高抗保护动作信息输出表

序号	信息名称	说　明
1	差动速断动作	差动速断动作
2	差动保护动作	差动保护动作
3	零序差动速断动作	零序差动速断动作
4	零序差动保护动作	零序差动保护动作
5	匝间保护动作	匝间保护动作
6	主电抗器过流动作	主电抗器过流动作
7	主电抗器零序过流	主电抗器零序过流动作
8	中性点电抗器过流	中性点电抗器过流动作

2. 常规变电站高抗保护告警信息输出（见表 10-73）

表 10-73 　　　　　常规变电站高抗保护告警信息输出表

序号	信息名称	说　明
1	模拟量采集出错	模拟量采集出错
2	保护 CPU 插件异常	保护 CPU 插件出现异常，主要包括程序、定值、数据存储器出错等
3	开出异常	开出回路发生异常
4	TV 断线	TV 断线
5	TA 断线	TA 断线
6	差流越限	差流越限
7	管理 CPU 插件异常	管理 CPU 插件上有关芯片出现异常
8	主电抗器过负荷	主电抗器过负荷
9	中性点电抗器过负荷	中性点电抗器过负荷
10	对时异常	GPS 对时异常

3. 常规变电站高抗保护状态变位信息输出（见表 10-74）

表 10-74 　　　　　常规变电站高抗保护状态变位信息输出表

序号	信息名称	说　明
1	高抗保护	软压板
2	远方修改定值	远方不可投退
3	远方切换定值区	
4	远方投退压板	
5	高抗保护	硬压板
6	远方操作	硬压板
7	保护检修状态	

4. 常规变电站高抗保护中间节点信息输出（见表 10-75）

表 10-75　　　　　　　　常规变电站高抗保护中间节点信息输出表

序号	信息名称	说　明
1	保护启动	保护启动
2	差动速断动作	差动速断动作
3	差动保护动作	差动保护动作
4	零序差动速断动作	零序差动速断动作
5	零序差动保护动作	零序差动保护动作
6	匝间保护动作	匝间保护动作

10.7.2　智能变电站高抗保护

1. 智能变电站高抗保护动作信息输出（见表 10-76）

表 10-76　　　　　　　　智能变电站高抗保护动作信息输出表

序号	信息名称	说　明
1	差动速断动作	差动速断动作
2	差动保护动作	差动保护动作
3	零序差动速断动作	零序差动速断动作
4	零序差动保护动作	零序差动保护动作
5	匝间保护动作	匝间保护动作
6	主电抗器过流动作	主电抗器过流动作
7	主电抗器零序过流	主电抗器零序过流动作
8	中性点电抗器过流	中性点电抗器过流动作

2. 智能变电站高抗保护告警信息输出（见表 10-77）

表 10-77　　　　　　　　智能变电站高抗保护告警信息输出表

序号	信息名称	说　明
1	保护 CPU 插件异常	保护 CPU 插件出现异常，主要包括程序、定值、数据存储器出错等
2	TV 断线	TV 断线
3	TA 断线	TA 断线
4	差流越限	差流越限
5	管理 CPU 插件异常	管理 CPU 插件上有关芯片出现异常
6	主电抗器过负荷	主电抗器过负荷
7	中性点电抗器过负荷	中性点电抗器过负荷
8	对时异常	GPS 对时异常
9	SV 总告警	SV 所有异常的总报警
10	GOOSE 总告警	GOOSE 所有异常的总报警
11	SV 采样数据异常	SV 数据异常的信号
12	SV 采样链路中断	链路中断，任意链路中断均要报警
13	GOOSE 数据异常	GOOSE 异常的信号
14	GOOSE 链路中断	链路中断

283

3. 智能变电站高抗保护状态变位信息输出（见表 10-78）

表 10-78　　　　　智能变电站高抗保护状态变位信息输出表

序号	信息名称	说　　明
1	高抗保护软压板	
2	SV 接收软压板	按照合并单元配置
3	跳边断路器软压板	
4	启边断路器失灵软压板	
5	跳中断路器软压板	GOOSE 开出压板
6	启中断路器失灵软压板	
7	启动远方跳闸软压板	
8	远方投退压板软压板	
9	远方切换定值区软压板	远方不可投退
10	远方修改定值软压板	
11	远方操作硬压板	硬压板
12	保护检修状态硬压板	

4. 智能变电站高抗保护中间节点信息输出（见表 10-79）

表 10-79　　　　　智能变电站高抗保护中间节点信息输出表

序号	信息名称	说　　明
1	保护启动	保护启动
2	差动速断 A 相动作	
3	差动速断 B 相动作	差动速断动作
4	差动速断 C 相动作	
5	差动保护 A 相动作	
6	差动保护 B 相动作	差动保护动作
7	差动保护 C 相动作	
8	零序差动速断动作	零序差动速断动作
9	零序差动保护动作	零序差动保护动作
10	匝间保护动作	匝间保护动作
11	主电抗器过流动作	主电抗器过流动作
12	主电抗器零序过流	主电抗器零序过流
13	中性点电抗过流	中性点电抗过流

10.7.3　高抗保护原理

（1）差动保护是高抗的主保护之一，当高压并联电抗器内部及其引线发生相间短路故障和单相接地时，该保护动作瞬时切除高压并联电抗器。

差动保护包括：差动速断、稳态比率差动、零序比例差动、工频变化量比率差动等。

（2）匝间短路保护。

匝间短路的特点：

1）内部故障形式，较为多见；

2）短路匝数少时，故障电流不易被检出；

3）不管短路匝间多大，纵差保护总是不反应匝间短路故障。

（3）后备保护。

1）过流、反时限、零序；

2）过负荷；

3）中性点过流；

4）中性点过负荷报警。

10.8　短引线保护

10.8.1　常规变电站短引线保护信息

1. 常规变电站短引线保护动作信息输出（见表10-80）

表 10-80　　　　　　　常规变电站短引线保护动作信息输出表

序号	信息名称	说　明
1	保护启动	保护启动
2	差动保护动作	差动保护动作
3	过流Ⅰ段动作	各段过流保护动作
4	过流Ⅱ段动作	

2. 常规变电站短引线保护告警信息输出（见表10-81）

表 10-81　　　　　　　常规变电站短引线保护告警信息输出表

序号	信息名称	说　明
1	模拟量采集错	保护的数据采集系统出错，仅常规站保护有此信号
2	保护CPU插件异常	保护CPU插件出现异常，主要包括程序、定值、数据存储器出错等
3	开出异常	开出回路发生异常
4	TA断线	电流回路断线
5	TA异常	TA回路异常或采样回路异常
6	管理CPU插件异常	管理CPU插件有关芯片出现异常
7	开入异常	开入回路发生异常
8	对时异常	对时异常

3. 常规变电站短引线保护状态变位信息输出（见表10-82）

表 10-82　　　　　　　常规变电站短引线保护状态变位信息输出表

序号	信息名称	说　明
1	短引线保护软压板	压板投入或退出
2	远方投退压板软压板	
3	远方切换定值区软压板	
4	远方修改定值软压板	

续表

序号	信息名称	说　明
5	信号复归	开入投入或退出
6	短引线保护硬压板	
7	远方操作硬压板	
8	保护检修状态硬压板	

4. 常规变电站短引线保护中间节点信息输出（见表 10-83）

表 10-83　　　　　常规变电站短引线保护中间节点信息输出表

序号	信息名称	说　明
1	差动 A 相动作	差动保护部分
2	差动 B 相动作	
3	差动 C 相动作	
4	过流Ⅰ段 A 相动作	过流保护部分
5	过流Ⅰ段 B 相动作	
6	过流Ⅰ段 C 相动作	
7	过流Ⅱ段 A 相动作	
8	过流Ⅱ段 B 相动作	
9	过流Ⅱ段 C 相动作	

286

10.8.2　智能变电站短引线保护信息

1. 智能变电站短引线保护动作信息输出（见表 10-84）

表 10-84　　　　　智能变电站短引线保护动作信息输出表

序号	信息名称	说　明
1	保护启动	保护启动
2	差动保护动作	差动保护动作
3	过流Ⅰ段动作	各段过流保护动作
4	过流Ⅱ段动作	

2. 智能变电站短引线保护告警信息输出（见表 10-85）

表 10-85　　　　　智能变电站短引线保护告警信息输出表

序号	信息名称	说　明
1	保护 CPU 插件异常	保护 CPU 插件出现异常，主要包括程序、定值、数据存储器出错等
2	TA 断线	电流回路断线
3	TA 异常	TA 回路异常或采样回路异常
4	管理 CPU 插件异常	管理 CPU 插件有关芯片出现异常
5	开入异常	开入回路发生异常
6	对时异常	对时异常

续表

序号	信息名称	说　　明
7	SV 总告警	SV 所有异常的总报警
8	GOOSE 总告警	GOOSE 所有异常的总报警
9	SV 采样数据异常	SV 数据异常的信号
10	SV 采样链路中断	链路中断，任意链路中断均要报警
11	GOOSE 数据异常	GOOSE 异常的信号
12	GOOSE 链路中断	链路中断

3. 智能变电站短引线保护状态变位信息输出（见表 10-86）

4. 智能变电站短引线保护中间节点信息输出（见表 10-87）

表 10-86　智能变电站短引线保护状态变位信息输出表

序号	信息名称	说　明
1	短引线保护软压板	
2	远方投退压板软压板	
3	远方切换定值区软压板	压板投入或退出
4	远方修改定值软压板	
5	信号复归	
6	远方操作硬压板	开入投入或退出
7	保护检修状态硬压板	

表 10-87　智能变电站短引线保护中间节点信息输出表

序号	信息名称	说　明
1	差动 A 相动作	
2	差动 B 相动作	差动保护部分
3	差动 C 相动作	
4	过流 I 段 A 相动作	
5	过流 I 段 B 相动作	
6	过流 I 段 C 相动作	
7	过流 II 段 A 相动作	过流保护部分
8	过流 II 段 B 相动作	
9	过流 II 段 C 相动作	

287

10.8.3　短引线保护原理

短引线指的就是主变压器出口刀闸外中开关与边开关之间的这个区域，那么短引线保护顾名思义也就是保护这一块的。

正常机组运行时，如果短引线区域发生短路，那就相当于主变压器高压侧发生短路，故障点位于中开关 TA 和边开关 TA 与发电机 TA 之间，也就是发电机-变压器组差动保护和主变压器差动保护的保护范围内，差动保护会立刻动作跳闸切除故障，此时显然不需要再配什么短引线保护，即使差动保护举动，那么还有零序阻抗等后备发电机—变压器组保护动作。

但如果机组停运后，若想成串运行，那么只有将主变压器出口刀闸拉开，然后再将边开关和中开关合上，此时，发变组停运了，显然也不能再依靠发变组保护来保护短引线区域了，此时中开关和边开关之间的这段短引线是带电运行但没有保护的，所以，便设置了专门的短引线保护来保护这一段，原理相当简单，就是把中开关 TA 和边开关 TA 构成一套比率差动保护，保护范围就是中开关和边开关 TA 间，也就是短引线区域，这个差动保护就叫做短引线保护。

10.9 发 电 机 保 护

10.9.1 发电机保护信息

1. 发电机保护动作信息输出（见表 10-88）

表 10-88　　　　　　　　发电机保护动作信息输出表

序号	信息名称	说明
1	××机第一套保护差动跳闸出口	
2	××机第一套保护定子接地保护跳闸出口	
3	××机第一套保护定子过负荷保护跳闸出口	
4	××机第一套保护失磁保护跳闸出口	
5	××机第一套保护失磁保护减出力跳闸出口	
6	××机第一套保护过电压保护跳闸出口	
7	××机第一套保护逆功率保护跳闸出口	
8	××机第一套保护启停机保护跳闸出口	
9	××机第一套误上电保护保护跳闸出口	
10	××机第一套保护闸间保护跳闸出口	
11	××机第一套保护转子接地保护跳闸出口	
12	××机第一套保护负序过负荷保护跳闸出口	
13	××机第一套保护失步保护跳闸出口	
14	××机第一套保护程序逆功率保护跳闸出口	
15	××机第一套保护发电机相间后备保护跳闸出口	
16	××机第一套保护频率保护跳闸出口	

2. 发电机保护告警信息输出（见表 10-89）

表 10-89　　　　　　　　发电机保护告警信息输出表

序号	信息名称	说明	序号	信息名称	说明
1	××机装置闭锁		7	××机定子接地报警	
2	××机装置报警		8	××机转子一点接地报警	
3	××机 TA 断线		9	××机失步保护报警	
4	××机 TV 断线		10	××机频率保护报警	
5	××机过负荷报警		11	××机逆功率保护报警	
6	××机程序过负荷报警				

10.9.2 发电机保护原理

　　发电机是一种结构非常复杂的电力主设备，所以发电机的故障类型很多，针对发电机各种类型故障的保护也因此名目繁多。常见的发电机保护装置如图 10-42 所示，其为南瑞继保公司生产的 RCS-985 型号的装置。

发电机保护一般包括：纵差动保护、横差保护、定子接地保护、转子接地保护、失磁保护、失步保护以及逆功率保护等。

1. 纵差动保护

发电机纵差动保护是发电机相间短路的主保护。根据接入发电机中性点电流的份额（即接入全部中性点电流或只取一部分电流接入），可分为完全纵差保护和不完全纵差保护。另外，根据算法不同，可以构成比率制动特性差动保护和标积制动式差动保护。

不完全纵差保护，适用于每相定子绕组为多分支的大型发电机。它除了能反应发电机相间短路故障，还能反应定子线棒开焊及分支匝间短路。

图 10-42　发电机保护装置

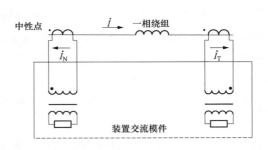

图 10-43　发电机完全纵差保护交流接入回路示意图

发电机纵差保护，按比较发电机中性点 TA 与机端 TA 二次同名相电流的大小及相位构成。以一相差动为例，并设两侧电流的正方向指向发电机内部，图 10-43 为发电机完全纵差保护的交流接入回路示意图；图 10-44 为发电机定子绕组每相二分支的不完全纵差保护的交流接入回路示意图。

（1）动作方程。

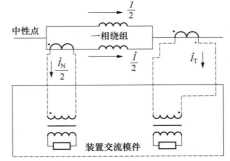

图 10-44　发电机不完全纵差保护交流接入回路示意图

$$\begin{cases} I_d > I_q; & I_z < I_g \\ I_d > K_z(I_z - I_g) + I_q; & I_z > I_g \\ I_d > I_s; & I_d > I_s \end{cases}$$

式中：I_d 为动作电流（即差流），完全纵差时，$I_d = |\dot{I}_T + \dot{I}_N|$，不完全纵差时，$I_d = |\dot{I}_T + K\dot{I}_{NF}|$；$I_z$ 为制动电流，比率制动特性的完全纵差时，$I_d = \dfrac{|\dot{I}_T - \dot{I}_N|}{2}$，比率制动特性的不完全纵差时，$I_d = \dfrac{|\dot{I}_T - K\dot{I}_{NF}|}{2}$，标积制动式完全差动时，$I_d = \sqrt{I_N I_T \cos(180^0 - \phi)}$，标积制动式不完全差动时，$I_d = \sqrt{KI_{NF} I_T \cos(180^0 - \phi)}$；$I_T$、$I_N$、$I_{NF}$ 为发电机机端 TA、中性点 TA 及中性点分支 TA 二次电流；K 为分支系数，发电机中性点全电流与流经不完全纵差 TA 一次电流之比。如果两组 TA 变比相同，则

289

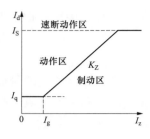

图 10-45　发电机纵差保护
动作特性

$K=2$；ϕ 为发电机机端电流与中性点反向电流之间的相位差，当 $|\phi|<90°$，标积制动 I_d 取实际值，当 $90°<|\phi|<180°$，I_d 取 0；I_g、I_q、K_z、I_s 为差动保护整定值。

（2）动作特性。

由上式作出发电机纵差保护动作特性图如图 10-45 所示。可以看出，上述各种类型的发电机纵差保护，其动作特性均由两部分组成，即无制动部分和比率制动部分。这种动作特性的优点是：在区内故障电流小时，它具有较高的动作灵敏度；而在区外故障时，它具有较强的躲过暂态不平衡差流的能力。

2. 发电机横差保护

发电机横差保护，是发电机定子绕组匝间短路（同分支匝间短路及同相不同分支之间的匝间短路）、线棒开焊的主保护，也能保护定子绕组相间短路。

在保护装置中，所提供的发电机横差保护，有单元件横差保护（又称高灵敏度横差保护）和裂相横差保护两种。

单元件横差保护，适用于每相定子绕组为多分支，且有两个或两个以上中性点引出的发电机。

发电机单元件横差保护的输入电流，为发电机两个中性点连线上的 TA 二次电流。以定子绕组每相两分支的发电机为例，其交流输入回路示意图如图 10-46 所示。

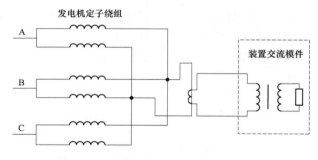

图 10-46　单元件横差保护交流接入回路

其动作方程为

$$I_{hz} > I_g$$

式中：I_{hz} 为发电机两中性点之间的基波电流（TA 二次值）；I_g 为横差保护的动作电流整定值。

3. 发电机基波零序电压式定子接地保护

基波零序电压式定子接地保护，保护范围为由机端至机内 90% 左右的定子绕组单相接地故障。可作小机组的定子接地保护，也可与三次谐波定子接地保护合用，组成大、中型发电机的 100% 定子接地保护。

保护接入 $3U_0$ 电压，取自发电机机端 TV 开口三角绕组两端，或取自发电机中性点单相 TV（或配电变压器或消弧线圈）的二次。其交流输入回路如图 10-47 所示。

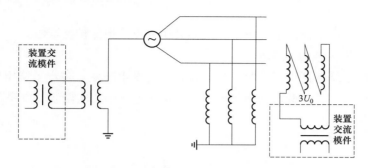

图 10-47 零序电压式定子接地保护交流接入回路

动作方程

$$3U_0 > 3U_{0g}$$

式中：$3U_0$ 为机端 TV 开口三角电压或中性点 TV（或消弧线圈）二次电压；$3U_{0g}$ 为动作电压整定值。

4. 发电机三次谐波电压式定子接地保护

三次谐波电压式定子接地的保护范围是：反映发电机中性点向机内 20% 或 100% 左右的定子绕组单相接地故障，与零序基波电压式定子接地保护联合构成 100% 的定子接地保护。

三次谐波电压式定子接地保护，按比较发电机中性点及机端三次谐波电压的大小和相位构成。其交流接入回路如图 10-48 所示。

在一般保护装置中，可提供两种原理的三次谐波定子接地保护，即矢量比较式（大小和相位）接地保护和绝对值比较式接地保护。

矢量比较式 3ω 定子接地保护的动作方程为

$$|K_1 U_{3\omega T} + K_2 U_{3\omega N}| > K_3 U_{3\omega N}$$

式中：K_1、K_2、K_3 为三次谐波式定子接地保护调整系数定值；$U_{3\omega N}$、$U_{3\omega T}$ 为发电机中性点及机端三次谐波电压。

绝对值比较式 3ω 定子接地保护的动作方程为

$$|K_1 U_{3\omega T}| > K_3 U_{3\omega N} + \Delta U$$

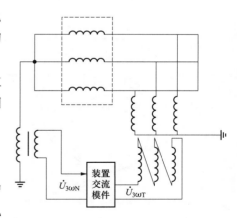

图 10-48 三次谐波定子接地保护
交流接入回路

式中：K_1、K_3 为三次谐波式定子接地保护调整系数定值；ΔU 为浮动电压门坎。

5. 发电机注入式转子一点接地保护

在一般保护型装置中，转子一点接地保护的注入直流电源系装置自产。因此，在发电机运行及不运行时，均可监视发电机励磁回路的对地绝缘。该保护动作灵敏、无死区。

保护的输入端与转子负极及大轴连接。保护有两段出口供选用。其动作方程为

$$\begin{cases} R_g < R_{g1} \\ R_g < R_{g2} \end{cases}$$

式中：R_g 为转子对地测量电阻；R_{g1}、R_{g2} 为转子一点接地保护整定值。

6. 发电机转子两点接地保护

当发电机转子绕组两点接地时，其气隙磁场将发生畸变，在定子绕组中将产生二次谐波负序分量电势。转子两点接地保护即反映定子电压中二次谐波"负序"分量。

动作方程为

$$\begin{cases} U_{2\omega2} < U_{2\omega g} \\ U_{2\omega2} < 2U_{2\omega1} \end{cases}$$

式中：$U_{2\omega1}$、$U_{2\omega2}$ 为发电机定子电压二次谐波正序和负序分量；$U_{2\omega g}$ 为二次谐波电压动作整定值。

7. 发电机失磁保护（阻抗原理）

正常运行时，若用阻抗复平面表示机端测量阻抗，则阻抗的轨迹在第一象限（滞相运行）或第四象限（进相运行）内。发电机失磁后，机端测量阻抗的轨迹将沿着等有功阻抗圆进入异步边界园内。

阻抗型失磁保护，通常由阻抗判据（$Zg<$）、转子低电压判据（$V_{fd}<$）、机端低电压判据（$U_g<$）、系统低电压判据（$U_n<$）及过功率判据（$P>$）构成。

保护输入量有：机端三相电压、发电机三相电流、主变压器高压侧三相电压（或某一相间电压）、转子直流电压。

（1）阻抗判据。

阻抗判据动作特性如图 10-49 所示。可知，根据需要整定不同的阻抗圆圆心和半径可以获得静稳边界阻抗圆（图 10-47 中 1 边界），或异步边界阻抗圆（图 10-49 中 3 边界），或过原点的下抛阻抗圆（图 10-47 中 2 边界），或用过原点的两根切线切去一部分阻抗以满足进相运行，或用进相无功切线切去一部分阻抗以满足进相要求。

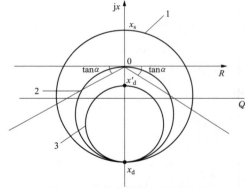

图 10-49　失磁保护阻抗圆特性

x_s—系统阻抗；x_d、x'_d—发电机电抗和暂态电抗；
Q、$\tan\alpha$—失磁保护整定值

（2）转子低电压判据。

转子低电压判据中动作电压与发电机有功有关，故又称 $V_{fd}-P$ 判据。其动作方程为

$$\begin{cases} V_{fd} < V_{fdl}; \quad V_{fd} < V_{fdl} \\ V_{fd} < \dfrac{125}{K_{fd}866}(P-P_t); \quad V_{fd} > V_{fdl} \end{cases}$$

式中：V_{fd} 为转子电压计算值；P 为发电机的有功功率计算值；V_{fdl}，K_{fd}，P_t 为保护整定值。

转子低电压动作特性如图 10-50 所示。

8. 发电机失磁保护（逆无功原理）

发电机失磁及励磁降低至不允许程度的主要标志是逆无功和定子过电流同时出现。

（1）保护构成原理。

逆无功原理的失磁保护主判据是逆无功（$-Q$）和定子过电流（$I_>$）。失磁的危害判据有系统低电压（$U_s<$）和机端低电压（$U_g<$），用来判别发电机失磁对系统及对厂用电的影响。另外，为减少发电机失磁运行时的危害程度，采用发电机有功功率判据（$P>$）。

逆无功原理失磁保护输入量有：机端三相电压、发电机三相电流及主变压器高压侧三相电压（或某一相间电压）。

（2）逻辑框图。

逆无功原理失磁保护的逻辑框图如图 10-51 所示。

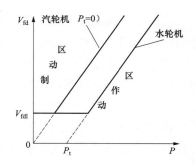

图 10-50　失磁保护 $V_{fd}-P$
元件的动作特性

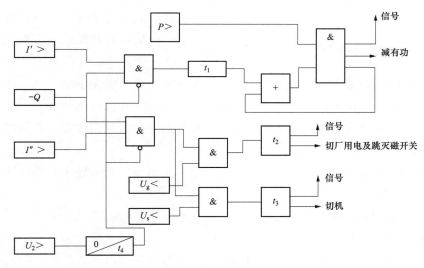

图 10-51　逆无功原理失磁保护逻辑框图

$I'>$、$I''>$—定子过负荷判据和定子过流判据；$U_2>$—负序电压判据

发电机失磁后，无功倒流，定子过流。此时，逆无功判据、定子过负荷判据、定子过电流判据动作。

由图 10-51 可以看出：逆无功判据及过负荷判据动作后，启动时间 t_1 开始计时。此时，若发电机的有功功率较大，保护发出减有功指令，自动减小发电机有功功率。

发电机失磁后，若逆无功判据、过电流判据及机端低电压判据均动作，则经延时 t_2 发出切换厂用电及跳灭磁开关的命令。

若发电机失磁危及电力系统的稳定性，此时，逆无功判据、定子过电流判据及系统低电压判据同时动作，经延时 t_3 后发出切机命令。

当系统发生故障时，短时会出现负序电压，负序电压判据动作，闭锁失磁保护，且在故障切除后，失磁保护仍被闭锁 t_4 时间，以确保故障切除后系统短时振荡时保护不会误动。

在装置发出减有功命令的同时，图 10-52 中"或门"输出一个信号，防止发电机失步后，由于波动幅度过大，致使减有功判据不断返回，影响减载效果。

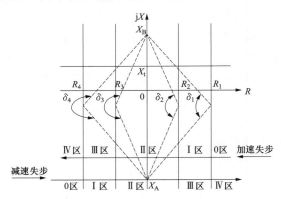

图 10-52 发电机失步保护动作特性及过程图

9. 发电机失步保护

发电机失步保护，反应电机机端测量阻抗的变化轨迹，动作特性为双遮挡器，如图 10-52 所示。

X_t 为电抗整定值；R_1、R_2、R_3、R_4 为电阻整定值；

$$X_B = X_S + X_T$$

$$X_A = -X'_d$$

式中：X_S 为系统电抗；X_T 为主变压器电抗；X'_d 为发电机暂态电抗。

由图 10-52 可以看出：电抗线 R_1、R_2、R_3、R_4 及 X_t 将阻抗复平面分成 0～4 共 5 个区。发电机失步后，当机端测量阻抗较缓慢地从 $+R$ 向 $-R$ 方向变化，且依次由 0 区→Ⅰ区→Ⅱ区→Ⅲ区→Ⅳ区穿过时，判断为加速失步；而当测量阻抗由 $-R$ 方向向 $+R$ 方向变化，且依次穿过各区时，就判断为减速失步。

如上所述，测量阻抗依次穿过五个区后记录一次滑极。当滑极次数累计达到整定值时，便发出跳闸命令。

注：引入保护的电压为机端 TV 三相电压，电流为发电机 TA 三相电流。

10. 发电机逆功率保护和程跳逆功率保护

并网运行的汽轮发电机，在主汽门关闭后，便作为同步电动机运行。但从电网中吸收有功，拖着汽轮机旋转。汽缸中充满蒸汽，它与汽轮机叶片摩擦产生热，使汽轮机叶片过热。长期运行，损坏汽轮机叶片。

逆功率保护的输入量为机端 TV 二次三相电压及发电机 TA 二次三相电流。当发电机吸收有功功率时动作。构成框图如图 10-53 所示。

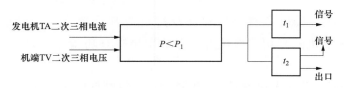

图 10-53 逆功率保护逻辑框图

P—发电机有功功率计算值；P_1、t_1、t_2—逆功率保护整定值由图 10-53 可以看出，当发电机吸收的有功功率大于整定值时，经短延时 t_1 发信号，经长延时 t_2 作用于出口。

目前，对于大型汽轮发电机，发电机的逆功率保护，除了作为汽轮机的保护之外，尚作为发电机组的程控跳闸启动元件，称为程跳逆功率保护。

10.10 故 障 实 例

本章的故障实例从介绍保护装置信息现场采集开始，到主站自动化系统接受信息为止，包括中间的信息传输。因厂站自动化系统的故障单独分章解析，这里不作介绍。

目前，所有厂站的保护遥信都通过通信接口或保护信息管理机输入方式上传调度：保护信息通过"光口"直接送至站控层或经保护信息管理机送至站控层，其他小型智能设备通过 RS-232C 或 RS-485 标准串行口经规约转换器送至站控层，综自厂家应负责各保护装置与站级网络的通信，确保保护信息接入微机监控系统，保护系统的正常运行。可在通信处理器或后台机监视与各个保护装置的通讯报文，以便维护。

微机保护信息管理机直接与站级网络相连，具有与微机继电保护装置信息交换功能，确保保护信息能上送到人机工作站。相应的保护动作信息、保护定值可在人机工作站上调用，保护具有多套整定值存储和切换功能，自动化系统可远方/就地实现整定值的切换，以适应运行方式的变化。

实例1　某一保护装置上传 TA 断线告警。

▶ **故障现象：**
主站收到某一保护装置 TA 短线告警，相应保护被闭锁。

▶ **故障处理步骤和方法：**
（1）自动化厂站接到故障后，认真听取故障现象，带上相应的工具、备件和资料，赶往现场。到达现场后，认真填写工作票，工作票地点应包括与故障信息相关的现场保护装置、遥信单元和故障信息子站，确保故障排查的顺利开展。

（2）查看各间隔电流幅值、相位关系，确认变比设置正确，确认电流回路接线正确及端子排接线没有虚接。

（3）确定故障后，可以针对不同的故障情况进行解决，故障消除。

（4）主站和厂站进行联合遥信信息对试，确认遥信量已经恢复正常，故障消除，故障处理工作结束。

实例2　某一保护装置上传 TV 断线告警。

▶ **故障现象：**
主站收到某一保护装置 TV 短线告警，保护元件中该段失去电压闭锁。

▶ **故障处理步骤和方法：**

（1）自动化厂站接到故障后，认真听取故障现象，带上相应的工具、备件和资料，赶往现场。到达现场后，认真填写工作票，工作票地点应包括与故障信息相关的现场保护装置、遥信单元和故障信息子站，确保故障排查的顺利开展。

（2）查看各间隔电压幅值、相位关系，确认电压空气开关处于合位，确认电流回路接线正确及端子排接线没有虚接，操作电压切换把手，防止虚接。

（3）确定故障后，可以针对不同的故障情况进行解决，故障消除。

（4）主站和厂站进行联合遥信信息对试，确认遥信量已经恢复正常，故障消除，故障处理工作结束。

实例3 **某一保护装置上传保护装置异常告警。**

▶ **故障现象：**

主站收到某一保护装置异常告警，保护元件被退出或闭锁。

▶ **故障处理步骤和方法：**

（1）自动化厂站接到故障后，认真听取故障现象，带上相应的工具、备件和资料，赶往现场。到达现场后，认真填写工作票，工作票地点应包括与故障信息相关的现场保护装置、遥信单元和故障信息子站，确保故障排查的顺利开展。

（2）首先退出保护装置，查看装置自检菜单，确定故障原因。

（3）确定故障后，可以针对不同的故障情况进行解决，故障消除。

（4）主站和厂站进行联合遥信信息对试，确认遥信量已经恢复正常，故障消除，故障处理工作结束。

实例4 **保护遥信CPU板故障，导致全站遥信故障，采集遥信状态与现场不相符。**

▶ **故障现象：**

主站监视到很多遥信状态与现场实际不相符。

▶ **故障处理步骤和方法：**

（1）自动化厂站接到故障后，认真听取故障现象，带上相应的工具、备件和资料，赶往现场。到达现场后，认真填写工作票，工作票地点应包括与故障信息相关的现场分电箱、遥信单元，确保故障排查的顺利开展。

（2）监视后台（临时后台），与主站监视到的一样，很多遥信状态与现场不相符。

（3）一般情况CPU板故障会出现明显的告警，可以直接判断。如没有明显告警，依照遥信转发表和现场图纸，在遥信单元端子排上随意短接多个分位遥信点，展示模块可以清晰看到遥信变位，但主站、后台机或维护笔记本这些遥信点都没有变化。因为涉及多个遥信一级二级隔离板，所以不能全部坏，基本断定为遥信CPU板、遥信CPU板和故障信息子站故障。

（4）检查到这个程度，进一步的判断存在较大困难，可以通过两种方法进行深入判断。第一种，监视遥信CPU板和故障信息子站通信规约，报文正常，通道畅通，表明通信通道没有问题，在遥信单元端子排上随意短接多个分位遥信点，相应报文是否上传，未上传即遥信 CPU 板故障。第二种，通过维护笔记本连接遥信单元 CPU 监视采集、上送报文，马上发现问题；当然也可以在遥信单元端子排上随意短接多个分位遥信点，直接观察实时遥信变位情况。

（5）较多情况遥信单元处于死机状态，重新启动后恢复正常。但是如果无法恢复，需通过更换 CPU 板消除故障。在更换的过程中要注意关闭电源，让更换前后的 CPU 板在跳线、软件版本、软件参数等都保持一致。

（6）故障消除后，依照检验规范，对全站的遥信点都进行主站和厂站的故障检验联调，由主站和厂站自动化同时确定故障已消除，本次故障处理结束。

实例5 **保护遥信继电器故障，导致有遥信上送，遥信与现场不相符。**

▶ **故障现象：**

主站监视到遥信状态与现场实际不相符。

▶ **故障处理步骤和方法：**

（1）自动化厂站接到故障后，认真听取故障现象，带上相应的工具、备件和资料，赶往现场。到达现场后，认真填写工作票，工作票地点应包括与故障信息相关的现场分电箱、遥信单元，确保故障排查的顺利开展。

（2）监视后台（临时后台），与主站监视到的一样，遥信状态与现场不相符。

（3）一般情况 CPU 板故障会出现明显的告警，可以直接判断。如没有明显告警，查看保护装置告警记录。如果没有相应的告警记录，基本可以判定为遥信继电器出现误碰、误合现象。此时需要校验相应的继电器，必要时必须更换继电器。

（4）故障消除后，依照检验规范，对全站的遥信点都进行主站和厂站的故障检验联调，由主站和厂站自动化同时确定故障已消除，本次故障处理结束。

实例6 **因遥信信息端子排处错接、虚接，导致遥测信息故障。**

▶ **故障现象：**

主站显示某遥信信息出现、跳变等故障现象，与实际不相符。

▶ **故障处理步骤和方法：**

（1）自动化厂站接到故障后，认真听取故障现象，带上相应的工具、备件和资料，赶往现场。到达现场后，认真填写工作票，工作票地点应包括与故障信息相关的保护装置、遥信单元和故障信息子站等，确保故障排查的顺利开展。

（2）监视后台（临时后台），结果存在同样的问题。

（3）根据图纸，在遥信单元端子排上找到故障遥信信息端子，发现存在错接、虚接问题，用绝缘螺丝刀恢复接线，故障消除。

（4）故障处理完成后，主站自动化和厂站自动化进行联合遥信信息对试，确认遥信量已经恢复正常，故障处理结束。

实例 7   因交直流辅助接点故障，导致保护装置交直流信息异常。这种故障发生时，可能会出现保护装置交直流信息闪报、漏报、频报和误报现象。

▶ 故障现象：

主站、后台和厂站自动化系统信息接入设备出现了相同遥信信息，但保护装置交直流未出现异常。

▶ 故障处理步骤和方法：

（1）根据故障现象——主站、后台、厂站自动化系统信息接入设备都接到了同样的信息，但保护装置交直流未出现异常，可以初步判定有异常的交直流信息输入自动化系统。

（2）在相应保护装置端子排处打开现场端电缆接线，短接断开公共端和信号端，观察主站、后台和厂站自动化系统信息接入设备是否能正确反映，发现能正确反映，可以判定为交直流辅助接点电缆故障。

（3）对交直流辅助接点电缆进行检查，确定故障部位，维修或者更换交直流辅助接点电缆，故障消除。

（4）厂站和主站依照检验规范，对此交直流信息进行联合故障检验，确认合格后，故障处理结束。

实例 8   保护装置与故障信息子站通信无法建立，导致遥信信息故障。

▶ 故障现象：

保护装置与故障信息子站通信无法建立。

▶ 故障处理步骤和方法：

（1）自动化厂站接到故障后，认真听取故障现象，带上相应的工具、备件和资料，赶往现场。到达现场后，认真填写工作票，工作票地点应包括与故障信息相关的现场保护装置和故障信息子站，确保故障排查的顺利开展。

（2）首先查看是否为通信连接线故障。当排除了通信连接线问题后，可以从以下方面进行排查：

1）CAN 通信：模块设置是否正确、CAN 功能是否投入、通信匹配电阻是否正确、转发机是否开放了该装置的连线。

2）485 通信：模块号设置是否正确、通信波特率设置是否正确。

3）确定故障后，可以修改现场转发表，也可以修改主站转发表，保证两端的遥测转发表一致就可以了，现场修改后，需要重新下装到故障信息子站，故障消除。

4）主站和厂站进行联合遥测信息对试，确认遥测量已经恢复正常，故障消除，故障处理工作结束。

实例 9   后台遥信位置不对。

▶ 故障现象：

后台遥信位置不对。

▶ **故障处理步骤和方法：**

（1）自动化厂站接到故障后，认真听取故障现象，带上相应的工具、备件和资料，赶往现场。到达现场后，认真填写工作票，工作票地点应包括与故障信息相关的现场保护装置、遥信单元和故障信息子站，确保故障排查的顺利开展。

（2）校核原理图判断属于保护装置屏外故障还是屏内故障，如是屏外故障由施工单位负责。如是屏内故障，检查步骤如下：校核相应位置装置的遥信是否正确，如果正确检查后台通信状态和组态，如不正确检查装置的软件和硬件。

（3）确定故障后，可以针对不同的故障情况进行解决，故障消除。

（4）主站和厂站进行联合遥信信息对试，确认遥信量已经恢复正常，故障消除，故障处理工作结束。

实例 10 故障信息子站和主站间遥信转发表不一致，导致遥信信息故障。

▶ **故障现象：**

主站显示某些遥信信息不正常。

▶ **故障处理步骤和方法：**

（1）自动化厂站接到故障后，认真听取故障现象，带上相应的工具、备件和资料，赶往现场。到达现场后，认真填写工作票，工作票地点应包括与故障信息相关的现场分电箱、遥信单元和故障信息子站，确保故障排查的顺利开展。

（2）监视后台（临时后台），所有遥信值都正常，与现场实际相符，没有故障现象。而且厂站与主站间的通信畅通，没有任何故障。基本可以判断为遥信转发表不对应。

（3）确定故障后，可以修改现场转发表，也可以修改主站转发表，保证两端的遥信转发表一致就可以了，现场修改后，需要重新下装到故障信息子站，故障消除。

（4）主站和厂站进行联合遥信信息对试，确认遥信量已经恢复正常，故障消除，故障处理工作结束。

10.11　练　　习

1. 线路保护装置上送 TA 或 TV 断线报警，应该怎样处理？
2. 保护遥信继电器故障，有什么后果产生？
3. 保护装置与故障信息子站通信无法建立，应该怎样处理？
4. 因交流辅助接点故障，会造成哪些后果？应该怎样解决？

第**11**章
安全自动装置原理及故障分析

大电网系统性事故不仅使国民经济蒙受巨大损失，而且在电气化水平发达的社会，也将给广大人民生活造成极大的困难。因此，应对系统性事故快速采取有效对策，提高电力系统运行的可靠性，具有特别重要的实际意义。（超）大规模的电力系统的安全、稳定运行离不开安全自动控制装置。在电力系统中，为防止系统稳定破坏或事故扩大，造成大面积停电，或对重要用户的供电长时间中断，都应按照要求装设安全自动装置。

电力系统安全自动装置，是指在电力网中发生故障或出现异常运行时，为满足电网安全与稳定运行，起控制作用的自动装置，如自动重合闸、备用电源自动投入装置、自动按频率减负荷装置、安全稳定控制装置、自动解列、失步解列及自动调节励磁、故障录波器及故障信息管理系统等。

安全自动装置主要有以下几种：自动重合闸、备用电源自动投入装置、自动按频率减负荷装置、稳定控制及失步解列等。

11.1 自动重合闸

在电力系统中，输电线路（特别是架空线路）是发生故障几率最多的元件。因此，如何提高输电线路工作可靠性，对电力系统安全运行具有重要意义。

在输电线路的故障中，约有 90％ 以上是的瞬时性故障，这些故障被继电保护动作，断路器断开以后，故障点断电去游离，电弧即行熄灭，绝缘强度恢复，故障自行恢复。此时如果把断开的线路断路器再合上，就能恢复正常的供电，从而减少停电时间，提高了供电可靠性。这种断路器的合闸，固然可以通过运行人员手动操作进行，但由于停电时间长，效果并不十分显著。实际运行中，广泛采样自动重合闸装置将断路器合闸。

自动重合闸的主要作用如下：

（1）可以提高电力系统运行的完整性、供电的可靠性，减少线路停电次数及停电时间。

（2）可以提高电力系统并列运行的稳定性，提高输电线路的传输容量。

（3）可以纠正断路器本身机构不良或继电保护误动作等原因引起的误跳闸。

另一方面，当重合闸重合于永久性故障上时，将带来一些不利影响。主要体现在以下两个方面，第一会使电力系统再一次受到故障的冲击，对电力设备及系统的并列运行的稳定性不利；第二使断路器的工作条件变得更加恶劣。

因为线路故障大多数是瞬时性故障，同时重合闸装置本身的投资很低，工作可靠，所以在输配线路中得到广泛的应用。

对于瞬时性故障，重合成功就能发挥上述作用。重合成功后，系统恢复成原来的网络配置，功角特性的幅值从故障切除时的幅值回升，恢复到原先的功角特性，从而加大了减速面积，不但对系统稳定运行的恢复是有利的，而且也有利于利用减速面积的增加提高输电线路的传输功率。

对于重合于永久性故障，影响到系统并列运行稳定性以及对机组的损伤等问题，需要认真对待和处理。如合理确定重合闸时间、选择重合闸方式以及重合不成功联锁切机等措施。因此对重合闸有如下基本要求：

(1) 自动重合闸装置可由保护启动、断路器控制状态与位置不对应起动两种起动方式。

(2) 用控制开关或通过遥控装置将断路器断开，或将断路器投于故障线路上并随即由保护将其断开时，自动重合闸装置均应不动作，即通常说的手分（遥分）闭锁重合闸。

(3) 任何情况下（包括装置本身元件损坏，以及自动重合闸输出接点的粘住），自动重合闸装置动作次数应符合预先规定（一次重合闸只应动作一次）。

(4) 自动重合闸在动作后应能经整定时间后自动复归，准备好再次动作。

(5) 自动重合闸装置应能在重合闸后加速继电保护动作。

(6) 自动重合闸装置应具有接收外来闭锁信号的功能（线路保护永跳、手动操作断路器、遥控装置操作断路器、手合故障线路、低气压等，均闭锁重合闸）。

重合是有条件的，条件满足才能重合（如检无压、检同期等）；条件不满足时一定不能重合（在各种闭锁条件下）。重合闸在实际运用中，都是按断路器配置的。

11.1.1 自动重合闸分类及应用

就自动重合闸装置而言，现在制造厂提供的是三相重合闸和综合重合闸。在数字式保护里，重合闸部分设计成为单独逻辑与保护部分同置一个机箱内或单独配置。为满足不同需要，三相重合闸统一做成检无压、检同期三相一次重合闸，其中要使用或不使用的功能是可以投退的。综合重合闸中检无压、检同期功能同样可以投退，其中的四种重合闸方式（单重、三重、综重、停用）可以由屏上转换开关或定值单中的控制字选择使用。

选择三相一次重合闸方式时，线路上发生任何故障，线路保护动作跳开三相，经重合闸整定时间后，重合三相，如果重合成功继续运行，如果重合于永久性故障，再跳开三相。

单相重合闸方式时，线路上发生单相接地故障跳开故障相，重合，如果重合成功继续运行，如果重合于永久性故障再跳开三相；线路上发生相间故障则只跳开三相，不再重合。

综合重合闸方式是"综合"三相和单相重合闸两种方式，对线路上发生单相接地故障按单相重合闸方式处理；对线路相间故障按三相重合闸方式处理。

其分类如下:

1. 检无压和检同期重合闸

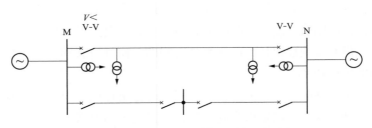

图 11-1 检无压和检同期重合闸原理图

在双侧电源线路三相跳闸后,重合闸时必须考虑双侧系统是否同期的问题。非同期重合闸时将会产生很大的冲击电流,甚至引起系统振荡。对于两侧系统是否同期的认定,目前应用最多的是检查线路无压和检查同期重合闸。为此,可以在线路一侧采用检查线路无电压而在另一侧检查同期的重合闸。MN 线路的 M 侧装有检查线路无压重合闸,N 侧装有检查同期重合闸。当线路上发生故障,两侧三相跳开后,线路上三相电压为零。所以 M 侧检查到线路无压满足了条件,经三相重合闸动作时间后发合闸命令。随后,N 侧检查到母线和线路均有电压,且母线与线路的同名相电压的角差在整定值中规定的允许范围,经三相重合闸动作时间后,即可发出合闸命令,这时,N 侧合闸是满足同期条件的。从上述动作过程可以得出,检查线路无压侧总是先重合闸的。因此,该侧有可能重合闸在永久性故障线路上再次跳闸。所以,该侧断路器有可能在短时间内需切除两次短路电流,工作条件相对恶劣。检查同期侧是在线路有压满足且同期条件才重合的,所以肯定重合在完好的线路上,断路器的工作条件相对好一些,为了平衡负担,通常在每一侧都装设同期和无压检定的继电器,定期倒换使用,使两侧断路器工作条件接近相同。但对发电厂的送出线路,电厂侧通常定位检同期或停用重合闸,这是为了发电机免受再次冲击。目前,系统内正常使用的为检无压、检同期重合闸。其原理如图 11-1所示。

2. 解列重合闸

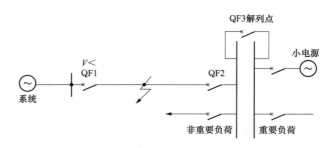

图 11-2 解列重合闸原理图

使用解列重合闸时,解列点的选择很重要,小电源与系统解列后,小电源的容量基本上与所带负荷平衡,保证对重要负荷供电。系统侧断路器与解列点的断路器跳闸后,系统侧的重合闸检查线路无压后即可重合。其原理如图 11-2 所示。

3. 自同期重合闸

图 11-3　自同步重合闸原理图

主要应用于水电厂里，当线路发生故障后，系统侧保护动作，跳开线路断路器，水电厂保护动作则是跳开发电机断路器和灭磁开关，然后系统侧线路重合闸检无压重合，若重合成功，水轮发电机以自同期方式，自动与系统并列。其原理如图 11-3 所示。

（1）顺序自动重合闸。

主要是在几段串联线路中，补救保护的无选择性动作。

（2）重合闸方式选定。

在 110kV 及以下等级的输电线路都是采用三相重合闸方式。在 220kV 及以上等级的输电线路除采用三相重合闸方式外，还有单相重合闸、综合重合闸方式。目前，电网内使用三相重合闸方式较多。

11.1.2　自动重合闸的实现

1. 自动重合闸充电条件

（1）重合闸处于正常投入状态。

（2）在重合闸未起动的情况下，三相断路器都在合闸状态，断路器的跳闸位置继电器都未动作。

（3）在重合闸未起动的情况下，断路器液压或气压正常。

（4）没有外部闭锁重合闸的开入，如：没有手动跳闸、手动合闸、没有母线保护开入、没有其他保护装置的闭锁重合闸开入（双重化配置的保护另一套永跳开入）。

（5）在重合闸未起动的情况下，没有 TV 断线或失压信号。

2. 自动重合闸闭锁条件

（1）由保护装置定值控制字控制的一些闭锁重合闸条件出现时，如：相间距离Ⅱ/Ⅲ段、接地距离Ⅱ/Ⅲ段、零序电流Ⅱ/Ⅲ段永跳、非全相运行期间再故障、相间故障、三相故障永跳这些情况由控制字选择是否闭锁重合闸。

（2）出现一些不经保护定值控制字控制的严重故障时，保护直接永跳，如：手动合闸或重合闸于故障线路上时闭锁重合闸（各种保护的后加速功能）；线路三相或单相跳闸失败后引起的永跳也闭锁重合闸。

（3）重合闸使用单重方式时，保护三跳不重合。

（4）如果现场运用重合闸时允许双重化的两套保护装置中的重合闸同时投入，为了避免两套装置的重合闸出现不允许的两次重合闸情况，每一套重合闸在发现另一套重合闸已经将断路器合闸后，立即放电并闭锁本装置的重合闸。

（5）重合闸发出合闸脉冲同时放电，等充电完成后再次合闸。

（6）重合闸在满足充电条件 10～20s 后充电完成，在未充满电的情况下再试图合闸，此时将闭锁重合闸。

（7）重合闸装置检测到有闭锁开入时，立即放电。

（8）重合闸启动后，进入故障处理程序后，还要实时监视启动相有无保护跳闸令输入，有无电流，如有则闭锁起动相的重合闸。

11.1.3　自动重合闸故障实例

▶ **故障现象：**

某 220kV 线路在手动分闸时，重合闸动作，导致停电操作中的线路合闸。

▶ **故障检查步骤和方法：**

（1）检查装置内信息以及监控后台出现的信息，确认已经发出重合闸信息。

（2）检查装置内的各种闭锁开入，现场检查发现：装置内的压力低闭锁重合闸开入（04）与保护动作闭锁重合闸开入（06），在接线时由于疏忽，出现接反情况，在手动操作时，应该 06 开入闭合，闭锁重合闸，结果上传信息显示压力低闭锁重合闸，实际重合闸并未真正闭锁，导致出现手动分闸时开关重合闸现象。

（3）将接线恢复正确后，再次进行手动分闸试验，重合闸不再动作。

11.2　备用电源自动投入装置

备用电源和备用设备自动投入装置就是当工作电源因故障被断开后，能自动而且迅速将备用电源或备用设备投入工作，使用户不至于停电的一种装置。

下列情况下，应装设备自投装置：

（1）具有备用电源的发电厂厂用电源和变电站所用电源；

（2）由双电源供电，其中一个电源经常断开作为备用的电源；

（3）降压变电站内有备用变压器或有互为备用的电源；

（4）有备用机组的某些重要辅机。

11.2.1　功能要求

（1）除发电厂备用电源快速切换外，应保证在工作电源或设备断开后，才投入备用电源或设备；

（2）工作电源或设备上的电压，不论何种原因消失，除有闭锁信号外，自动投入装置均应动作；

（3）自动投入装置应保证只动作一次；

（4）当自动投入装置动作时，如备用电源或设备投于故障，应有保护加速跳闸；

（5）应校核备用电源或设备自动投入时，过负荷及电动机自起动的情况，如过负荷超过允许限度或不能保证自起动时，应有自动投入装置动作时自动减负荷的措施。

11.2.2 配置原则

（1）2台220kV变压器，且66kV侧为双母线或单母线分段接线方式，应配置变压器备自投、66kV母联备自投、66kV线路备自投。

（2）3台220kV变压器，且66kV侧为3母线接线方式，应配置变压器备自投、可选择备用方向的66kV母联备自投、66kV线路备自投。

（3）4台220kV变压器，且66kV侧为双母线双分段接线方式，应配置变压器备自投、66kV母联备自投、66kV线路备自投，备自投数量配置可按照以分段开关划分为2座变电站考虑。

（4）220kV侧为单线、单变或单母线接线的变电站应配置66线路备自投。

11.2.3 动作行为

1. 变压器备自投

2台220kV变压器一台运行，另一台热备用，66kV母联断路器在合位，备用变压器为66kV母线提供备用电源，如图11-4所示。

（1）起动条件：

运行变压器因故障切除或无故障跳开，使其66kV断路器无电流，66kV母线失压，且备用变压器220kV侧有压，备自投装置起动。

（2）动作过程：

备自投装置起动后，经延时后发跳运行变压器66kV侧断路器命令，同时联切66kV母线的电容器、无功补偿设备等元件，检查运行变压器66kV侧断路器已经断开、66kV母线无压，备自投装置合备用变压器的220kV侧断路器，再经延时后合备用变压器66kV侧断路器。

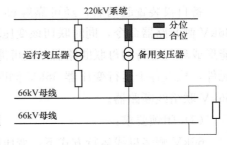

图11-4 双母线方式下的主变压器备自投

（3）闭锁要求：

66kV侧多母线运行方式下，变压器后备保护动作跳66kV侧母联断路器功能投入时，变压器后备保护动作不宜闭锁变压器备自投。66kV母差保护动作应闭锁变压器备自投。

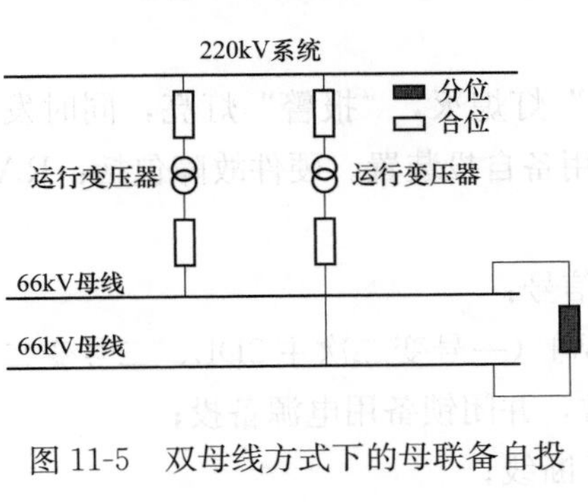

2. 66kV母联备自投

存在备用关系的2条66kV母线处于运行状态，66kV母联断路器在分位，2条66kV母线互为对方提供备用电源，如图11-5所示。

（1）起动条件：

任意一台变压器因故障切除或无故障跳开，

图11-5 双母线方式下的母联备自投

305

使其 66kV 断路器无电流，所在 66kV 母线失压，备用 66kV 侧母线有压，母联备自投装置起动。

（2）动作过程：

备自投装置起动后，经延时后发跳失去工作电源变压器 66kV 侧断路器命令，同时联切该变压器所在 66kV 母线上的电容器、无功补偿设备等元件，检查该变压器 66kV 侧断路器已经断开、所在 66kV 母线无压，备自投装置合 66kV 母联断路器。

闭锁要求：

变压器后备保护动作应闭锁母联备自投。66kV 母差保护动作应闭锁母联备自投。

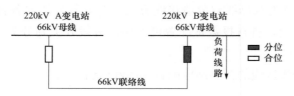

图 11-6　两座变电站间的联络线备自投

3. 66kV 线路备自投

一个 220kV 变电站 66kV 系统经 66kV 联络线为另一个 220kV 变电站的 66kV 系统提供备用电源，如图 11-6 所示。

（1）起动条件：

运行中的 220kV 个变压器 66kV 侧断路器均无电流、66kV 母线均失压，为之备用的联络线电源有压，线路备自投装置起动。

（2）动作过程：

备自投装置起动后，经可靠躲过本站变压器备自投动作延时后，发跳各个变压器 66kV 侧断路器命令，同时联切该变压器所在 66kV 母线上的电容器、无功补偿设备、可能形成环网运行的母联断路器以及可能造成联络线备用电源过载的部分次要负荷线路等元件，检查各个运行变压器 66kV 侧断路器已经断开、66kV 母线无压，备自投装置合 66kV 联络线断路器。

（3）闭锁要求：

66kV 侧多母线运行方式下，变压器后备动作跳 66kV 侧母联断路器功能投入时，变压器后备保护动作不宜闭锁备自投。66kV 母差保护动作应闭锁母联备自投。变压器备自投后加速动作应闭锁线路备自投。

11.2.4　备自投故障实例

实例 1　**硬件故障。**

当装置检测到本身硬件故障时，装置的"运行"灯熄灭，"报警"灯亮，同时发出装置故障闭锁信号，闭锁整套保护装置，此时须停用备自投装置。硬件故障包括：RAM 出错、EPROM 出错、定值出错和电源故障。

当装置检测到下列状况时，发出运行异常报警信号：

（1）开关有电流（IA 或 IB 或 IC）而相应的 TWJ（一号变二次主 2DL、二号变二次主 2DL）为"1"，经过 10s 延时报相应的 TWJ 异常，并闭锁备用电源备投；

（2）66（220）kVⅠ母、66（220）kVⅡ母 TV 断线；

（3）当系统频率低于 49.5Hz，经过 10s 延时报频率异常。

实例 2　启动失效。

某变电站线变组接线方式，2 台主变压器，其中一台主变压器备用，母联合位。由于电源侧故障，导致运行中主变压器跳闸，母线失压，但是母联备自投未起到。

▶ 现场检查步骤：

（1）将备自投停用，所有跳、合闸线全部拆除。

（2）按照现场实际运行情况，模拟备自投动作逻辑（主变压器备自投）。

（3）运行主变压器故障，跳开一、二次主正确；位置正确。

（4）合运行主变压器时，模拟断路器显示正确；位置正确。

（5）检查主变压器一、二次主合闸回路接；合一次主的接线与二次主的位置颠倒，导致合一次主时，先合了二次主，不满足备自投逻辑程序，位置不正确，故障时备自投不能正确动作。

11.3　频率和电压异常控制装置

307

电力系统中应设置限制频率降低的控制装置，以便在各种可能的扰动下失去部分电源而引起频率降低时，将频率降低限制在短时运行范围内，并使频率在允许时间内恢复至长时间允许值。

低频减负荷是限制频率降低的基本措施，电力系统低频减负荷装置的配置及其所断开负荷的容量，应根据系统最不利运行方式下发生事故时，整个系统或其各个部分实际可能发生的最大功率缺额来确定。自动低频减负荷装置的类型和性能如下：

（1）快速动作的基本段，应按频率分为若干级，动作延时不宜超过 0.2s。

（2）延时较长的后备段，可按时间分为若干级，起动频率不宜低于基本的最高动作频率。最小动作时间为 10～15s，极差不宜小于 10s。

电网中变电站和配电所，应装设足够数量的按频率自动减负荷装置。该装置数量，应根据电力系统调度部门的统一安排确定，按照负荷的重要性确定，哪些负荷为次要负荷，哪些负荷为必保的负荷，统一分配每个变电所，应装设的数量。

为了提高供电质量，保证重要用户供电的可靠性，当系统中出现有功功率缺额引起频率下降时，根据频率下降的程度，自动断开一部分不重要的用户，阻止频率下降，以便使频率迅速恢复到正常值，这种装置叫按频率自动减负荷装置。它不仅可以保证重要用户的供电，而且可以避免频率下降引起的系统瓦解事故。

11.3.1　按频率自动减负荷装置的基本要求

（1）在任何情况下频率下降过程中，应保证系统低频值及所经历的时间，能与运行中机组的自动低频保护和联合电网间联络线的低频解列保护相配合。在一般情况下，为保证火电厂的继续安全运行，应限制频率低于47.0Hz的时间不超过0.5s，以免事故进一步恶化。

（2）自动低频减负荷装置动作减负荷数量，应使运行系统稳态频率恢复到不低于49.5Hz；为了考虑某些难以预计的可能情况，应增设长延时的特殊动作轮，使系统运行频率不至于长期悬浮在低于49.0Hz的水平。

（3）因负荷过切引起恢复期系统频率过调，其最大值不应超过51Hz，自动低频减负荷的先后顺序，应按负荷的重要性进行安排。

11.3.2　按频率自动减负荷装置误动的原因以及采取措施

1.误动原因

（1）电压突变时，因低频继电器接点抖动而发生误动作。

（2）系统短路故障引起有功功率不足，且造成频率下降而引起误动作。

（3）供电电源中断时，具有大型电动机的负荷反馈可能使按频率自动减负荷装置误动作。

2.防止误动采取措施

（1）加速自动重合闸或备用电源自动投入装置的动作，缩短供电中断时间，从而可以使频率降低得少一些。

（2）使按频率自动减负荷装置动作延时，需要0.5～1.5s的延时。

（3）采用电压闭锁。装置设有du/dt闭锁功能，以防止由于短路故障、失步振荡、负荷反馈频率或电压异常情况可能引起的误动作。具有独特的短路故障判断自适应功能，低电压减载的整定时间不需要与保护动作时间相配合，保证系统低电压时快速动作，短路故障时可靠不动作。

（4）频率变化率df/dt、电压变化率du/dt具有方向性识别。有效识别频率、电压的变化趋势，以及"上一轮次控制措施"实施后频率、电压变化的拐点位置，避免误判，防止过切。

11.3.3　按电压降低自动减负荷装置

为防止事故后或负荷上涨超过预测值，因无功补偿不足引发电压崩溃事故，自动切除部分负荷，使运行电压恢复到运行范围内的自动装置。

在功率缺额的受端小电源系统中，当大电源切除后功率严重不平衡时，将造成频率或电压降低。如用低频减负荷不能满足要求时，必须在某些地点装设低频率或低电压解列装置。在功率缺额的小电源系统中，一般表现功率下降，当功率缺额过大，而无功不足时，可能因电压低有功负荷下降，频率不降低。但电压不断降低，造成电压崩溃，此时应用低电压解列装置。低频低电压相互配合可取得良好效果。

现场使用情况与按频率自动减负荷装置类似，只是定值整定上的区别。

11.3.4 异常情况处理

装置的回路自检主要包括 RAM 自检，电压测量回路自检、频率测量回路自检、输入/输出回路自检等，发现异常后延时发出告警信号。

（1）程序自检：装置上电后 CPU 首先对存放在 EPROM 内的软件程序代码进行 CRC 检查，如果发现与预先设定的 CRC 值不一致，则发出校验出错信号，并闭锁装置的出口。此时应立即停用整个装置，通知人员处理。

（2）ROM 自检：在上电或复位时，CPU 进行内存 RAM 检查，发现 RAM 读/写错误时，显示 RAM ERR。此时应立即停用整个装置，通知人员处理。

（3）电压测量回路自检：

1）$|U_{ac}-U_{ab}| \geqslant K3U_n$ 或 $|U_{ab}-U_{bc}| \geqslant K3U_n$，判为 TV 断线，闭锁低压判断，延时 5s 告警、显示：TV BREAK!（TV 断线）

2）U_{ab}、U_{bc} 均低于 $K2U_n$，延时 5 秒告警，显示 1M/2M VOLT DISAPPEAR!（一母/二母电压消失）。一母电压消失时，装置自动切换到二母电压进行判断，如果二母电压正常，装置仍能继续正常运行。

3）当 $U \leqslant U_{qs}$ 时，$|dU/dt| \geqslant (dU/dt)$ S3，闭锁出口，显示：VOLT dU/dt ERR（电压变化率异常）

此时不用停用整个装置，运行人员应立即处理电压有关回路。

（4）频率测量回路自检：

1）$f < 45Hz$ 时，延时 5s 告警，显示：FREQ DOWN ERR（频率过低异常）。

2）$f > 55Hz$ 时，延时 5s 告警，显示：FREQ UP ERR（频率过高异常）。

3）当 $f < fqs$ 时，$|dU/dt| \geqslant (dU/dt)$ S3，则闭锁出口，显示：FREQ dU/dt ERR（频率变化率异常）。

11.4 稳定控制及失步解列

为保证电力系统在发生故障情况下的稳定运行，依据规定，在系统中根据电网结构、运行特点及实际条件配置防止暂态稳定破坏的控制装置。稳定控制应根据实际需要进行配置，优先采用就地判据的分散式装置，也可以采用多个厂站稳定控制装置及站间通道组成的分布式区域稳定控制系统。

11.4.1 稳定控制装置基本要求

（1）装置在系统中出现扰动时，如出现不对称分量，线路电流、电压或功率突变时，应能可靠起动。

（2）装置宜由接入的电气量正确判断本厂站线路、主变压器或机组的运行状态。

（3）装置的动作速度和控制内容应能满足稳定控制的有效性。

（4）装置应具有能与厂站自动化系统和/或调度中心系统通信功能。

11.4.2 稳定控制装置应用实例

稳控装置系统应用实例如图 11-7 所示。

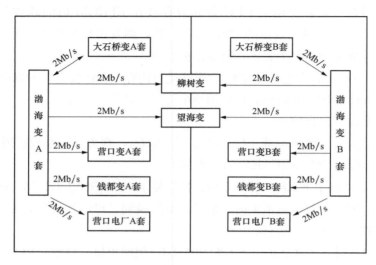

图 11-7 稳控装置示意图

310

装置接收渤海变发来的启动命令和切负荷命令，依据预先制定的策略表采取就地联切负荷（相应切除本地负荷一号变二次主、二号变二次主、66kV 母联）。装置通过两个 2Mb/s 通信口分别与渤海变 A、B 两套独立的稳控装置通信，并可通过"渤海变 A/B 通道投入"压板控制该方向的通信状况。

设置"允许渤海变命令"压板，对应压板退出后，则不接收渤海变发送来的切负荷命令。

正常运行中的巡视和检查：

"运行"灯：正常运行时点亮，若不亮汇报调度停用装置并通知专业人员。

"装置告警"灯：正常运行时不亮，若亮汇报调度停用装置并通知专业人员。

"装置动作"灯：正常运行时不亮，装置动作跳闸时点亮。

"通道告警"灯：正常运行时不亮，若亮汇报调度停用装置并通知专业人员。

运行人员应每日到装置安装处巡视检查一次。检查的主要内容有：

（1）装置电源连接正常、运行中面板的运行灯亮、检查面板循环显示的信息是否正常、装置指示灯应显示正确、没有告警信号。

（2）运行中若告警灯亮，应该查看并打印报文，明确告警原因，应立即处理，如处理不了，及时与生产厂家联系，尽快协作解决。同时及时上报主管部门，由主管部门决定是否推出安控装置。如果是告警，则应该立即停运装置，通知检修人员现场检查。如果是通道告警，则可以按动复归按键，如果告警再次告出，则通知检修人员现场检查。如果是 TV 回路断线引起的异常，应尽快查清原因，使 TV 回路恢复正常。如果装置指示灯紊乱或显示不正常，在一时无法查清原因时，应先将装置出口压板退出，断开与装置所有的通道，通知维护人员进行处理；

（3）液晶显示屏上显示的时间基本正确，电压、电流、功率、相位角及频率测量结果应正确。如果时间误差较大，应按照说明书的方法重新设定时间。如果测量误差较大，应查明原因，进行排除。

（4）如装置与其他安控装置有通信联系，应查看通信是否正常，是否有通道告警信号发出。

（5）当发现装置判出的运行方式与实际运行方式不一致时，应立即向调度部门汇报，查明原因。

（6）如果装置动作灯亮，则应该及时查看、打印记录报文，分析动作结果是否正确，并将打印结果送报调度部门分析事故及备案。

（7）装置正常运行时，所有相关压板位置正确。应保证实验状态的压板处于断开位置，主/从机选择把手处于正确位置，允许切机压板、动作出口压板等正确，软压板等投/退正确。

11.4.3 失步解列装置的主要性能要求

（1）为消除失步振荡，应装设失步解列控制装置，在预先安排的输电断面，将系统解列为各自保持同步的区域。

（2）对于局部系统，如可能拉入同步、短时失步运行及再同步不会导致严重损失负荷、损坏设备和系统稳定进一步破坏，则开采用再同步控制，使失步的系统恢复同步运行。

11.4.4 失步解列装置的使用实例

1. 信号灯分析（见表 11-1）

表 11-1　　　　　　　失步解列装置信号灯分析表

信号灯	说　明
〈运行〉	正常为绿色光，当有保护启动时闪烁
〈跳闸〉	保护跳闸出口灯，动作后为红色，正常灭
〈TV 断线〉	装置母线电压发生断线时点亮，为红色，正常灭
〈TA 断线〉	装置交流电流发生断线时点亮，为红色，正常灭
〈告警〉	此灯正常灭，动作后为红色。有装置故障告警时（严重告警），装置面板告警灯闪亮，退出所有保护的功能，此时闭锁保护出口，不要随便按"信号复归"按钮，而应该分析处理；有运行异常时（设备异常告警），装置面板告警灯常亮，不闭锁保护出口

2. 告警信息及异常处理（见表 11-2）

表 11-2　　　　　　　失步解列装置告警信息及异常处理

汉字代码	说明	解决方法
通信中断	CPU 与 MASTER 通信中断	CPU 工作不正常或 CAN 网通信异常，可检查各 CPU 是否正常工作，检查背板 CAN 网是否正常
LON1 通信中断	如果不配置 LON1，请在出厂调试菜单的装置选项菜单中去掉已配置 LON1，并重新上电，应不再报 LON1 通信中断	

续表

汉字代码	说明	解决方法
LON2 通信中断		如果不配置 LON2，请在出厂调试菜单的装置选项菜单中去掉已配置 LON2，并重新上电，应不再报 LON2 通信中断
召唤 CPU 配置无应答		CPU 板未插或接触不良

3. 运行异常报文及处理（见表 11-3）

表 11-3　　　　　　　　　失步解列装置运行异常报文及分析处理表

报文名称	告警原因与处理
开入通信中断	检查开入插件是否插紧，更换开入插件
开出通信中断	检查开出插件是否插紧，更换开出插件
传动状态未复归	开出传动后未复归，按复归按钮复归
开入击穿	检查开入信号，更换开入插件
开入输入不正常	检查装置的 24V 电源输出情况，或更换开入插件
开入自检回路出错	检查或更换开入插件
开入 EEPROM 出错	更换相应开入插件
模拟通道异常	调整刻度时，可能输入值和选择的基准值不一致。重新调整刻度
电流相序不对应	电流相序接反
SRAM 自检异常	芯片虚焊或损坏更换 CPU 插件
FLASH 自检异常	芯片虚焊或损坏更换 CPU 插件
系统配置错	重新下载保护配置
开入配置错	重新下载保护配置
开出配置错	重新下载保护配置

11.5　练　　习

1. 在重合闸装置中有哪些闭锁重合闸措施？
2. 备自投装置应符合哪些要求？结合现场实际进行说明。
3. 振荡解列装置的原理叙述？